El género *Inga* en el Ecuador

Morfología, Distribución y Usos

FORESTRY RESEARCH PROGRAMME

El presente estudio fue financiado por los Proyectos R4729 y R6075 del Programa de Investigación Forestal correspondiente a la estrategia de Investigación de Recursos Naturales Renovables de la Administración para el Desarrollo de Ultramar del Reino Unido (ODA). La ODA no se responsabiliza necesariamente por los puntos de vista expresados en este trabajo.

El género *Inga* en el Ecuador

Morfología, Distribución y Usos

Por T.D. Pennington & N. Revelo

Editor General
Ruth Linklater

Ilustraciones por
Rosemary Wise

The Royal Botanic Gardens, Kew
1997

Primera publicación 1997

ISBN 1 900347 20 2

Direcciones de los autores:

T.D. Pennington, Royal Botanic Gardens,
Kew, Richmond, Surrey,
TW9 3AB, U.K.

N. Revelo, Fundación Jatun Sacha, Herbario Nacional del Ecuador,
Avenida Río Coca 1734, Casilla 17-12-867,
Quito, Ecuador.

Diseño de la cubierta por Jeff Eden, composición por Media Resources,
Information Services Department, Royal Botanic Gardens, Kew

Foto de la portada: G.P. Lewis & S.A. Renvoize

Impreso en la Unión Europea
por
Continental Printing, Bélgica.

CONTENIDO

INTRODUCCION

El género *Inga* (familia Leguminosae, subfamilia Mimosoideae) comprende aproximadamente 300 especies de árboles distribuidos en América tropical. Las especies de *Inga* son un componente omnipresente en los bosques pluviales de llanura y montanos a lo largo de las zonas húmedas de Latinoamérica tropical desde los 24° N en México hasta los 34° S en Uruguay, y la mayor diversidad de especies del género está presente en los países Andinos de Colombia, Ecuador y Perú (Pennington, 1997). El número de especies halla su punto máximo en las laderas bajas y medias de los Andes de Colombia, Ecuador y Peru. En esta área, las plantas de *Inga* han sido utilizadas por sus frutos comestibles por al menos 2000 años, y son en la actualidad un elemento de comercio estacional importante en ciertas localidades. A través de centurias, formas seleccionadas de ciertas especies de *Inga* han sido protegidas y cultivadas, y son ahora reconocibles como cultivares, en muchos casos trasladados desde áreas silvestres alejadas.

UTILIZACION

En la zona Andina, las especies de *Inga* tienen una larga historia de uso como árboles de sombra, originariamente empleados por pobladores precolombinos para proveer de sombra a los árboles de Coca, y en el siglo presente para el mismo fin en el cultivo de Café, Cacao y Té.

Las especies del género son extensamente utilizadas en la actualidad como fuentes de leña, en virtud a su rápido ritmo de crecimiento, su capacidad de resistir a la poda reiterada, y por arder bien, sin producir mucho humo. Dado que una cantidad significativa de la población rural en el país depende de leña para cocinar, *Inga* tiene una importancia creciente como fuente de leña en zonas donde la foresta original ha sido talada. En América tropical, áreas de gran extensión en zonas boscosas de llanura o de montañas han sido deforestadas para luego ser dedicadas al cultivo o al establecimiento de pasturas por largos años, y luego de empobrecidas han sufrido abandono. Los sistemas agroforestales constituyen una alternativa para la recuperación de esas tierras, lo cual puede simultáneamente reducir la presión de pasturas sobre las zonas de bosque remanente.

En años recientes, mucha atención ha sido enfocada en las especies de *Inga* por su potencial como plantas multipropósito en sistemas agroforestales. Dado el panorama de destrucción de los bosques, ocasionado mayoritariamente por la agricultura migratoria en busca de tierras para establecer cultivos de subsistencia, es cada vez más claro que las alternativas apropiadas son aquellas que pueden garantizar un uso de las áreas de modo más sostenible. De ese modo el ciclo de corta y quema de los bosques se vería aliviado, mitigando la presión actualmente existente sobre zonas de bosque virgen.

El interés en sistemas de cultivo integrados es creciente en Latinoamérica, y varias especies de *Inga* tienen cualidades ideales como especies multiusos para conformar tales sistemas, particularmente en suelos pobres, ácidos, mal drenados o limitantes, donde otras especies de árboles con potencial agroforestal, tales como *Calliandra* o *Leucaena*, no prosperán apropiadamente.

Varias características del género *Inga* son especialmente promisorias. Se sumarizan a continuación.

1. Crecimiento rápido. Muchas especies de *Inga* tienen ritmos de crecimiento rápido y se adaptan mejor que otras especies en condiciones de vegetación secundaria, con alta competencia y altas demandas de luz.

2. Facilidad de establecimiento. Las especies de *Inga* son fáciles de propagar por semilla, con tasas de germinación normales de 95–100%. Tienen la capacidad de germinar en una o dos semanas luego de la siembra, si las condiciones de sombra y humedad son adecuadas. Estos parámetros son comparativamente superiores a los de muchas otras especies.

3. Tolerancia a suelos empobrecidos. Varias especies del género se adaptan bien en suelos con serias limitaciones, infértiles y fuertemente ácidos, condiciones que caracterizan extensas áreas de la llanura tropical Amazónica. Especies como *I. edulis* e *I. marginata* prosperan en condiciones de pH muy bajos, en las que otras especies de Leguminosas no se adaptan. Otras especies del género crecen bien en suelos con drenaje pobre o periódicamente inundados, o en áreas de suelos compactados, característicos de pasturas degradadas y abandonadas.

4. Cualidades como árboles de sombra. Todas las especies del género tienen sustancialmente el mismo patrón de ramificación; cuando crecen en campo abierto desarrollan una copa aparasolada, amplia y característica. Esa conformación hace de estas especies excelentes árboles de sombra para los cultivos que requieren esta condición, tales como Café, Cacao y Té, los cuales demandan sombra parcial. La intensidad de la sombra producida varía de una especie a otra, de modo tal que existen especies del género apropiadas para cada requerimiento específico de estos cultivos.

5. Control de malezas. El efecto de sombra de la copa de plantas de *Inga* puede tener una influencia positiva en el control de malezas y en la recuperación de pasturas degradadas o vegetación secundaria. Algunas especies, tales como *I. oerstediana*, combinan un crecimiento muy rápido y alta tasa de generación de hojas muy grandes. Las hojas, que se desprenden a lo largo de los meses, tienen descomposición relativamente lenta y forman rápidamente una cubierta permanente de hojarasca ("mulch") bajo el árbol. Esa hojarasca, combinada con el efecto de la sombra, inhibe el crecimiento de las malezas en la periferia del árbol, eliminándolas en uno o dos años, y favoreciendo la formación de un suelo forestal rápidamente productivo.

6. Fijación de Nitrógeno y actividad micorrítica. Todas las especies de *Inga* que han sido investigadas demuestran producir nódulos radiculares que contienen bacterias fijadoras de Nitrógeno. Por esta razón, los cultivos asociados con especies de *Inga* se benefician de este mecanismo de enriquecimiento natural del suelo a través de la producción de Nitrógeno; la descomposición del follaje también aporta muchos nutrientes al suelo. La presencia de hojarasca bajo árboles de *Inga* ha demostrado ocasionar proliferación de raíces en los estratos superficiales del suelo, por encima de los horizontes donde se acumula aluminio, elemento tóxico y limitante

en muchos suelos Amazónicos. Las especies de *Inga* mantienen una asociación micorrítica con especies de hongos que promueven el reciclaje del fósforo, elemento que es de difícil disponibilidad para la mayoría de las especies que crecen sobre suelos ácidos.

7. Fácilidad de poda. Todas las especies de *Inga* investigadas demuestran una marcada habilidad para tolerar la poda desde una edad muy temprana. Parcelas experimentales plantadas a 3 × 3 m o bajo configuraciones de cultivos mixtos han sido podadas a lo largo de 3 años al menos dos veces al año sin efecto deteriorante sobre las plantas. La poda produce una alta cantidad de biomasa utilizable como abono verde o material para el control de malezas en los cultivos establecidos en hileras entre las plantas de *Inga*.

8. Madera para leña. A través de Centroamérica y el Oeste de Sudamérica, una gran proporción de la población depende de la leña para cocinar. Las especies de *Inga* son a menudo referidas como uno de los combustibles favoritos. Las razones para ello son el rápido crecimiento de estas plantas, su tolerancia a la poda y la buena calidad de la madera como leña, ya que arde bien sin producir mucho humo. Algunas especies, como *I. punctata*, son particularmente apropiadas para este fin, pues producen gran cantidad de ramas de tamaño adecuado (3–4 cm de diámetro o más) a los 6 meses de una poda, y adicionalmente tienen madera densa. Pese a que no hay información detallada sobre este aspecto, es muy posible que algunas especies del género tengan madera con buenas cualidades para carbonización.

9. Interacciones Biológicas. Todas las especies del género presentan pequeñas glándulas productoras de néctar en las hojas.

Ellas atraen especialmente a hormigas; el efecto de estos insectos visitantes es proteger a la planta contra los herbívoros que la pueden atacar. Esto promueve un beneficio indirecto, pues los insectos visitantes pueden también controlar la presencia de pestes en los cultivos asociados con las especies de *Inga*. Bajo este contexto, varias especies de *Inga* han demostrado excelentes resultados asociadas en el vivero a especies forestales maderables, tales como *Swietenia macrophylla* (Aguano), la cual es normalmente parasitada por el insecto barrenador del brote (*Hypsipyla*).

10. Alta diversidad de especies y amplio rango de adaptabilidad ecológica. El género *Inga* es grande, y esta conformado por alrededor de 300 especies extensamente distribuidas en los bosques de llanura y montaña de América tropical. Algunas especies (por ejemplo *I. marginata*) tienen rangos altitudinales que se elevan hasta 2000 m, en tanto que otras (por ejemplo *I. vera*) prosperan en zonas bajas, de clima siempre húmedo, con precipitación total anual de 5000 mm, o bajo climas fuertemente estacionales con 5–6 meses de estación seca y bajos niveles de precipitación. Cada localidad suele presentar un conjunto de especies del género bien adaptadas a las condiciones del sitio; por esta razón es siempre viable la ubicación de especies locales. Lo antedicho constituye una protección contra los problemas de pestes y enfermedades que en algunos casos resultan de la introducción de especies foráneas a un ámbito dado.

11. Fruto comestible. Todas las especies de *Inga* tienen fruto comestible, y muchas son protegidas y cultivadas por esta razón.

Durante ciertos meses del año, los frutos de algunas especies son comercializados en los mercados, brindando a los agricultores un pequeño ingreso adicional por su cultivo.

12. Madera. Pese a que la información en este aspecto es escasa, se sabe que algunas especies, tales como *I. alba* e *I. leiocalycina*, que adquieren gran porte, son utilizadas localmente como árboles para aserrío. Estas especies y otras caracterizadas por su gran tamaño y sus fustes cilíndricos de buen diámetro, deben ser estudiadas para determinar sus cualidades de crecimiento y las de su madera.

Selección de especies. La selección de especies y de semilla o material para propagar *Inga* con objetivos específicos debe seguir algunos criterios más o menos obvios. Dada la gran cantidad de especies disponibles dentro del género, es importante seleccionar las más apropiadas para las condiciones particulares de cada lugar. Adicionalmente, debe tenerse en consideración que las especies con distribución amplia, tales como *I. oerstediana*, tienen procedencias muy diversas en sus características y requerimientos. Por ello es posible que, por ejemplo, plantas producidas a partir de semillas de individuos que crecen a 2000 m de altitud no sean las más adecuadas para establecerse al nivel del mar. Una buena estrategía puede ser colectar semillas de poblaciones locales que garanticen plantas bien adaptadas, para evitar la introducción de germoplasma de procedencias geográficas muy distantes.

Estudios de la ecología de las especies silvestres del género y del crecimiento de ellas bajo diversas condiciones han brindado información preliminar que se resume en la lista mostrada a continuación. La información esta basada en observaciones de poblaciones silvestres y en ensayos experimentales:

1. Especies adaptadas a suelos ácidos de llanuras: *I. edulis*, *I. marginata*, *I. oerstediana*, ?*I. yacoana*, *I. heterophylla*, *I. densiflora*, *I. vismiifolia*, *I. thibaudiana*, *I. cayennensis*, *I. umbratica*.

   Especies adaptadas a suelos de arenas blancas: *I. macrophylla*, *I. heterophylla*.

2. Especies adaptadas a zonas periódicamente inundadas: *I. coruscans*, *I. yacoana*, *I. cordatoalata*, *I. bourgonii*, *I. cinnamomea*, *I. nobilis*, *I. stenoptera*, *I. psittacorum*, *I. punctata*, *I. velutina*, *I. vera*.

3. Especies distribuidas en bosques montanos. *I. marginata* (hasta 2000 m), *I. ruiziana* (hasta 2000 m), *I. densiflora* (hasta 2000 m), *I. punctata* (hasta 2000 m), *I. fendleriana* (hasta 2400 m), *I. ornata* (hasta 2200 m), *I. oerstediana* (hasta 1700 m), *I. insignis* (hasta 3000 m), *I. striata* (hasta 2000 m), *I. velutina* (hasta 1600 m), *I. silanchensis* (hasta 1900 m), *I. multicaulis* (hasta 1200 m), *I. villosissima* (hasta 2300 m), *I. extranodis* (hasta 2000 m), *I. balsapambensis* (hasta 1770 m).

4. Especies adaptadas a climas fuertemente estacionales (con una estación seca pronunciada de varios meses): *I. laurina*, *I. punctata*, *I. vera*, *I. oerstediana*, *I. insignis*, *I. feuillei*, *I. manabiensis*, *I. jaunechensis*.

5. Especies con frutos comestibles. Todas las especies del género *Inga* tienen una sarcotesta comestible rodeando a las semillas, pero en la mayor parte de los casos ella es demasiado pequeña.

Las siguientes especies son las mejores como frutales, ya que tienen frutos grandes, con gran cantidad de pulpa comestible.

Muchas han sido cultivadas a través del tiempo, y se comercializan actualmente en los mercados locales. *I. punctata, I. insignis, I. feuillei, I. macrophylla, I. jinicuil, I. densiflora, I. edulis, I. spectabilis.*

6. Arboles para sombra. *I. marginata, I. heterophylla, I. rusbyi, I. vismiifolia, I. punctata, I. ilta, I. thibaudiana, I. cayennensis, I. velutina, I. ornata, I. vera, I. oerstediana, I. sapindoides, I. striata, I. macrophylla, I. laurina, I. jinicuil, I. silanchensis.*

7. Madera para leña. *I. marginata, ?I. alba, I. ruiziana, I. densiflora, I. punctata, I. ilta, I. capitata, I. acuminata, I. vera, I. oerstediana, I. edulis, I. silanchensis.*

8. Control de malezas. *I. tomentosa, I. marginata, I. heterophylla, I. rusbyi, I. vismiifolia, I. punctata, I. ilta, I. cayennensis, I. oerstediana, I. edulis, I. sapindoides, I. macrophylla, I. silanchensis.*

9. Control de pasturas abandonadas (suelos compactados) *I. edulis, I. ilta, I. vismiifolia, I. oerstediana, I. punctata, I. sapindoides,* ? *I. macrophylla.*

10. Especies para cultivos mixtos en hileras. Estas especies requieren ser muy tolerantes a la poda regular y tener ramificación profusa u hojas muy grandes, pero no competir con los cultivos asociados. *I. marginata, I. alba, I. heterophylla,* ? *I. rusbyi, I. stenoptera, I. punctata, I. thibaudiana, I. oerstediana* (tal vez excesivamente vigorosa), *I. edulis.*

11. Especies ornamentales. *I. laurina, I. marginata, I. umbellifera, I. tenuistipula, I. cinnamomea, I. vismiifolia, I. nobilis.*

12. Especies melíferas. *I. coruscans, I. laurina, I. marginata, I. cinnamomea, I. vismiifolia, I. nobilis.*

13. Especies forrajeras. *I. heterophylla, I. macrophylla.*

Colección de semillas. Idealmente, la colección de semillas para el establecimiento de plantaciones experimentales, para agroforestería o para plantaciones en general, debe incluir tanta variación genética como sea posible. Lo recomendado usualmente es emplear 30–50 árboles parentales de cada procedencia, con un espaciamiento de al menos 100 m entre plantones de diferentes procedencias (Hughes, 1987). Sin embargo, en el caso de *Inga* ésta metodología presenta varias limitaciones prácticas que la hacen de difícil aplicación, tales como la dificultad para encontrar un número tan alto de árboles parentales en cada localidad. Aparte de especies ampliamente cultivadas, tales como *I. edulis*, la mayor parte de las especies de *Inga* del bosque húmedo se presentan a bajas densidades (a menudo 1–2 individuos por hectárea) y son por ello difíciles de encontrar. Asimismo, muchas veces producen semilla a intervalos no completamente sincronizados. En casos, un año de buena produccion de semilla es seguido por uno o varios con producción pobre. El período de maduración de la semilla es muy corto, y las semillas están sujetas a una fuerte predación por aves y por otros animales que normalmente actúan como dispersores (por ejemplo primates). Los frutos que son derribados al suelo son rápidamente localizados por dispersores secundarios, tales como roedores. Asimismo, la semilla de algunas especies es predada por escarabajos del *Orden Bruchidae*. En la práctica, no obstante, es común que sólo se pueda obtener semilla de algunos árboles parentales, los cuales normalmente producen solamente algunos cientos de semillas.

Las semillas de *Inga* estan rodeadas por una pulpa dulce y comestible, que fermenta en breve al ser expuesta al aire. Cuando se le remueve, se observa el embrión desnudo, que por su textura carnosa y suculenta se seca rápidamente produciéndose una pérdida de viabilidad.

Los árboles semilleros deben seleccionarse de antemano y se les debe hacer un seguimiento de varias semanas antes de proceder a la colección. Al colectarse la semilla debe seleccionarse solamente aquella que está limpia, saludable y libre del ataque de insectos. Asimismo, dada la atracción de primates y aves por los frutos de *Inga*, es conveniente colectar las semillas cuando están ligeramente inmaduras. El seguimiento es importante pues para algunas especies una diferencia de una semana puede significar la pérdida de gran cantidad de semillas por este factor. Dado que en las vertientes orientales de los Andes la estación seca es muy pequeña o inexistente, el pico de producción de frutos es de Noviembre a Marzo, en tanto que en bosques más estacionales la fructificación se presenta normalmente al final de la estación seca e inicios de la estación húmeda.

Almacenamiento de semillas. Al igual que las semillas carnosas de muchos árboles tropicales, las semillas de *Inga* tienen una viabilidad muy corta bajo condiciones naturales. La pulpa carnosa que rodea a las semillas se fermenta rápidamente al ser expuesta al aire, y a temperatura ambiente las semillas mantienen su viabilidad a lo sumo por 1–2 semanas al interior de la legumbre no abierta. Sin embargo es posible extender este período de viabilidad hasta cerca de un mes almacenando los frutos no abiertos a baja temperatura (no menor de 10° C).

Una vez que la semilla ha sido removida del fruto, las semillas con su pulpa carnosa se deterioran rápidamente. Si se desea almacenar las semillas por algunos días, la pulpa debe ser removida de ellas tan pronto sea posible, antes que comience a fermentarse; de no hacerse así el embrión se infecta prontamente con esporas de hongos. El embrión es altamente susceptible a la desecación y muere si el contenido de humedad decrece a menos del 40%; por esta razón se les debe guardar en un recipiente cerrado de vidrio o plástico, con la tapa suelta para permitir el intercambio gaseoso. Los embriones extraidos de frutos limpios en los cuales no se ha producido fermentación deben ser lavados con agua limpia. Luego se les trata con una solución diluida de fungicida (por ejemplo thiabendazole a 125 ppm). Posteriormente deben ser oreados en un lugar a la sombra y bien ventilado, para permitir la evaporación del exceso de agua. Los embriones tratados de esta forma, guardados en envases sellados de vidrio o plástico, pueden ser almacenados a temperatura ambiente por varios meses. Los detalles de esta técnica pueden ser revisados en Zúniga (1996).

PROPAGACION

1. Propagación por semilla. Para la propagación de especies de *Inga* por semilla se hace necesario establecer inicialmente un vivero, para germinar las semillas en condiciones favorables. La germinación y el desarrollo de las plántulas requieren abastecimiento regular de agua y un lugar sombreado, por lo cual estos requisitos deben tenerse presentes. Se ha observado con frecuencia el establecimiento de viveros para especies de *Inga* en lugares que tienen sombra natural de árboles, aunque también puede construirse un tinglado con este fin. En el primer caso la desventaja es la caida de hojarasca, que puede requerir una limpieza regular, pero se obvia el costo de construir un tinglado. El tinglado puede ser confeccionado con material de la zona, por ejemplo hojas de palmeras; una de sus funciones es proteger a las semillas de cualquier lluvia fuerte. El tinglado requiere mantenimiento continuado pues tiende a deteriorarse con rapidez por estar a la intemperie. Debe considerarse también proteger el área completa del vivero con una cerca que resguarda a las plantas del ataque de animales como conejos, y a veces ganado, tal como cabras, que pueden causar daños considerables a las plantas si invaden la zona de propagación.

La forma de propagación preferida para el género es sembrar semillas individuales directamente en bolsas de polietileno rellenadas con tierra del bosque. Este método asegura un alto porcentaje de germinación, crecimiento rápido y escaso maltrato a las raíces cuando las plantas son trasplantadas al terreno definitivo. Las bolsas de polietileno tiene que ser grandes, de al menos 15 cm de diámetro y 20 cm de longitud, para albergar a las plántulas por unos 3–4 meses. Las semillas pueden también ser sembradas directamente en el terreno definitivo, pero el porcentaje de supervivencia es más bajo. Es también más díficil controlar malezas, pestes y enfermedades en situaciones de campo abierto.

Las camas de vivero en las cuales se colocan las bolsas conteniendo las semillas deben medir unos 10 × 1 m, y elevarse ligeramente sobre la superficie del terreno (unos 5–6 cm) para evitar el empozamiento del agua de lluvia. La superficie de la cama se cubre con polietileno grueso, negro para impedir que las raíces de las plántulas atraviesen las bolsas plasticas e ingresen al terreno enraizando en él. Las plántulas que consiguen atravesar con sus raíces las bolsas pueden resultar con daño radicular al momento que se trasladan las bolsas al terreno de siembra.

Preparación previa a la siembra. La pulpa carnosa debe ser removida antes de la siembra. Esto se facilita por inmersión en agua. Una vez que la pulpa es removida las semillas desnudas se sumergen por 12 horas en agua preparada con un macerado de raíces nodulosas tomadas de árboles maduros de *Inga*, mezclados con suelo forestal tomado al pie de ellos. La finalidad de esta operación es infectar las semillas con las bacterias simbióticas fijadoras de Nitrogeno y hongos micorríticos que se encuentran en el sistema radicular de las especies del género. Si no se sigue este procedimiento, el crecimiento de las plántulas puede ser mucho más lento, hasta que la infección de las raíces ocurra en algun momento posterior, por ejemplo al momento del trasplante al terreno definitivo.

Las semillas de *Inga* varian en tamaño entre 0.5–1 cm de longitud

(*I. marginata*) a 5 cm de longitud (*I. edulis*). Las semillas más grandes, como aquellas de *I. edulis*, deben ser plantadas a 1–2 cm debajo de la superficie del suelo, en tanto que las semillas más pequeñas deben ser cubiertas solamente con una fina capa de tierra.

Si hay suficiente disponibilidad de semilla, deben sembrarse 2 semillas por bolsa, para en un momento posterior descartar la plántula menos vigorosa. Para llenar la bolsas de polietileno debe emplearse tierra procedente del bosque, rica en materia orgánica; en condiciones de humedad y sombra apropiada, se registra un alto porcentaje de germinación a 1–2 semanas luego de la siembra. Las plántulas estan listas para ser trasplantadas al terreno definitivo cuando adquieren 30–40 cm de altura, a unos 3–4 meses de la siembra. Durante este período, la sombra debe ser gradualmente retirada hasta que las plántulas puedan tolerar luz total.

2. Propagación vegetativa. Ensayos experimentales llevados a cabo recientemente demuestran que las especies de *Inga* pueden propagarse exitosamente a partir de estacas semimaduras provenientes de ramas. Dentro de las especies ecuatorianas que han sido exitosamente propagadas con esta tecnica estan *I. edulis, I. laurina, I. oerstediana* e *I. punctata.* Aparentemente las únicas especies difíciles de propagar de esta forma son aquellas que tienen ramas muy delgadas, como *I. heterophylla.* Las estacas deben ser seleccionadas de ramitas de unos 15 cm de longitud y hasta 1 cm de diámetro, originalmente con 2 hojas. La hoja inferior se extrae y se efectua un corte limpio a aproximadamente 1 cm del punto de inserción de la hoja en el tallito. La hoja superior debe ser cortada dejando solamente el primer par de foliolos, o toda la hoja extraida, para reducir la pérdida de agua. La base de las estacas debe ser tratada con alguna hormona enraizadora, por ejemplo IBA en polvo, de preferencia conteniendo fungicida, aunque el enraizamiento puede ser conseguido sin este. En todo caso, hay indicios que el uso de fungicida puede ser más importante que el de la hormona enraizadora.

Las estacas son enterradas hasta la mitad en un sustrato 50:50 arena gruesa:tierra negra, o en arena gruesa solamente. Las estacas, inmediatamente luego de cortadas, se riegan y cubren con un plástico transparente, a la sombra, para conservar la humedad hasta el momento de la siembra. Se les pude sembrar en bateas, platabandas o cualquier tipo de envase siempre que tenga drenaje libre. La mayor parte de las especies ensayadas enraizan fácilmente a las 3–4 semanas de sembradas. Una vez que se observa el enraizamiento deben ser cuidadosamente trasplantadas a bolsas de polietileno de al menos 15 cm de diámetro y 20–25 cm de longitud. Las plántulas de *Inga* son muy vigorosas y es importante establecerlas en un contenedor suficientemente grande para permitir el adecuado desarrollo de sus sistema radicular. Las estacas ya enraizadas deben ser colocadas en un lugar bajo sombra por unas 2–3 semanas, luego de lo cual pueden ser gradualmente expuestas a la luz del sol.

Propagación por estacas de raíces aéreas. Algunas especies de *Inga* (notablemente *I. vera* e *I. sapindoides*) producen brotes radiculares a partir de las raíces superficiales. Se pueden cortar estacas de las raíces superficiales conteniendo estos brotes y utilizarlos como material de propagación. Sin embargo la cantidad de tales brotes no suele ser abundante; se precisan estudios más detallados sobre esta técnica para determinar si se puede promover la formación de brotes radiculares artificialmente, y usarlos como material de propagación.

3. Trasplante. Las plántulas están en momento de trasplante a los 3–4 meses de la siembra, cuando tienen 30–40 cm de altura. El terreno definitivo debe prepararse haciendo de antemano los hoyos para la plantación; las plántulas deben trasplantarse evitando al máximo maltratar las raíces. Idealmente el trasplante debe hacerse en un día nublado, luego de la lluvia. Si la plantación se va a efectuar en una zona de clima marcadamente estacional, el trasplante debe hacerse solamente al comienzo de la estación de lluvias. Las plántulas establecidas en el terreno durante la estación seca normalmente muestran un serio retraso en crecimiento. Durante el primer año, el sitio de plantación requiere ser limpiado de malezas 3–4 veces para eliminar la competencia, que podría tapar a las plántulas de *Inga*. Si la vegetación en la zona de plantación es muy vigorosa, una limpieza total es recomendable. Si la vegetación es esparcida, es normalmente suficiente hacer una limpieza de aproximadamente 1 m cuadrado alrededor de cada plántula a sembrar. La eliminación de malezas debe continuar hasta que las plantas de *Inga* establecidas formen una copa que les permita inhibir el crecimiento de la vegetación invasora, lo cual sucede usualmente a los 1–2 años. El espaciamiento de la plantación depende de los objetivos que se persiguen. Diferentes especies tienen cualidades para diferentes propósitos, y cada una tiene espaciamientos que le son apropiados. Para cultivo mixto con especies agrícolas el espaciamiento usual es 4 m entre hileras y 50 cm entre plantas.

Para la recuperación de pasturas degradadas, una especie vigorosa es *I. oerstediana*, la cual requiere un espaciamiento de 4 m × 4 m en hileras alternadas. Especies menos vigorosas, tales como *I. marginata*, deben ser plantadas a espaciamientos menores, de 3 m × 3 m. Las especies plantadas para la producción de leña o en tierras marginales no deben establecerse a espaciamientos menores de 5 m × 5 m.

REFERENCIAS

Hughes, C. 1987. Intensive study of Multipurpose tree genetic resources. ODA research scheme R.4091 Final Report.

Pennington, T.D. 1997. The genus *Inga* Botany. Roy. Bot. Gard. Kew. 844 pp.

Zúniga, R. 1996. Viability of recalcitrant *Inga* seeds. M. Sc. Agroforestry thesis, Cranfield U., Silsoe College.

CLAVE PARA LAS ESPECIES ECUATORIANAS DE INGA

NOTA: Para los fines de la clave y descripciones la longitud de la flor es medida de la base del cáliz al ápice de los estambres.

1. Flores en una umbela o cabezuela · · · · · · · · · · · · · · 2
   Flores en una espiga o racimo · 23
2. Flores pediceladas (al menos 3 mm de longitud) · · · · · · · · · 3
   Flores sésiles (o pedicelo menor de 3 mm de longitud) · · · · · 10
3. Raquis foliar alado · · · · · · · · 4
   Raquis no alado · · · · · · · · · · 8
4. Pedicelo de al menos 7 mm de longitud · · · · · · · · · · · · · · · 5
   Pedicelo menor de 7 mm de longitud · · · · · · · · · · · · · · · 6
5. Folíolos más grandes 2.5–8 cm de longitud; nectario foliar a menudo cortamente estipitado, con la cabeza no expandida · · · · · · · · · 15. **I. heterophylla**
   Folíolos más grandes hasta 20 cm de longitud; nectario foliar cupuliforme o plano · · · · · · · · · 16. **I. umbellifera**
6. Raquis 4–7 mm de ancho · · · · · · · · · · · 19. **I. umbratica**
   Raquis menor de 2 mm de ancho · · · · · · · · · · · · · · · · · 7
7. Folíolos 3–4 pares, margen de los folíolos ondulado, pedúnculos 4.6–7.5 cm de longitud · · · · 17. **I. tocacheana**
   Folíolos 1–2(3) pares, margen de los folíolos no ondulado, pedúnculos 1.2–5 cm de longitud · · · 15. **I. heterophylla**
8. Folíolos usualmente 2 pares · · · · · · · · · · 14. **I. sertulifera**
   Folíolos usualmente 3–5 pares · 9
9. Folíolos con las venas usualmente impresa en la cara superior, legumbre 3.5–5 cm de ancho · · · · · · · · 20. **I. lallensis**
   Folíolos con las venas no impresas en la cara superior, legumbre 1.5–3 cm de ancho · · · · · · · · · · · · · 33. **I. nobilis** subsp. **quaternata**
10. Raquis alado · · · · · · · · · · · 11
    Raquis no alado · · · · · · · · · 13
11. Folíolos 7–9 pares; folíolos más grandes 1.2–2.1 cm de longitud · · · · · · · · · · · 18. **I. yasuniana**
    Folíolos 1–4 pares; folíolos más grandes de 3.5 cm de longitud o mayores · · · · · · · · · · · · · · · 12
12. Pedúnculo 2.5–7.5(–15) cm de longitud, margen de los folíolos ondulado · · · 17. **I. tocacheana**
    Pedúnculo 0.3–1.2 cm de longitud, margen de los folíolos no ondulado · · · · · · · · · · · 19. **I. umbratica**
13. Inflorescencias ramifloras y caulifloras, flores de unos 3 cm de longitud · · 22. **I. tessmannii**
    Inflorescencias axilares (a veces ramifloras en *I. tenuistipula*), flores 1–2.8 cm de longitud · 14
14. Folíolos 7–9 pares, los folíolos más grandes 1.2–2.1 cm de longitud · · · · · 18. **I. yasuniana**
    Folíolos 2–4 pares, los folíolos más grandes al menos 5 cm de longitud · · · · · · · · · · · · · · 15
15. Estípulas 1–2 cm de longitud · 16
    Estípulas 2–5 mm de longitud · 18
16. Estípulas linear–falcadas, nectarios foliares 2.5–3 mm diam., cupuliformes, las brácteas florales conspicuas, persistentes luego que las flores caen · · · · · · · · · · · · · 26. **I. rusbyi**
    Estípulas elípticas u obovadas, nectarios foliares 0.75–2 mm de diam., cupuliformes, poco profundos o acojinados, las brácteas florales diminutas, no persistentes · · · · · · · · · · · · 17

17. Pecíolo 1–2 cm de longitud, el apice de los folíolos acuminado, cada folíolo con 6–9 pares de venas secundarias; cáliz con tubo 1.5–1.75 mm de longitud; árboles de zonas no inundadas · · · · · · · · · · · · · 24. **I. jinicuil**
    Pecíolo 3–7 cm de longitud, el apice de los folíolos a menudo redondo, cada folíolo con 8–13 pares de venas secundarias; cáliz con tubo 2.75–5 mm de longitud; árboles de zonas inundables temporalmente · · · · · · · · · 25. **I. cinnamomea**
18. Folíolos 2 pares; legumbre a menudo con una proyección apical como un pico · · · · · · · · · 21. **I. tenuistipula**
    Folíolos 3–5 pares; legumbre a menudo sin una proyección apical como un pico · · · · · · 19
19. Legumbre 1.5–3 cm de ancho · 20
    Legumbre 3.4–5 cm de ancho · 22
20. Folíolos más grandes 6–8.5 cm de longitud, margen de los folíolos ondulado, legumbre 20–25 cm de longitud · · · · 17. **I. tocacheana**
    Folíolos más grandes usualmente mayores de 10 cm de longitud, el margen no ondulado, legumbre 8–15 cm de longitud · · · · · · · 21
21. Folíolos 3–4 pares; inflorescencias mayormente en las axilas de hojas caídas, flores de unos 1.5 cm de longitud, sin pubescencia · · · · · · · · · 23. **I. glomeriflora**
    Folíolos 4–5 pares; inflorescencias mayormente en las axilas de las hojas, flores 2–3 cm de longitud, pubescentes · · · · 33. **I. nobilis** subsp. **quaternata**
22. Folíolos más grandes de 20–30 cm de longitud, la venación no impresa en la cara superior; legumbre leñosa o coriacea, con paredes gruesas, lenticelada · · · · · · · · · 30. **I. silanchensis**
    Folíolos más grandes de 6–16 cm de longitud, la venación impresa en la cara superior; legumbre con paredes estrechas y carnosas · · · · · 20. **I. lallensis**
23. Flores 1–1.5 cm de longitud (hasta 2 cm de longitud en *I. brachyrhachis*), dispuestas en una espiga rala o congesta; cáliz diminuto, cupuliforme, las flores más o menos glabras, la legumbre plana · · · · · · · · · 24
    Flores 2–12 cm de longitud, si menores las flores pubescentes o sedosas, dispuestas en una espiga congesta; cáliz funeliforme o tubular, legumbre de forma variada · · · · · · · · 36
24. Raquis floral 2.5–15 cm de longitud, usualmente de mayor longitud que el pedúnculo · 25
    Raquis floral 0.2–2(–4) cm de longitud, usualmente de menor longitud que el pedúnculo · 31
25. Raquis foliar anchamente alado, 4–8 mm de ancho · · · · · · · · 26
    Raquis foliar no alado o estrechamente alado, menor de 2 mm de ancho · · · · · · · · · 29
26. Folíolos 1(–2) pares · · · · · · · · · · 7. **I. cordatoalata**
    Folíolos 2–3 pares · · · · · · · · 27
27. Extremo de las ramitas apicales, pecíolo y raquis foliar con pubescencia densa y marrón · · · · · · · · · · · · · 2. **I. yacoana**
    Extremo de las ramitas apicales, pecíolo y raquis foliar sin pubescencia densa y marrón · 28
28. Extremo de las ramitas apicales con manojos de estípulas conspicuos; bracteas florales persistentes, igualando o excediendo la longitud de la corola · · · · · · 6. **I. microcoma**

Extremo de las ramitas apicales sin manojos de estípulas conspicuos; bracteas florales caducas o persistentes, más cortas que la corola · · 5. **I. marginata**

29. Folíolos 3–5 pares · · · · · · · · · · · · 4. **I. cylindrica**
Folíolos 2–3(–4) pares · · · · · 30

30. Estípulas 2–6 mm de longitud, caducas; pecíolo + raquis foliar 2–6 cm de longitud; raquis foliar marginado a estrechamente alado · · · · · · · · · · 3. **I. laurina**
Estípulas 6–10 mm de longitud, persistentes; pecíolo + raquis foliar 2.5–12 cm de longitud; raquis foliar no alado ni marginado · · · · 1. **I. coruscans**

31. Folíolos 4–6 pares · · · · · · · · 32
Folíolos 2–3 pares · · · · · · · · 34

32. Raquis foliar alado, 3–6 mm de ancho · · · · · · · · · · 12. **I. alata**
Raquis foliar no alado, o con un ala estrecha, menor de 3 mm de ancho · · · · · · · · · · · · · · · · 33

33. Raquis foliar estrechamente alado o marginado; nectario foliar 1–2.5 mm de diam.; los folíolos más grandes tienen 6–10 cm de longitud; pedúnculo 0.4–2 cm de longitud · · · · · · · · · · · · · · · · 9. **I. alba**
Raquis foliar semiterete; nectario foliar 1.5–3 mm de diam.; los folíolos más grandes tienen 12–18 cm de longitud; pedúnculo 2–6 cm de longitud · · · · · · · · · · · 13. **I. pezizifera**

34. Raquis foliar no alado · · · · · · · · · 8. **I. brachyrhachis**
Raquis foliar alado · · · · · · · 35

35. Ramitas apicales, venas de las hojas e inflorescencias con pubescencia, los folíolos más grandes de 5–9 × 2.5–4.5 cm; raquis foliar alado desde la base al ápice de cada internudo; brácteas florales persistentes; legumbre 1.5–2.5 cm de ancho · · · · · · · · · · 10. **I. auristellae**
Ramitas apicales, venas de las hojas e inflorescencias subglabras; raquis foliar cortamente alado bajo los internudos; brácteas florales no conspicuas o persistentes; legumbre 2.5– 3.5 cm de ancho · · · · · · · · · · · 11. **I. bourgonii**

36. Flores (1.5–)2–3 cm de longitud; plantas glabras o con el indumento fino y adpreso; nectarios foliares usualmente sésiles; legumbre plana, usualmente sin pubescencia · 37
Flores casi siempre mayores de 3 cm de longitud; plantas usualmente con pubescencia conspicua; nectarios foliares usualmente estipitados; legumbre cilíndrica o cuadrangular, con márgenes no expandidos, o plana, a menudo con pubescencia · · · · · · · · · 55

37. Raquis foliar no alado · · · · · 38
Raquis foliar alado · · · · · · · 48

38. Folíolos 4–6 pares · · · · · · · · 39
Folíolos 2–3 pares · · · · · · · · 41

39. Folíolos mayormente 5–6 pares, el ápice a menudo obtuso o redondo, las venas impresas en la cara superior de los folíolos; flores con pubescencia de pelos diminutos y adpresos · · · · · · · · · · · · · 31. **I. ruiziana**
Folíolos 4–5 pares, el ápice agudo, las venas no impresas en la cara superior de los folíolos; flores con pubescencia de pelos gruesos, sedosos o esparcidos ·40

40. Folíolos en la cara inferior con pubescencia de pelos esparcidos, uniformes, adpresos; nectario foliar basal del mismo tamaño que los otros; inflorescencias parciales cónicas; legumbre 18–26 cm de longitud, plana a convexa cuando madura · · · · · · · · · · 42. **I. suaveolens**

Folíolos en la cara inferior con pubescencia de pelos erectos o sin pubescencia; nectario foliar basal más grande que los otros; inflorescencias parciales no cónicas; legumbre madura 8–15 cm de longitud, subcilíndrica · · · · · · · · · · · · · 33. **I. nobilis**

41. Folíolos en la cara inferior con pubescencia de pelos adpresos y rígidos · · · · · · · · · · · · · · · · 42
Folíolos en la cara inferior con pubescencia de pelos erectos o sin pubescencia · · · · · · · · · 43

42. Legumbre 50–80 × 3–7 cm · · · · · · · · · · · · · · · · · 40. **I. ilta**
Legumbre 8–20 × 1.8–2.5 cm · · · · · · · · · · · · · 39. **I. punctata**

43. Venas laterales de los folíolos 16–18 pares; legumbre 3.5–5 cm de ancho · · · 27. **I. multinervis**
Venas laterales de los folíolos 5–12 pares; legumbre 1.5–5 cm de ancho · · · · · · · · · · · · · · · 44

44. Estípulas 1–1.5 cm de longitud, persistentes; flores con pubescencia de pelos esparcidos, diminutos, adpresos o sin pubescencia · · · · · 26. **I. rusbyi**
Estípulas 2–6 mm de longitud, prontamente caducas; flores con pubescencia sedosa o lanosa · 45

45. Folíolos más grandes 20–30 cm de longitud, usualmente casi el doble de largos que anchos, la cara inferior de los folíolos con pubescencia de pelos esparcidos; legumbre usualmente con ribetes transversales gruesos · · · · · · · · · · · · 32. **I. vismiifolia**
Foliolos más grandes menores de 20 cm de longitud, usualmente 3 veces o más largos que anchos, la cara inferior de los folíolos con pubescencia de pelos esparcidos o sin pubescencia; legumbre lisa o con venas transversales finas · · · · 46

46. Cáliz sin pubescencia, longitudinalmente estriado; folíolos 2 pares; legumbre 2–4 cm de ancho · · · 41. **I. leiocalycina**
Cáliz con pubescencia de pelos finos, no estriado o levemente estriado; folíolos 2–3(–4) pares; legumbre 1.8–2.5 cm de ancho · 47

47. Estípulas 5–10 mm de longitud; raquis floral 4–5 mm de longitud; flores 1.5–2 cm de longitud · · · · · · 28. **I. gracilior**
Estípulas 2–4 mm de longitud; raquis floral 0.5–2 mm de longitud; flores 2–3.5 cm de longitud · · · · 38. **I. stenoptera**

48. Folíolos maduros pubescentes (al menos en la cara inferior), con pelos erectos o adpresos · 49
Folíolos maduros esencialmente sin pubescecia · · · · · · · · · · 51

49. Folíolos 4–5(–6) pares; legumbre 4.8–10 cm de ancho · · · · · · · · · · 34. **I. densiflora**
Folíolos 2–3 pares; legumbre menor de 3.2 cm de ancho · 50

50. Pecíolo + raquis foliar usualmente mayor de 10 cm de longitud; flores 1–1.5 cm de longitud; raquis floral muy corto, más o menos capitado · · · · · · · · · · · 37. **I. chartacea**
Pecíolo + raquis 2–5.5 cm de longitud; flores de unos 2 cm de longitud; raquis floral largo, las flores dispuestas en una espiga · · · · · · · · · 35. **I. manabiensis**

51. Estípulas 1–1.5 cm de longitud; las brácteas florales forman un manojo conspicuo; corola mas o menos glabra; legumbre 4–5 cm de ancho · · · · · · · 26. **I. rusbyi**
Estípulas menores de 1 cm de longitud; las brácteas florales no forman un manojo conspicuo; corola pubescente; legumbre 1.6–3.3 cm de ancho · · · · · · 52

52. Pecíolo 2.5–8 cm de longitud; folíolos con las venas impresas en la cara superior; inflorescencia subcapitada · · ·37. **I. chartacea**
Pecíolo usualmente menor de 3 cm de longitud; folíolos con las venas no impresas en la cara superior; inflorescencia una espiga · · · · · · · · · · · · · · · · · 53
53. Legumbre con estrías transversales densas y conspicuas · · · · · · · · · · · · 36. **I. striolata**
Legumbre lisa · · · · · · · · · · 54
54. Folíolos mayormente 4 pares; corola con pelos finos, adpresos · · · · · · · · · · · · 29. **I. acreana**
Folíolos 2–3 pares; corola con pubescencia de pelos gruesos · · · · · · · · · · 38. **I. stenoptera**
55. Pecíolo y raquis no alados · · 56
Pecíolo y/o raquis alados · · 63
56. Nectarios foliares estipitados, presentes en el raquis foliar y algunos folíolos · · · · · · · · · 57
Nectarios foliares no estipitados, presentes solamente en el raquis foliar · · · · · · · · · · · · · · · · · 58
57. Estípulas 1–1.8 cm de longitud, persistentes; folíolos con las venas no impresas en la cara superior; legumbre verde, con pubescencia de pelos rígidos, 13–16 × 1.5–2.5 cm · · · · · · · · · · 53. **I. multicaulis**
Estípulas mayores de 6 mm de longitud, caducas; folíolos con las venas usualmente impresas en la cara superior; legumbre con pubescencia de pelos aterciopelados, densos, color marrón oscuro, 17–26 × 3.5–5 cm · · · · · · · 55. **I. extra-nodis**
58. Folíolos 1–3 pares; plantas sin pubescencia · · · · · · · · · · · 59
Folíolos 3–9 pares; plantas con pubescencia conspicua · · · · 60
59. Folíolos 1–2 pares; inflorescencia 0.3–1.2–cm de longitud; flores 9.5–12.5 cm de longitud · · 74. **I. sarayacuensis**
Folíolos 2–3 pares; inflorescencia 3–12 cm de longitud · · · · · · 43. **I. capitata**
60. Estípulas 1.5–5 cm de longitud; ramitas apicales, hojas e inflorescencias con pubescencia de pelos largos, rígidos, color marrón oscuro · · · · · · · · · · · 61. **I. stipulacea**
Estípulas no mayores de 5 mm de longitud; plantas sin pubescencia de pelos largos, rigidos, color marrón oscuro · 61
61. Folíolos mas grandes 5–6.5 cm de longitud; inflorescencia distica · · · · · 46. **I. psittacorum**
Folíolos mas grandes 7.5–15 cm de longitud; inflorescencia no distica · · · · · · · · · · · · · · · · 62
62. Folíolos con pubescencia de pelos finos y crespos en la cara inferior; nectario foliar 1–1.5 mm de diametro; caliz 5–12 mm de longitud; legumbre sin pubescencia · · 47. **I. multijuga**
Folíolos con pubescencia adpresa y sedosa o mate en la cara inferior; nectario foliar 1.5–3.5 mm de diametro; caliz 3.5–6.5 mm de longitud; legumbre con pubescencia aterciopelada caediza en la madurez · · · 48. **I. thibaudiana**
63. Legumbre fuertemente 4–angular o 4–alada · · · · · · 64
Legumbre no fuertemente 4–angular o 4–alada · · · · · · 67
64. Flores 5–10.5 cm de longitud · 65
Flores 3.5–4 cm de longitud · 66
65. Folíolos mas o menos glabros; brácteas florales 1–3 cm de longitud, anchas, conspicuas; cáliz mas o menos glabro; corola densamente lanosa · · · · · · · · · 73. **I. macrophylla**
Folíolos mas o menos pubescentes; brácteas florales

0.7–1.6 cm de longitud, estrechas; cáliz pubescente; corola más o menos sedosa · · · · · · · · · 71. **I. sapindoides**

66. Legumbre 25–40 × 5–6 cm, los márgenes prominentes · · · · · · · · · · · · 70. **I. feuillei**
Legumbre 10–25 × 1–2 cm, los márgenes con alas prominentes · · · · · · · · · · · · 72. **I. striata**

67. Legumbre cilindrica o cuadrangular con márgenes estriados longitudinalmente, bien desarrollados · · · · · · · 68
Legumbre plana con márgenes no estriados longitudinalmente y no desarrollados · · · · · · · 75

68. Nectarios foliares presentes en el raquis foliar y la vena media de algunos folíolos · · · · · · · 69
Nectarios foliares confinados al raquis foliar · · · · · · · · · · · · 70

69. Estípulas 4–5 mm de longitud; corola 1.7–2 cm de longitud; legumbre torcida en espiral o revirada, con márgenes no carinados · · · 65. **I. chocoensis**
Estípulas 1.3–2 cm de longitud; corola 2.4–2.6 cm de longitud; legumbre recta o curva, carinada en uno o ambos margenes · · · · · 66. **I. carinata**

70. Nectarios foliares estipitados, con la cabeza escasamente expandida o no expandida. nectarios foliares no estipitados, planos o cupuliformes · · · · · 71
Nectarios foliares no estipitados, planos o cupuliformes · · · · · 72

71. Folíolos 3–4 pares; corola 3.2–3.4 cm de longitud; legumbre 35–40 cm de longitud, más o menos cilíndrica, con las caras parcialmente cubiertas por los margenes expandidos · · · · · · · 62. **I. balsapambensis**
Foliolos 4–6 pares; corola 1.6–2.5 cm de longitud; legumbre 14–18 cm de longitud, más o menos cuadrangular, las caras totalmente expuestas · · · · · · · · · · · · 69. **I. insignis**

72. Nectarios foliares con la abertura transversalmente comprimida · · · · · · · · · · · · 73
Nectarios foliares con la abertura circular · · · · · · · · · 74

73. Folíolos mayormente 4–6 pares; folíolos en la cara inferior con pubescencia de pelos adpresos, asperos al tacto (escabrosos), las venas secundarias usualmente 15–20 pares; legumbre 30–100 cm de longitud · · 68. **I. edulis**
Folíolos mayormente 3–4 pares; folíolos en la cara inferior con pubescencia de pelos crespos, no escabrosos, las venas secundarias usualmente 12–15 pares; legumbre 20–30 cm de longitud · · · 67. **I. oerstediana**

74. Legumbre 5–15 cm de longitud, cuadrangular a cilíndrica, las caras parcial o completamente expuestas · · · · · · · · 64. **I. vera**
Legumbre 15–30 cm de longitud, cilíndrica, las caras completamente cubiertas por los márgenes expandidos · · · · · · · · · · · · 63. **I. ornata**

75. Ramitas apicales, hojas e inflorescencias con pubescencia de pelos finos, adpresos, o sin pubescencia; legumbre sin pubescencia · · · · · · · · · · · · 76
Ramitas apicales, hojas e inflorescencias con pubescencia de pelos conspicuos, rígidos, erectos; legumbre pubescente, a menudo densamente · · · · · 79

76. Flores en botón rostradas; legumbre 1.3–2 cm de ancho · · · · · · · · · · 50. **I. acuminata**
Flores en botón no rostradas; si rostradas, entonces la legumbre 2.5–5.5 cm de ancho · · · · · · 77

77. Legumbre con estrías transversales finas y densas; flor en botón a veces rostrada, las flores a menudo de color amarillo · · 49. **I. venusta**

Legumbre sin estrías transversales; flor en botón no rostrada, las flores color verde blanquecino · · · · · · · · · · · · 78

78. Ramitas apicales agudamente 4–anguladas o aladas; brácteas florales hasta 1.5 × 1 cm, a veces unidas debajo de la inflorescencia y persistentes; legumbre 25–60 × 4–5.5 cm · · · · · · · · · · 44. **I. spectabilis**

Ramitas apicales más o menos teretes; brácteas florales 3–5 mm de longitud, no unidas debajo de la inflorescencia, caedizas; legumbre 15–25 × 2.5–3.7 cm · · · · · · · · · · · 45. **I. splendens**

79. Nectarios foliares presentes en el raquis foliar y en algunos folíolos · · · · · · · · · · · · · · · 80

Nectarios foliares presentes solamente en el raquis foliar · 81

80. Estípulas 1–1.8 cm de longitud; nectarios foliares estipitados; flores 4.3–5 cm de longitud · · · · · · · · · · 53. **I. multicaulis**

Estípulas menores de 1 cm de longitud; nectarios foliares no estipitados; flores 7–9 cm de longitud · · · · · · 60. **I. pruriens**

81. Estípulas 2.5–4 cm de longitud; raquis foliar a menudo alado o no alado en la misma planta, el pecíolo siempre alado · · · · · · · · · 75. **I. jaunechensis**

Estípulas menores de 1 cm de longitud; raquis foliar siempre alado · · · · · · · · · · · · · · · · · · 82

82. Inflorescencias subcapitadas o en una espiga muy corta, los folíolos mas grandes mayores de 10 cm de longitud · · · · · · · · · · · · · · 51. **I. ciliata**

Inflorescencias en espiga con el raquis floral de al menos 1 cm de longitud (usualmente mayor de 2 cm de longitud), los folíolos más grandes casi siempre mayores de 10 cm de longitud · · · · · · · · 83

83. Raquis floral 2–7 cm de longitud, las flores subtendidas por brácteas conspicuas y persistentes; legumbre 1.8–2.2 cm de ancho · · · · · · · · · 58. **I. poeppigiana**

Raquis floral menor de 2 cm de longitud, las flores no subtendidas por brácteas conspicuas y persistentes; legumbre usualmente mayor de 2.2 cm de ancho · · · · · · · · · 84

84. Cáliz sin pubescencia, estriado longitudinalmente; pedúnculo menor de 1 cm de longitud; legumbre 8–12 cm de longitud · · · · · · · · · · · · · 56. **I. hayesii**

Cáliz con pubescencia, no estriado; pedúnculo menor de 1 cm de longitud; legumbre usualmente mayor de 12 cm de longitud · · · · · · · · · · · · · · 85

85. Cáliz 2–3 cm de longitud; flores 6.5–9 cm de longitud; legumbre usualmente mayor de 3 cm de ancho · · · · · · · · 59. **I. velutina**

Cáliz menor de 1.5 cm de longitud; flores 3–6 cm de longitud; legumbre usualmente menor de 3 cm de ancho · · 86

86. Folíolos 3–6 pares; flores 4–6 cm de longitud, el cáliz con lobulos poco profundos o sin ellos; plantas con pubescencia de color crema o marrón claro · · · · · · · · · 57. **I. cayennensis**

Folíolos 3–4 pares; flores 3–5 cm de longitud, el cáliz con lobulos ovados, 2–3 mm de longitud; plantas con pubescencia de color marrón o ferrugíneo · · · · · · 87

87. Folíolos con apice mayormente obtuso o redondo; plantas con pubescencia de color marrón; flores de unos 3 cm de longitud · · · · · · · · · · 54. **I. fendleriana**

Folíolos con apice atenuado; plantas con pubescencia ferrugínea; flores 3.5–5 cm de longitud · · · · 52. **I. villosissima**

GLOSARIO

Acanalado. Tipo de fuste que presenta canales longitudinales más o menos profundos.
Adpreso. Dícese de la pubescencia formada por pelos apretados contra la superficie de origen.
Agroforestería. Forma de manejo de los árboles que consiste en establecerlos de modo integrado a los cultivos y la actividad agrícola.
Androceo. Organo masculino de la flor, formado por el conjunto de estambres.
Antera. En el Androceo, parte del estambre similar a una bolsita, que contiene el polen.
Apice. En cualquier órgano, extremo más alejado de su origen.
Atenuado. Estrechado, muy agudo.
Axilar. Que brota de una axila.

Bosque de galería. Bosque que crece a orillas de las fuentes de agua.
Bosque secundario. Bosque joven, recientemente disturbado o alterado, caracterizado por el predominio de especies de crecimiento rápido (pioneras).
Bráctea. Estructura similar a una pequeña lámina o escama, situada en el punto de origen de las flores.

Caatinga. Bosque caracterizado por la presencia de muchos individuos arbóreos de escaso diámetro, creciendo sobre suelos arenosos.
Cabezuela. Capítulo.
Capitado. Provisto de una cabeza.
Capítulo. Tipo de inflorescencia en el cual las flores se hallan sésiles sobre un receptáculo común.
Carinado. Provisto de una prominencia longitudinal, como un ribete.
Carpelo. En el gineceo, unidad formada por el engrosamiento que contiene los óvulos, más el estilo y el estigma.
Cartáceo. Con consistencia de cartulina.
Caulifloro. Con las inflorescencias situadas en el tronco.
Condensado. Formado por elementos que se hallan muy cercanos y apiñados entre sí, como las flores en algunas inflorescencias.
Congesto. Congestionado, apiñado.
Conspicuo. Obvio, evidente.
Constricto. Estrechado marcadamente en algún punto.
Coriáceo. Con consistencia de cuero.
Corteza. Capa de tejido que recubre exteriormente el cilindro de madera en el fuste del árbol.
Corteza externa. Capa más exterior y muerta de la corteza.
Corteza interna. Capa más interior y viva de la corteza; a veces presenta secreciones.
Cupuliforme. En forma de copa.

Dístico. En dos series o filas, con las unidades o elementos opuestos y dispuestos en un solo plano.

Envés. Cara inferior de una hoja.
Esclerófilo. Dícese del bosque caracterizado por el predominio de plantas con hojas rígidas.
Espiga. Tipo de inflorescencia en la cual las flores brotan alternadamente de un eje común de crecimiento indefinido, y son sésiles.
Estambre. Organo masculino de la flor; el conjunto de estambres forma el Androceo o estructura masculina de la flor.
Estilo. En el órgano femenino de la flor, estructura tubular, a menudo elongada, que brota de la cavidad del ovario y remata en el estigma.
Estipitado. Provisto de estipe.
Estipe. pequeña columna que soporta a un órgano o estructura.
Estípula. Estructura como una pequeña lámina o escama, a menudo estrecha, presente en la zona de origen de algunas hojas.

Estriado. Provisto de prominencias lineares finas, longitudinales o transversales.
Exserto. Dícese del órgano que excede en longitud a los que lo rodean.

Fasciculado. Dispuesto en un manojo, brotando de un origen común.
Fenología. Estudio de la periodicidad en la producción de los órganos y estructuras de las plantas.
Filamento. En el Androceo, parte del estambre conformada por una columna muy delgada que sostiene a la antera.
Foliar. Relativo a la hoja.
Folíolo. Lámina foliar en las hojas compuestas con un nivel de subdivisión.
Fúlcreas, raíces: Raíces cilíndricas aéreas que se proyectan hacia tierra desde la base del fuste del árbol.
Funeliforme. En forma de fúnel.
Fuste. Tronco del árbol por debajo de la inserción de las ramas basales.

Gineceo. Organo femenino de la flor, formado por uno o varios carpelos.
Glabro. Sin pubescencia.
Glabrescente. Glabro en la madurez.

Hábito. Patrón de porte de una planta. Son ejemplos de hábitos el arbóreo, arbustivo, herbáceo, etc. El término se utiliza también para referirse al aspecto general de una planta o un especimen de ésta.
Haz. Cara superior de una lámina foliar.
Heliófilo. Planta que germina y se establece con facilidad en lugares muy soleados.
Hoja. Estructura esencialmente laminar de la planta, destinada a captar la luz. El punto de origen de la hoja presenta una yema y la hoja posee ejes (pecíolo, raquis, peciólulos) que soportan las láminas foliares.
Hoja simple. Hoja que posee una sola lámina foliar.
Hoja compuesta. Hoja que posee varias láminas foliares.

Impreso. En bajo relieve.
Indumento. Pubescencia.
Inflorescencia. Estructura conformada por ejes que soportan las flores; conjunto de flores.
Infundibuliforme. En forma de embudo.
Internudo. Distancia entre dos pares de folíolos en la hoja compuesta pinnada.
Involucro. Conjunto de brácteas situadas en la base del raquis floral.

Lenticela. Protuberancias pequeñas, circulares o alargadas, a veces presentes en la superficie de ramitas, ejes o corteza.

Marginado. Con prominencias longitudinales como ribetes.
Membranáceo. Con consistencia membranosa.

Nectario. Estructura secretora de néctar o líquido azucarado.
Nectario foliar. Nectario localizado en las hojas. En *Inga* existen nectarios foliares en la zona de articulación de los folíolos y a veces en la vena media de ellos; su forma es a menudo la de una copa.

Pajonal. Formación vegetal con predominio de plantas gramíneas (pastos).
Pecíolo. En una hoja compuesta pinnada, porción del eje que soporta los folíolos comprendida entre la yema de origen de la hoja y el par de folíolos basales.
Pedicelo. Pequeño eje que sostiene cada flor.

Pedúnculo. En el eje principal de la inflorescencia, porción comprendida entre el origen de éste y la articulación de las flores más basales.

Pendular. Colgante.

Pinnada. Hoja compuesta que tiene los folíolos dispuestos en hileras a cada lado de su eje principal, así como en *Inga*.

Puberulento. Cubierto de pubescencia rala.

Pubescente. Cubierto de pubescencia.

Pubescencia. Conjunto de pelos, usualmente diminutos, que recubren la superficie de algunas estructuras de las plantas.

Purma. Bosque secundario.

Quilla. Prominencia plana y alargada.

Racimo. Tipo de inflorescencia en el cual las flores brotan alternadamente de un eje común de crecimiento indefinido, y son pediceladas.

Raíz tablar. Modificación en la base del fuste de algunos árboles, formada por contrafuertes aplanados y extendidos. Los raices tablares dan soporte al árbol.

Ramifloro. Con las inflorescencias situadas en las ramas maduras.

Raquis floral. En el eje principal de una inflorescencia, porción comprendida entre la zona de origen de las flores más basales y el ápice del eje.

Raquis foliar. En el eje que sostiene los folíolos de una hoja pinnada, porción comprendida desde el punto de inserción del par de folíolos basales hasta el punto de inserción del par de folíolos apicales.

Receptáculo. Estructura más o menos globosa o discoide que sostiene a las flores en algunas inflorescencias.

Reflexo. Torcido hacia afuera, alejándose de su eje central.

Ritidoma. Porción más superficial de la corteza externa, que se desprende sola.

Rostrado. Provisto de una proyección a manera de pico.

Seríceo. Dícese de la pubescencia con aspecto sedoso a simple vista.

Sésil. Sin pedicelo o pedúnculo.

Setas. Pelos similares a cerdas, rectos y rígidos.

Setoso. Con pubescencia de setas.

Sub-. Casi; por ejemplo, subtruncado: casi truncado.

Subtendido. Acompañado por.

Tomentoso. Con pubescencia de pelos densos y entrelazados.

Truncado. Con el ápice abrupta y ampliamente obtuso.

Tubo estaminal. En la estructura masculina de la flor, porción en la cual los filamentos de los estambres se hallan fusionados.

Umbela. Tipo de inflorescencia en el cual el raquis está ausente, por lo que todas las flores tienen origen en el mismo punto, cada flor sostenida por un pedicelo.

Velutino. Con pubescencia de aspecto aterciopelado a simple vista.

Xerofítico. Arido.

DESCRIPCIONES DE LAS ESPECIES

1. NOMBRE CIENTIFICO.
Inga coruscans Willd.

CARACTERISTICAS BOTANICAS.
Árbol de tamaño mediano, de hasta 20 m de altura y 40 cm de diámetro; individuos grandes poseen raíces tablares inclinadas, simples, de hasta 2 m de altura; corteza externa lisa y grisácea, a menudo con lenticelas, la corteza interna de color rojo intenso y hasta 1.5 cm de grosor. Hojas compuestas, raquis no alado, con 2–3 pares de folíolos elípticos, los más grandes de 10–15 × 6–7 cm, las ramitas apicales y hojas jóvenes sin pubescencia; nectarios foliares poco profundos, cupuliformes; inflorescencias axilares, fasciculadas, cada una de 7–12 cm de longitud, las flores dispuestas en espigas largas; flores de aproximadamente 1 cm de longitud, fragantes, color verde pálido, con estambres blancos; legumbre de 10–15 × 2–3 cm, verde, ligeramente convexa, recta, sin pubescencia.

Inga coruscans está cercanamente relacionada a *I. laurina* e *I. cylindrica.*

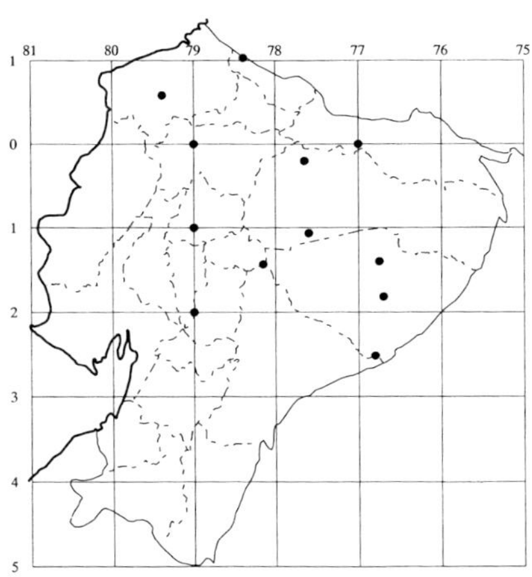

Mapa 1. *Inga coruscans* ●

Puede distinguirse de *I. laurina* por la forma de sus folíolos (en *I. coruscans* más anchos en la zona media, en *I. laurina* más anchos por encima de la zona media) y el raquis no alado, y se diferencía de *I. cylindrica* por sus folíolos más pequeños y la legumbre con abultamientos muy marcados en la zona de las semillas.

FENOLOGIA EN EL ECUADOR
En Ecuador la floración ocurre principalmente de mayo a septiembre, con un solo registro de fructificación en el mes de mayo (Napo).

DISTRIBUCION Y REQUERIMIENTOS ECOLOGICOS.
Esta especie está ampliamente distribuida desde Costa Rica y Venezuela, hacia el sur, por los países andinos, hasta Bolivia. Tiene un rango altitudinal amplio, desde el nivel del mar hasta 1700 m. Prefiere bosques húmedos, tanto en tierra firme como en zonas periódicamente inundadas y las orillas de los ríos. En Ecuador se ha registrado en las vertientes del Pacífico y Amazonia, en las provincias de Bolívar, Los Ríos, Napo, Pastaza y Sucumbios y con un solo registro de Morona-Santiago. El límite altitudinal en el Ecuador es alrededor de 1000 m.

La especie en Ecuador no tiene usos conocidos, pero por sus abundantes inflorescencias largas, con pequeñas flores aromáticas, puede constituir una fuente útil de miel para la producción apícola (como en *I. marginata*).

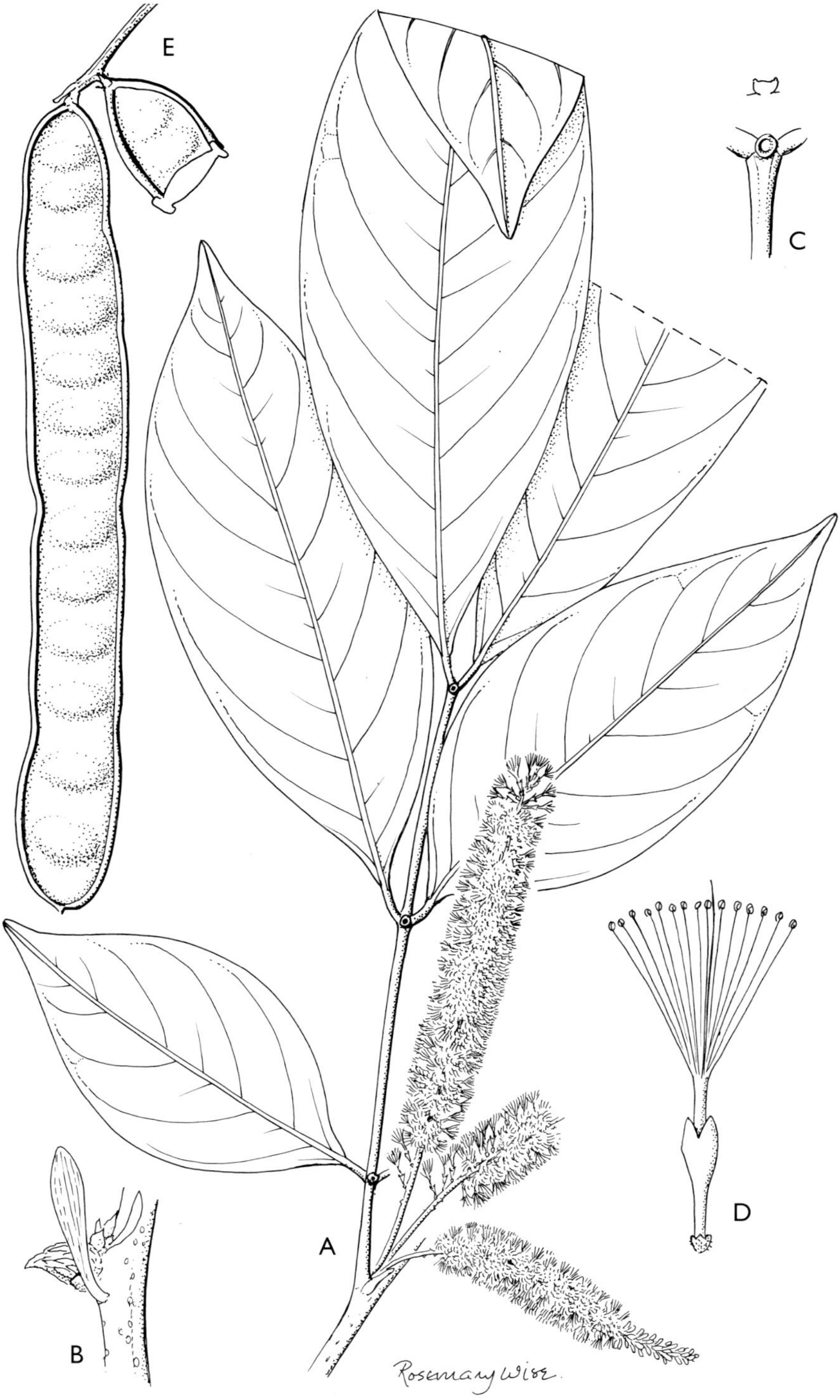

Fig. 1. *Inga coruscans.* A, hábito × $^2/_3$; B, estípula × 2.6; C, nectario foliar × × 2.6; D, flor × 4; E, legumbre × $^2/_3$.

2. NOMBRE CIENTIFICO.
Inga yacoana J.F. Macbr.

CARACTERISTICAS BOTANICAS.
Árbol de tamaño mediano, hasta 20 m de altura; hojas compuestas con el raquis alado y usualmente 3 pares de folíolos elípticos (algunas hojas raramente solo con 2 pares), los folíolos más grandes de unos 11–15 × 5–6.5 cm; ramitas apicales y raquis cubiertos con pubescencia densa de pelos marrones; nectarios foliares planos o con forma de plato; inflorescencias axilares, en pares o en grupos de 3, cada inflorescencia de 4.5–7.5 cm de longitud, las flores dispuestas en espigas alargadas; flores de aproximadamente 1 cm de longitud, dulcemente fragantes, blanquecinas; legumbre de 10–16 × 1–1.5 cm, color verde, recta o levemente curva, convexa y constricta entre las semillas, sin pubescencia.

Esta especie está estrechamente relacionada con la ampliamente distribuida *I. marginata*, pero puede distinguirse de ella por la pubescencia densa de pelos marrones en las ramitas apicales y en el raquis de las hojas (*I. marginata* no tiene pelos). Se caracteriza también por los manojos de estípulas comúnmente presentes en el ápice de las ramitas.

FENOLOGIA EN EL ECUADOR
La especie no tiene registros de floración en el Ecuador, sinembargo en otros países, florece de mayo a agosto. Fructifica en Ecuador en enero.

DISTRIBUCION Y REQUERIMIENTOS ECOLOGICOS.
Inga yacoana es una especie de la Amazonia oeste de Brazil, la Amazonia de Perú y de Ecuador. Se encuentra en bosques de tierras bajas, en lugares con drenaje pobre y periódicamente inundados.

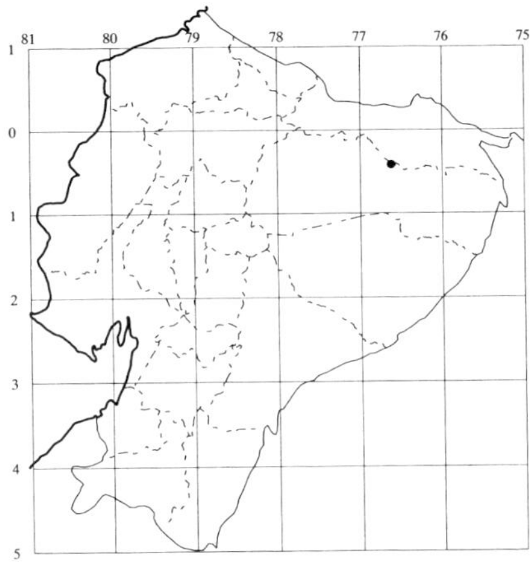

Mapa 2. *Inga yacoana* ●

En Ecuador, solo se han obtenido registros del Parque Nacional Yasuni (Napo). Este árbol ocurre en el dosel del bosque primario, sobre suelos rojos oxisoles, a los 250 m de altitud.

Esta es una especie poco conocida y poco recolectada para la cual no se conoce ningún uso. Está sinembargo claramente relacionada a la ampliamente distribuida *I. marginata*, y tiene una forma similar. *Inga marginata* tiene una serie de características útiles, tales como el hábito ramificado que brinda una sombra densa, la capacidad para resistir a la poda frecuente, y una floración abundante con flores aromáticas y atrayentes de abejas. *Inga yacoana* puede compartir las mismas características pero además tiene la ventaja de su capacidad para desarrollarse bien en lugares con drenaje pobre.

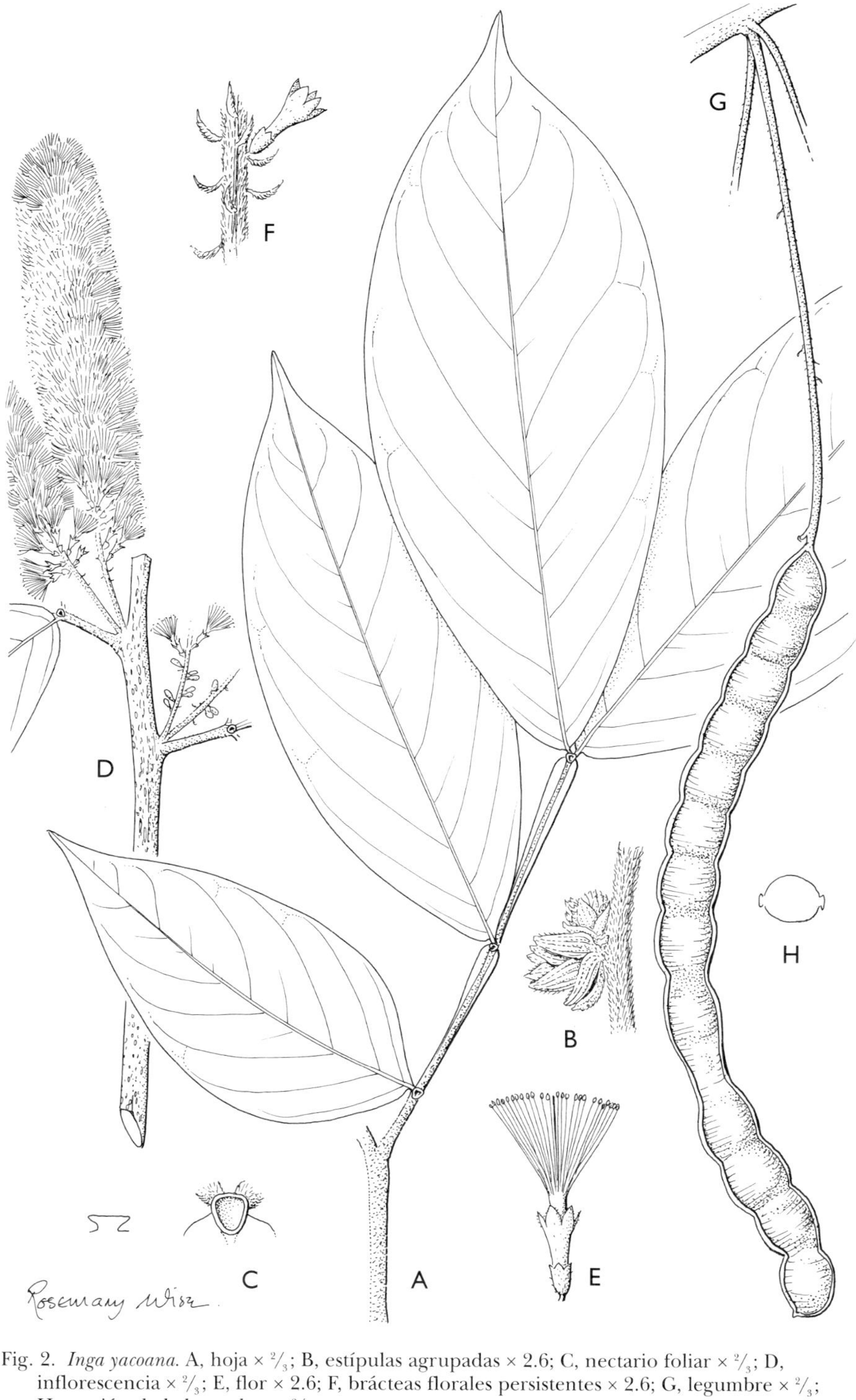

Fig. 2. *Inga yacoana.* A, hoja × ²⁄₃; B, estípulas agrupadas × 2.6; C, nectario foliar × ²⁄₃; D, inflorescencia × ²⁄₃; E, flor × 2.6; F, brácteas florales persistentes × 2.6; G, legumbre × ²⁄₃; H, sección de la legumbre × ²⁄₃.

3. NOMBRE CIENTIFICO.
Inga laurina (Sw.) Willd.

SINONIMIA.
Inga fagifolia (L.) Willd. ex Benth.

CARACTERISTICAS BOTANICAS.
Árbol pequeño a mediano, de hasta 20 m de altura, con corteza externa áspera, desprendiéndose en placas, de color grisáceo, a menudo con lenticelas prominentes dispuestas en hileras horizontales; corteza interna de color rosado intenso; hojas compuestas, el raquis con un margen muy estrecho en la parte superior y 2–3 pares de folíolos que son más anchos por encima de la parte media, los folíolos más grandes de 6–13 × 2.5–5 cm; ramitas apicales y hojas jóvenes sin pubescencia; nectarios foliares cupuliformes; inflorescencias axilares, solitarias o en grupos, cada inflorescencia de 3.5–13 cm de longitud, las flores dispuestas en una espiga; flores de aproximadamente 1 cm de longitud, dulcemente fragantes, color verde amarillento pálido, con estambres blanquecinos; legumbre de 5–20 × 1.7–2.5 cm, amarilla o amarillo-verdosa, plana cuando inmadura, haciéndose convexa a casi cilíndrica en la madurez, recta o levemente curvada, sin pubescencia.

Inga laurina es cercana a *I. coruscans* (véase las diferencias bajo esta especie) y también afín a *I. cylindrica*. Difiere de la última en los folíolos más grandes y en menor número y en la estructura de la legumbre (la legumbre de *I. cylindrica* es fuertemente constricta entre las semillas).

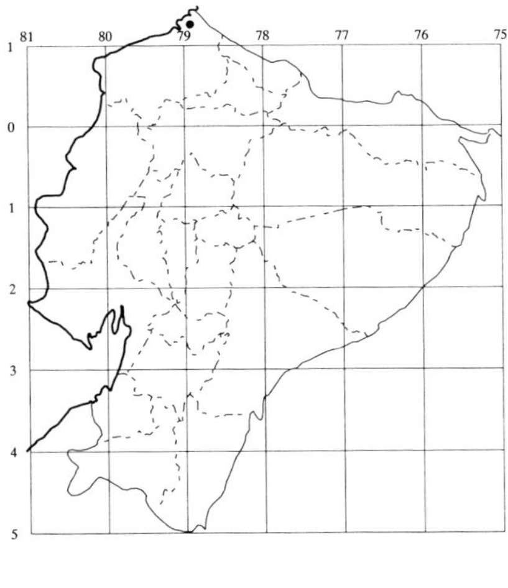

Mapa 3. *Inga laurina* ●

FENOLOGIA EN EL ECUADOR
La floración aún no se ha observado en el Ecuador, pero en otros países ocurre principalmente de noviembre a marzo, fructificando en marzo.

DISTRIBUCION Y REQUERIMIENTOS ECOLOGICOS.
Inga laurina es la especie del género con más amplia distribución, y se la encuentra en toda América tropical, incluyendo las islas del Caribe. Es una de las pocas especies de *Inga* que tolera un clima relativamente seco, con varios meses del año sin lluvia.

Sinembargo es ecológicamente variable, y se la encuentra en selva pluvial de zonas bajas y montañosas. Hasta ahora hay un solo registro colectado en Esmeraldas cerca de San Lorenzo, aunque también hay un supuesto registro en la Amazonia ecuatoriana, que necesita ser confirmado.

En otros paises, *I. laurina* es apreciada por sus frutos comestibles y es empleada como árbol de sombra.

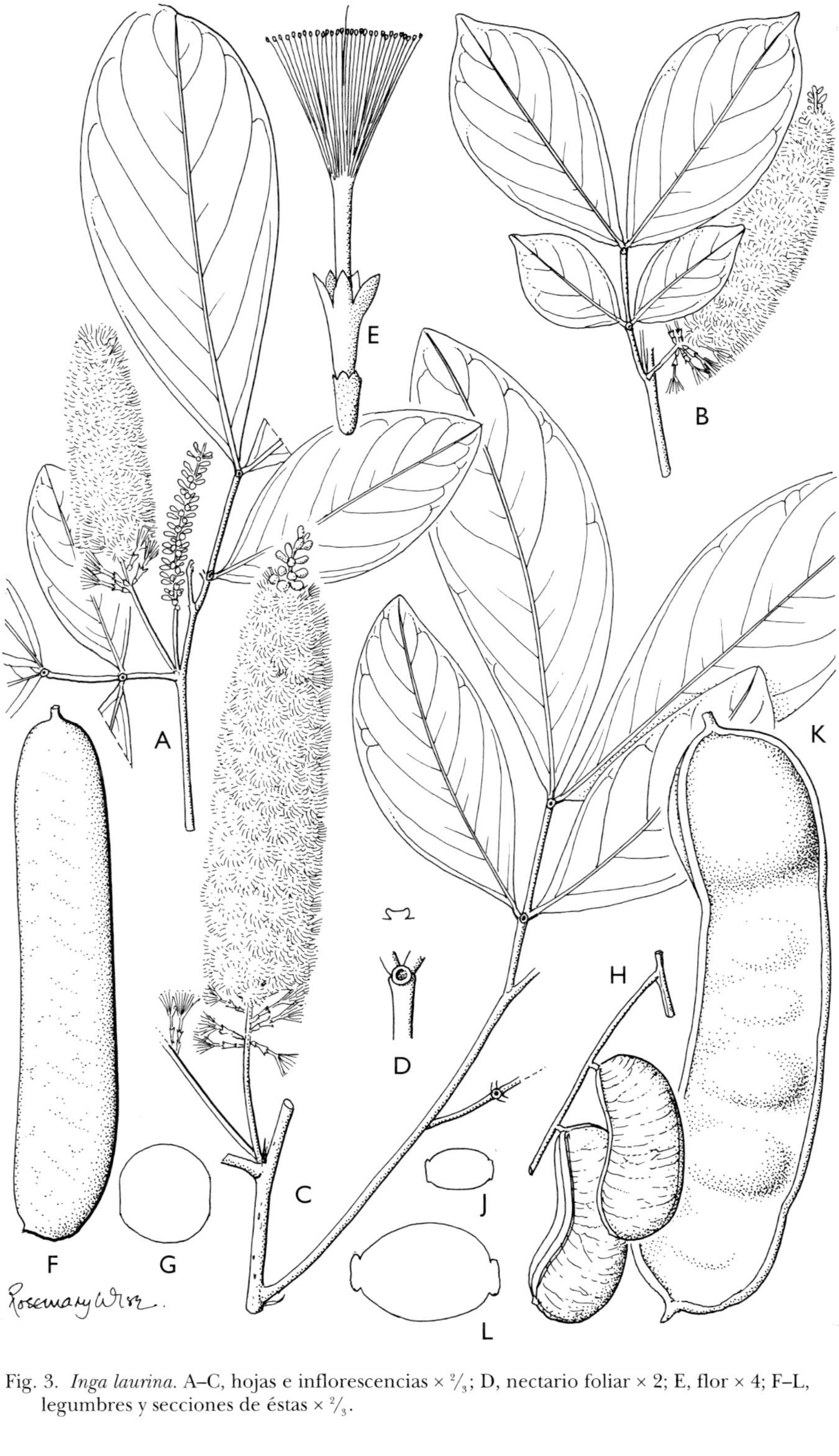

Fig. 3. *Inga laurina.* A–C, hojas e inflorescencias × ⅔; D, nectario foliar × 2; E, flor × 4; F–L, legumbres y secciones de éstas × ⅔.

4. NOMBRE CIENTIFICO.
Inga cylindrica (Vell.) Mart.

CARACTERISTICAS BOTANICAS.
Árbol de hasta 20 m de alto, sin raíces tablares, con fuste cilíndrico; corteza externa lisa, gris o sepia, la corteza interna de hasta 1 cm de espesor, de color rojo intenso, con exudado transparente; hojas compuestas, el raquis no alado, con 3–5 pares de folíolos elípticos o lanceolados, los folíolos más grandes de 6–10 × 2–4 cm; hojas sin pubescencia; nectarios foliares poco protuberantes, cupuliformes; inflorescencias axilares, solitarias o en fascículos, cada inflorescencia de 6–15 cm de longitud, las flores dispuestas en una espiga larga; flores de 1–1.5 cm de longitud, fragantes, color amarillo verdoso, con estambres blancos; legumbre de 4–20 × 2 cm, color amarillo verdoso, inicialmente plana, en la madurez muy hinchada alrededor de las semillas y constricta entre ellas (semejante a un rosario) recta, sin pubescencia.

Inga cylindrica está cercanamente relacionada a *I. laurina* (ver comentario en la pag. 24) y a *I. coruscans* (pag. 20). El follaje de *I. cylindrica* es también similar al de *I. alba*, pero el raquis de esta última es estrechamente alado y su inflorescencia mucho más corta.

FENOLOGIA EN EL ECUADOR
Florece en Ecuador (Pastaza) en Junio. Frutos aún no colectados en Ecuador, pero en la Amazonia peruana maduran de octubre a febrero.

DISTRIBUCION Y REQUERIMIENTOS ECOLOGICOS.
Inga cylindrica es una especie ampliamente distribuida cuyo rango abarca Costa Rica, toda Sudamérica

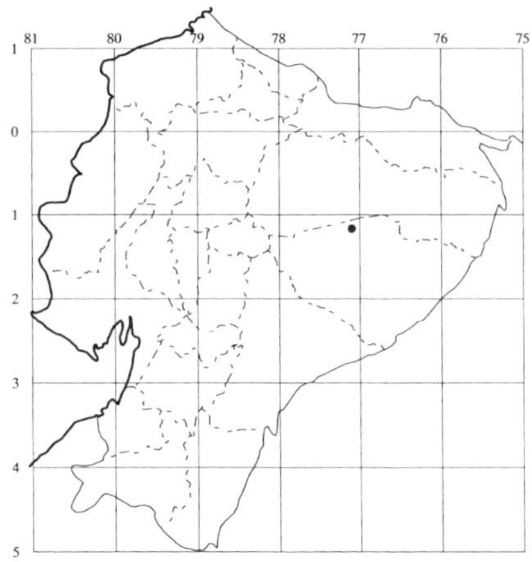

Mapa 4. *Inga cylindrica* ●

tropical, hasta la costa de Brasil y la vertiente este de los países andinos hasta Bolivia. Es una especie mayormente del bosque húmedo de tierras bajas, pero en el centro y sudeste de Brasil puede formar parte de la vegetación de climas más secos y marcadamente estacionales.

En el Ecuador, esta especie es conocida únicamente de una colección procedente de la nueva carretera del oleoducto al noroeste de Curaray en la provincia de Pastaza. Forma parte del bosque primario, en colinas con suelos rojos, alrededor de 400 m de altitud. Actualmente es utilizada solamente por su fruto comestible, el cual es apreciado en Bolivia y Brasil central. El árbol es similar en sus características a *I. alba*, la cual produce madera para la construcción, por lo tanto sería interesante investigar las propiedades de su madera. *Inga cylindrica* produce una gran cantidad de semillas pequeñas, y sería fácil de propagar en gran escala.

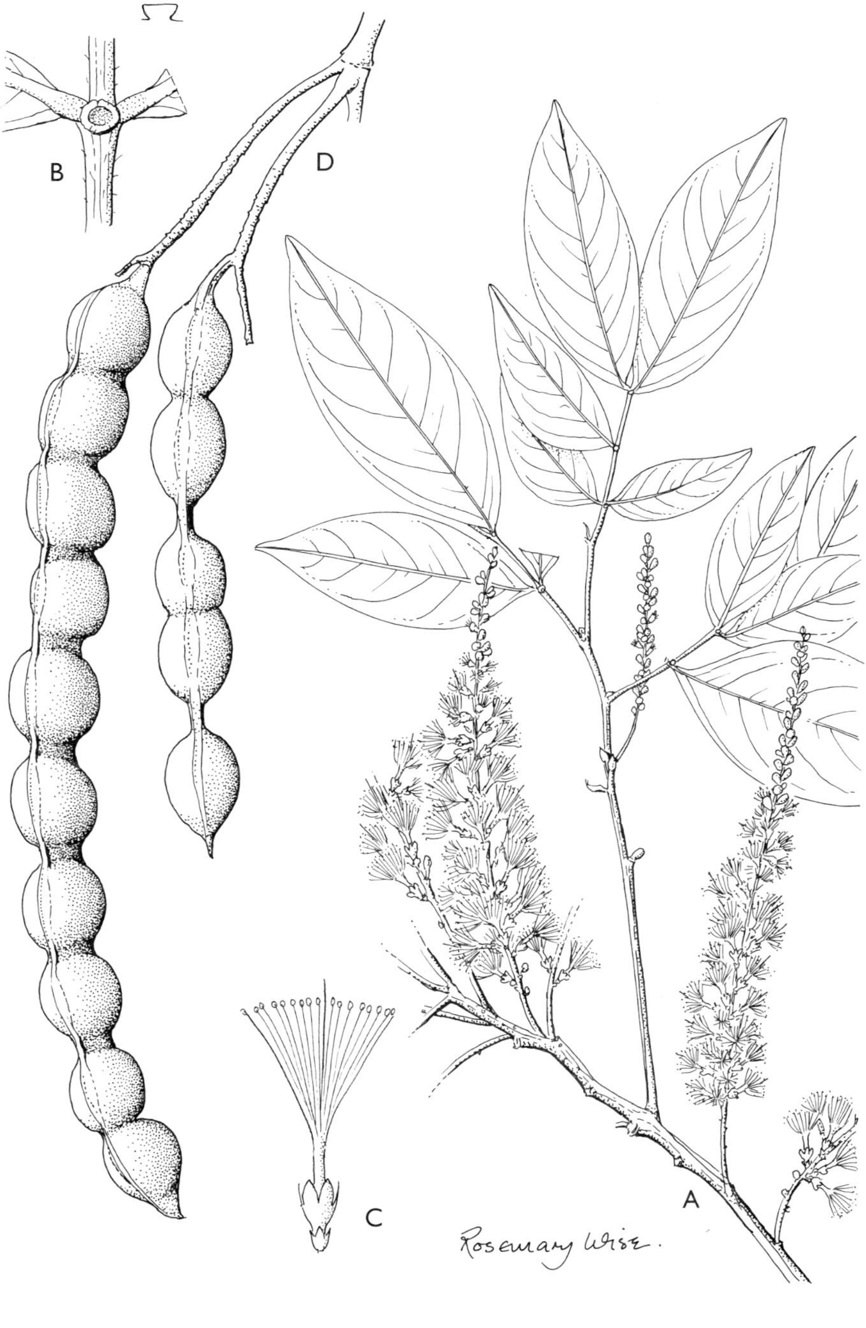

Fig. 4. *Inga cylindrica.* A, hábito × ²/₃; B, nectario foliar × 4; C, flor × 2.6; D, legumbre × ²/₃.

5. NOMBRE CIENTIFICO.
Inga marginata Willd.

SINONIMIA.
Inga semialata (Vell.) Mart.

CARACTERISTICAS BOTANICAS.
Árbol de hasta 30 m de altura y 70 cm de diámetro, pero a menudo florece cuando tiene unos pocos metros de altura; fuste cilíndrico o levemente acanalado; corteza externa lisa, color gris moreno, con lenticelas; corteza interna color rosado-rojizo; el follaje joven muestra un color rojizo-marrón que es visible a distancia; hojas compuestas, el raquis alado, con 2–3 pares de folíolos elípticos rematados en un ápice estrecho, los folíolos más grandes de 8–20 × 2–7 cm; ramitas terminales y hojas sin pubescencia; nectarios foliares planos a levemente cupuliformes; inflorescencias axilares, solitarias o fasciculadas, cada inflorescencia de 4–15 cm de longitud, las flores dispuestas en una espiga larga; flores de 1–1.5 cm de longitud, fragantes, color verde amarillento con estambres blancos; legumbre de 7–12 × 1–1.5 cm, amarilla o amarillo verdosa, recta o levemente curvada, inicialmente plana, al madurar hinchada alrededor de las semillas y algo constricta entre ellas, sin pubescencia.

Inga marginata es una de las especies más comunes y fáciles de reconocer en el género por sus espigas alargadas de flores pequeñas y su raquis anchamente alado con 2–3 pares de folíolos; podría confundírsele solamente con *I. yacoana* (ver pag. 22) o *I. microcoma.* La última se diferencia por sus conspicuos manojos de estípulas en los extremos de las ramitas cortas y las escamas persistentes y prominentes debajo de las flores.

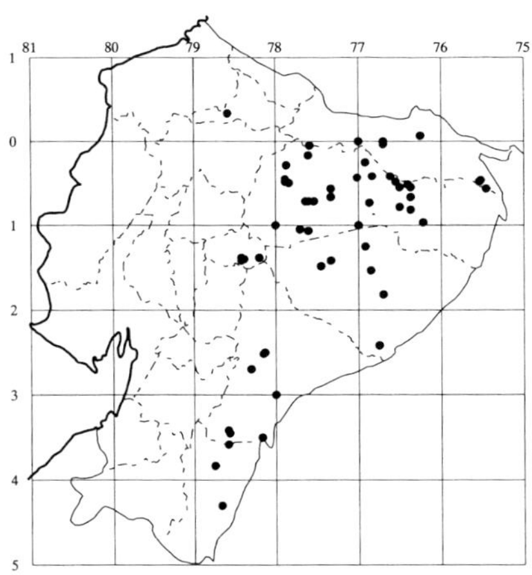

Mapa 5. *Inga marginata* ●

FENOLOGIA EN EL ECUADOR
La floración en el Ecuador ocurre principalmente entre julio y octubre y la fructificación generalmente entre octubre y mayo.

DISTRIBUCION Y REQUERIMIENTOS ECOLOGICOS.
Inga marginata está ampliamente distribuida desde el sur de México, a lo largo de Sudamérica tropical. Tiene un amplio rango altitudinal desde el nivel de mar hasta los 2000 m y prefiere lugares húmedos. Se la encuentra en bosques siempreverdes húmedos y maduros, pero también se extiende a áreas más secas a lo largo de las riberas de los ríos y bosques de galería y en selva perturbada.

Es un árbol común de los flancos orientales de los Andes en Ecuador desde los 2000 m hasta los 300–400 m de altitud, como por ejemplo a lo largo del borde de la carretera de Baeza a Tena (Napo). Es frecuentemente abundante y fácil de reconocer por sus hojas tiernas de color rojo moreno característico. Cuando florece es muy vistoso. Su distribución en Ecuador incluye Morona Santiago, Napo, Pastaza, Sucumbios y Tungurahua, pero no hay registros de las vertientes del Pacífico.

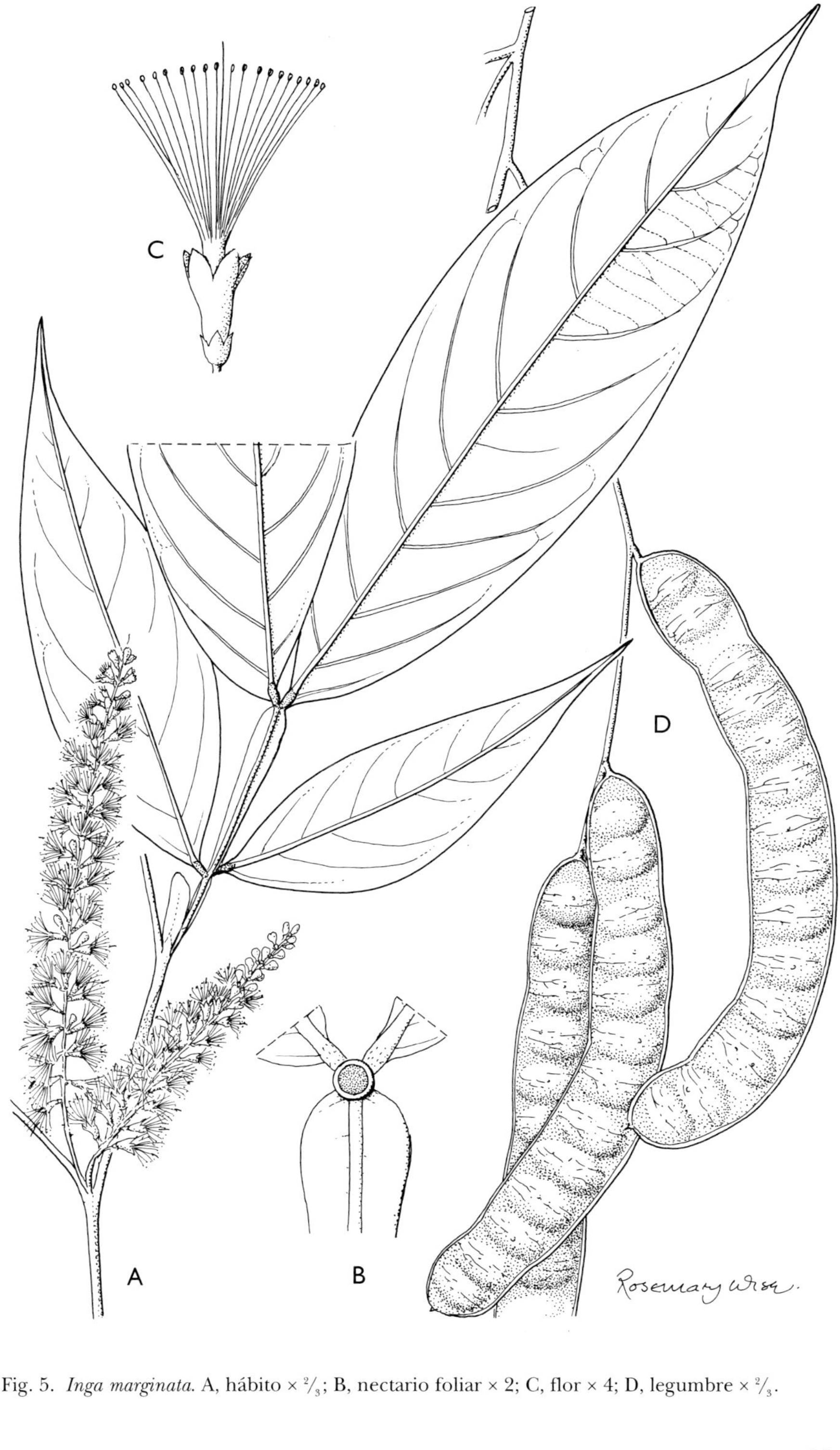

Fig. 5. *Inga marginata.* A, hábito × $^{2}/_{3}$; B, nectario foliar × 2; C, flor × 4; D, legumbre × $^{2}/_{3}$.

Esta especie tiene una gran cantidad de usos. Su fruto comestible es apreciado en los mercados locales, su madera es útil como leña, y las flores fragantes son una buena fuente de néctar para la producción de miel. Tiene gran potencial como especie para sistemas agroforestales, y con esta finalidad se le ha ensayado recientemente en diferentes países Sudamericanos. Su rápido crecimiento y ramificación profusa, así como su aporte al suelo de hojarasca de lenta descomposición, la hacen ideal como especie controladora de malezas. Responde muy bien a la poda y su follaje provee abundante materia orgánica que puede ser utilizada como abono para los cultivos asociados. Es muy tolerante a los suelos ácidos en los que crece rápidamente, lo cual la hace valiosa para programas de reforestación en la Amazonia, por ejemplo en zonas de carreteras recién abiertas, en las cuales la vegetación ha sido extraída. Las hojas son comidas por el ganado cuando se le deja crecer en áreas de pasto. Todo lo expresado reafirma su importancia como especie multipropósito con muchos usos potenciales.

6. NOMBRE CIENTIFICO.
Inga microcoma Harms

NOMBRE COMUN.
Dayuhue (Pastaza).

CARACTERISTICAS BOTANICAS.
Árbol de hasta 30 m de alto y 35 cm de diámetro; hojas compuestas; raquis alado, con 2 pares de folíolos elípticos, los folíolos más grandes de 6.5–16 × 2–6.5 cm; ramitas apicales y hojas sin pubescencia; nectarios foliares cupuliformes; inflorescencia axilar, solitaria, 5–13 cm de longitud, las flores dispuestas en una larga espiga; flores de aproximadamente 1 cm de longitud, fragantes, blancas; legumbre madura desconocida, de forma plana cuando inmadura.

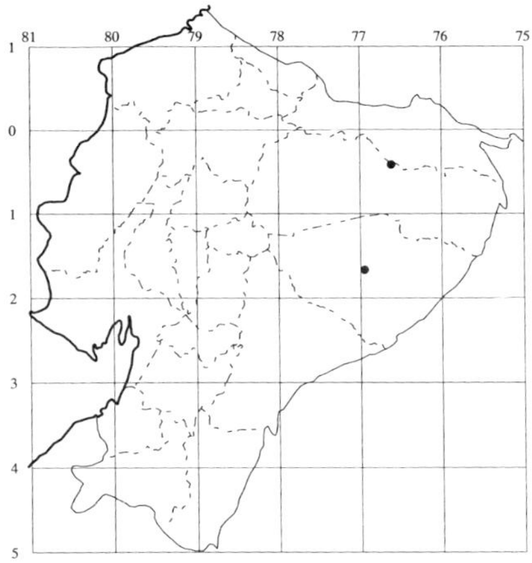

Mapa 6. *Inga microcoma* ●

Esta especie está cercanamente relacionada a *I. marginata* y ocupa parte de su rango geográfico, pero difiere de ésta en la presencia de manojos de estípulas que rodean el ápice de las ramitas, y en las escamas persistentes que sostienen las flores. Los caracteres mencionados están ausentes en *I. marginata.*

FENOLOGIA EN EL ECUADOR
Floración en agosto y septiembre, fructificación en diciembre.

DISTRIBUCION Y REQUERIMIENTOS ECOLOGICOS.
Inga microcoma es una especie poco conocida de la Amazonia de Ecuador y Perú, donde es componente de bosques lluviosos, en zonas no inundables. En Ecuador esta especie tiene escasos registros en bosques a lo largo de un de las nuevas carreteras para oleoductos cerca de Curaray en Pastaza.

No tiene usos conocidos en Ecuador, pero su relación cercana con *I. marginata* sugiere que debería estudiarse con fines de forestería y agroforestería.

Fig. 6. *Inga microcoma.* A, hábito × $^{2}/_{3}$; B, nectario foliar × 2.6; C, inflorescencia × $^{2}/_{3}$; D, flor × 4; E, brácteas florales persistentes × $^{2}/_{3}$.

7. NOMBRE CIENTIFICO.
Inga cordatoalata Ducke

CARACTERISTICAS BOTANICAS.
Árbol de hasta 30 m de alto y 60 cm de diámetro, con fuste cilíndrico; corteza externa color marrón rojizo, descamándose y exfoliándose levemente en placas pequeñas, dejando marcas deprimidas; corteza interna color rojizo rosado, con exudado transparente en gotas; hojas compuestas, el raquis alado, con 1 ó raramente 2 pares de folíolos elípticos; folíolos de 7.5–11.5 × 3.5–5 cm; ramitas apicales y hojas sin pubescencia; nectarios foliares levemente cupuliformes; inflorescencias axilares, solitarias o fasciculadas, cada inflorescencia de 3–10 cm de longitud, las flores dispuestas en largas espigas; flores de aproximadamente 1 cm de longitud, olorosas, color verde pálido con estambres blancos; legumbre de 12–17 × 1.5–2 cm, verde, curvada o recta, plana cuando joven, hinchada alrededor de las semillas y constricta entre ellas, sin pubescencia.

Inga cordatoalata es una especie fácil de reconocer, difiriendo de todas las especies ecuatorianas por su par único de folíolos, el raquis alado y las largas espigas de flores pequeñas. La legumbre es similar a la de *I. marginata.*

FENOLOGIA EN EL ECUADOR
Floración de julio a septiembre, frutos maduros de febrero a marzo.

DISTRIBUCION Y REQUERIMIENTOS ECOLOGICOS.
Esta especie se encuentra desde la Guayana Francesa y cerca de la desembocadura del río Amazonas a través de la Amazonia hasta Ecuador y Perú.

En el Ecuador tiene registros de Napo, Pastaza y Sucumbios. Por lo general se establece en sitios con drenaje pobre, en altos bosques lluviosos, por encima de los 600 m de altitud.

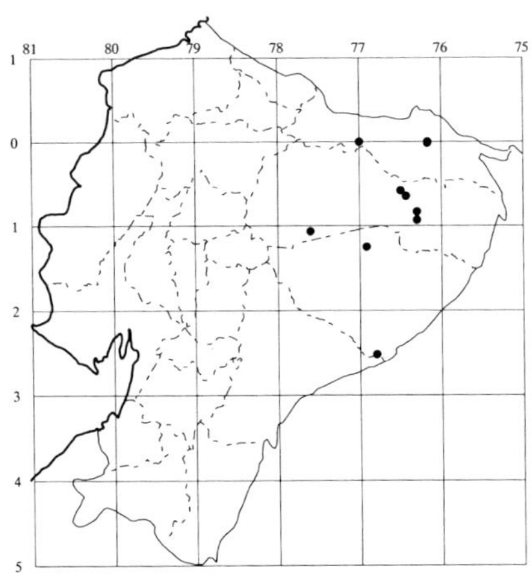

Mapa 7. *Inga cordatoalata* ●

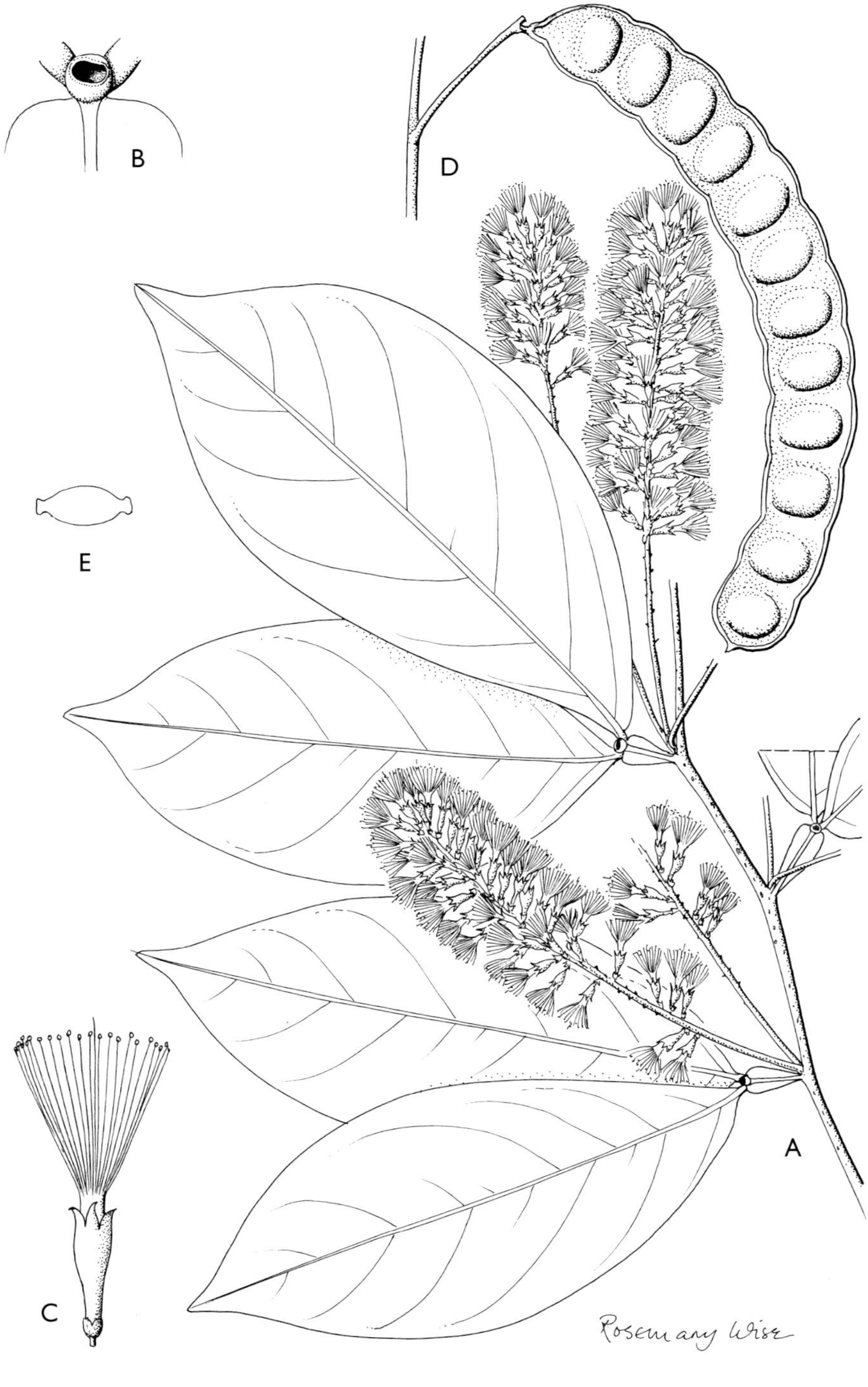

Fig. 7. *Inga cordatoalata.* A, hábito × $^2/_3$; B, nectario foliar × 2.6; C, flor × 2.6; D, legumbre × $^2/_3$; E, sección de la legumbre × $^2/_3$.

8. NOMBRE CIENTIFICO.
Inga brachyrhachis Harms

CARACTERISTICAS BOTANICAS.
Árbol pequeño, hasta 12 m de altura; hojas compuestas, el raquis no alado, con 2 pares de folíolos grandes, elípticos, los folíolos más grandes de 14–30 × 6.5–11 cm; ramitas apicales y hojas sin pubescencia; nectarios foliares cupuliformes, poco profundos, ocasionalmente ausentes; inflorescencias en ramitas pequeñas bajo las hojas, solitarias o fasciculadas, cada inflorescencia de 1–1.5 cm de longitud, las flores dispuestas en una espiga corta y condensada; flores de 1.5–2 cm de longitud, blancas; legumbre de 15–20 × 1.5–1.8 cm, color verde amarillento, recta o curva, plana inicialmente, hinchándose alrededor de las semillas, constricta entre ellas, sin pubescencia.

Inga brachyrhachis es reconocible por sus hojas con folíolos grandes y poco numerosos, con raquis no alado y la inflorescencia corta de flores pequeñas que brotan de las ramas debajo de las hojas.

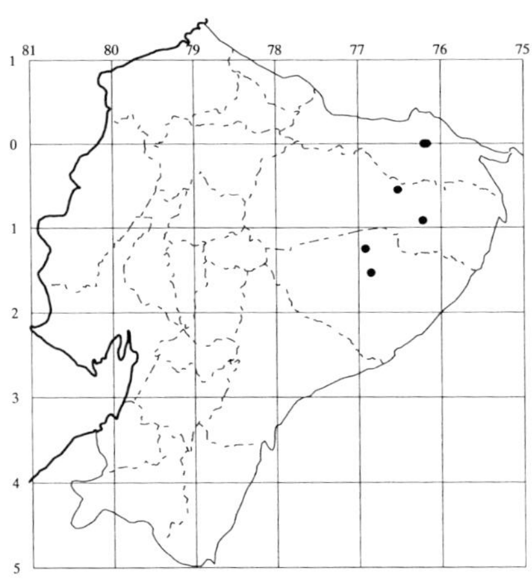

Mapa 8. *Inga brachyrhachis* ●

FENOLOGIA EN EL ECUADOR
No se han observado especímenes en flor en Ecuador, pero en otros países de su zona de distribución florece de septiembre a diciembre; frutos maduros colectados en marzo.

DISTRIBUCION Y REQUERIMIENTOS ECOLOGICOS.
Esta especie se distribuye desde la Amazonia Central de Brasil a la Amazonia de Perú, Ecuador y Colombia. En Ecuador los registros están limitados a Sucumbios, Napo y Pastaza donde se encuentra en bosques no inundables, bajo los 350 m de altitud. Esta especie ocupa el estrato inferior del bosque no perturbado.

Fig. 8. *Inga brachyrhachis* Harms. A, hábito × $^{2}/_{3}$; B, nectario foliar × 2.6; C, inflorescencia × $^{2}/_{3}$; D, flor × 2; E, legumbre × $^{2}/_{3}$.

9. NOMBRE CIENTIFICO.
Inga alba (Sw.) Willd.

SINONIMIA.
Inga aggregata G. Don

CARACTERISTICAS BOTANICAS.
Árbol grande, de hasta 40 m de alto y 1 m de diámetro, los individuos grandes con raíces tablares inclinadas de hasta 1 m de alto y fuste cilíndrico; corteza externa color marrón rojizo, con ritidoma en escamas circulares, el cual deja depresiones de la misma forma al desprenderse, la corteza interior de hasta 1 cm de espesor, color rosado, con exudado de savia roja de aparición lenta; el follaje joven abre de color rojo púrpura y es péndulo; hojas compuestas, el raquis con un margen estrecho o alado y con 4–5 pares de folíolos elípticos, los folíolos más grandes de 6–10 × 2.5–5 cm; ramitas apicales y hojas sin pubescencia; nectarios foliares planos o cupuliformes, poco profundos, color amarillo verdoso u ocasionalemente rojos; inflorescencias axilares, solitarias o a menudo fasciculadas en las ramas cortas y sin hojas, cada inflorescencia de 1–3 cm de longitud, las flores dispuestas en una espiga corta y condensada; flores de 1–1.5 cm de longitud, dulcemente fragantes, color verde pálido con estambres blancos; legumbre de 6–25 × 1.5–2 cm, color verde pálido, opaca, recta o curvada, plana inicialmente, hinchándose sobre las semillas y constricta entre ellas en la madurez, sin pubescencia.

Inga alba tiene follaje similar al de *I. cylindrica*, pero difiere en las hojas con raquis estrechamente alado y en la inflorescencia más corta y condensada.

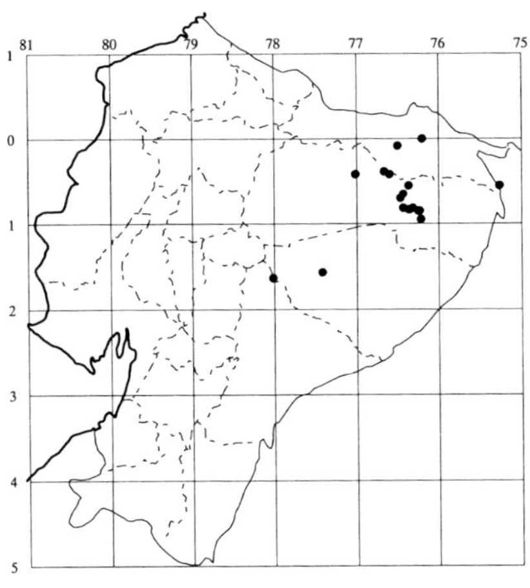

Mapa 9. *Inga alba* ●

FENOLOGIA EN EL ECUADOR
La floración en Ecuador ocurre en noviembre, con el único registro de fructificación en octubre.

DISTRIBUCION Y REQUERIMIENTOS ECOLOGICOS.
Inga alba es una especie ampliamente distribuida desde el Sur de México a Centroamérica y a lo largo de Sudamérica tropical hasta Brasil central y Bolivia. Es un árbol de bosques pluviales de llanura, usualmente en suelos bien drenados. En Ecuador, es conocida desde Napo, Pastaza y Sucumbios, pero ha sido raramente recolectada, probablemente debido a sus dimensiones relativamente grandes. Su rango altitudinal es de 250 m a 1000 m.

Esta especie es una fuente de madera para aserrado y construcción en Ecuador y en otros países. No obstante, se conoce poco sobre las características de la madera y del árbol, aparte del hecho de tener un gran tamaño y excelente conformación del fuste. Deben investigarse sus cualidades. Produce gran cantidad de semilla y posiblemente es de fácil cultivo.

Fig. 9. *Inga alba.* A, hábito × $^2/_3$; B, nectario foliar × 2.6; C, flor × 4; D, legumbre × $^2/_3$.

10. NOMBRE CIENTIFICO.
Inga auristellae Harms

CARACTERISTICAS BOTANICAS. Árbol de pequeño o mediano tamaño, hasta 25 m de alto, con fuste estriado; corteza externa lisa, color gris a marrón oscuro, la corteza interna color rojizo marrón, de 1–2 mm de espesor; el follaje joven abre de color rosado rojizo; hojas compuestas, el raquis alado, con 2–3 pares de folíolos elípticos a obovados, los folíolos más grandes de 5–9 × 2.5–4.5 cm; ramitas apicales, hojas e inflorescencias cortamente pubescentes; nectarios foliares cupuliformes, poco profundos; inflorescencias axilares, a menudo fasciculadas cerca del ápice de las ramitas, usualmente en grupos de 2–3, cada inflorescencia de 2–3 cm de longitud, las flores dispuestas en una espiga corta, congesta; flores de 1.5 cm de longitud, fragantes, color verde amarillento con estambres blancos, acompañadas de escamas persistentes; legumbre de 7–15 × 1.5–2.5 cm, verde, plana a convexa, recta o levemente curvada, cortamente pubescente cuando joven y sin pubescencia en la madurez.

Inga auristellae es reconocible entre las especies del género de flores pequeñas por su aspecto pubescente, sus folíolos pequeños, obovados, el raquis alado y las escamas persistentes que acompañan las flores, y que persisten en la base del fruto (ver la ilustración).

FENOLOGIA EN EL ECUADOR
Floración en Ecuador de julio a noviembre y fructificación de diciembre a marzo.

DISTRIBUCION Y REQUERIMIENTOS ECOLOGICOS.
La especie se distribuye desde las Guayanas a través de la Amazonia de Brasil, de Ecuador y de Perú. En el Ecuador se conoce en Pastaza, Napo y Sucumbios. Es un árbol pequeño y bastante común del estrato inferior del bosque lluvioso en sitios no inundados abajo de 400 m de altitud.

La única referencia sobre uso de la especie corresponde a su fruto comestible (Bolivia).

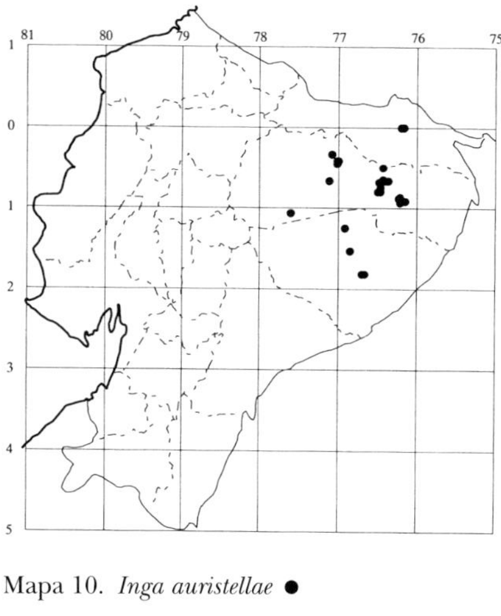

Mapa 10. *Inga auristellae* ●

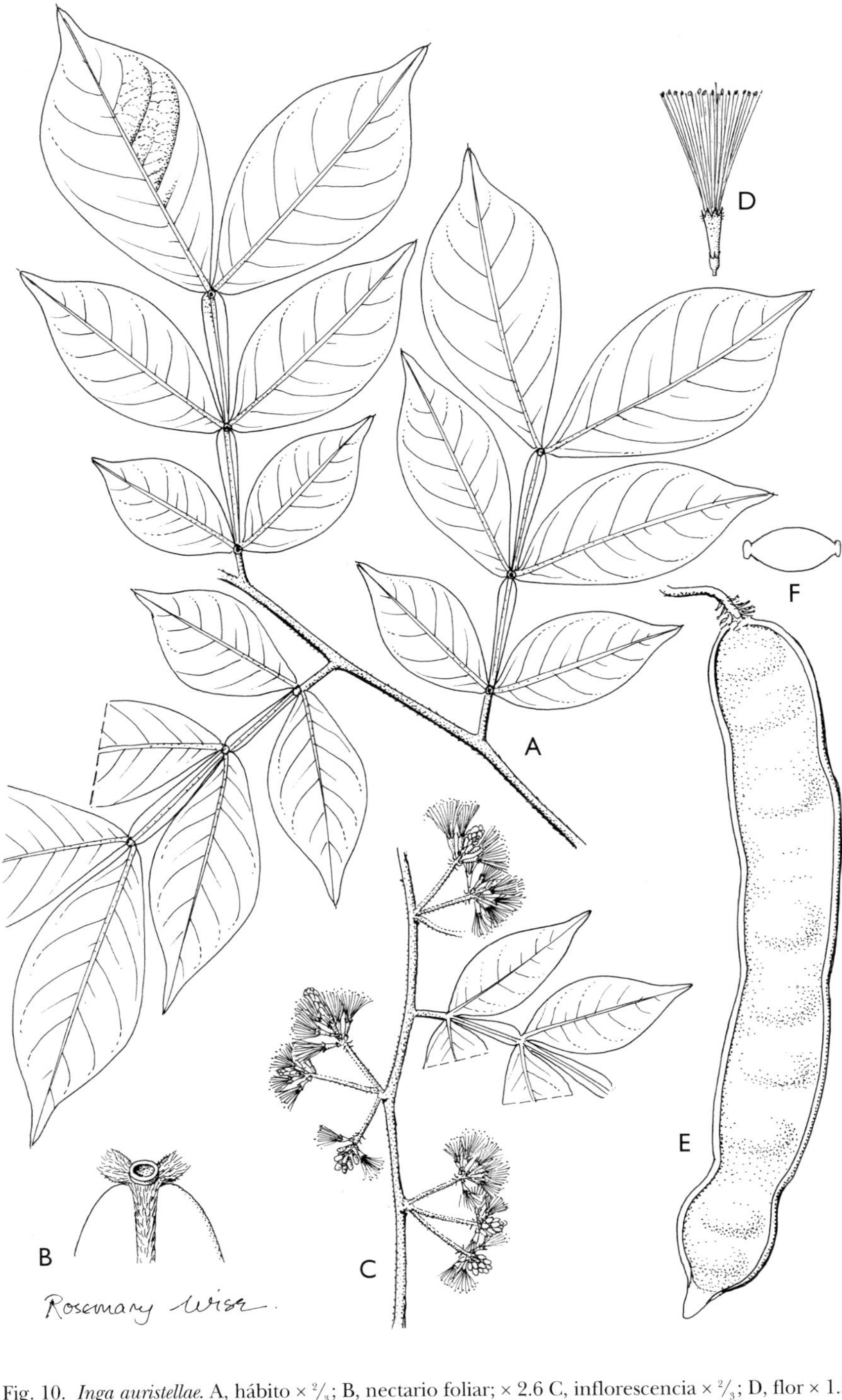

Fig. 10. *Inga auristellae.* A, hábito × $^2/_3$; B, nectario foliar; × 2.6 C, inflorescencia × $^2/_3$; D, flor × 1.3; E, legumbre × $^2/_3$; F, sección de la legumbre × $^2/_3$.

11. NOMBRE CIENTIFICO.
Inga bourgonii (Aubl.) DC.

SINONIMIA.
Inga apta J.F. Macbr.

CARACTERISTICAS BOTANICAS.
Árbol grande, de hasta 40 m de alto y 80 cm de diámetro; corteza externa áspera, con lenticelas prominentes, la corteza interna de color marrón pálido; hojas compuestas, el raquis cortamente alado debajo de la articulación de los folíolos; folíolos usualmente 3 pares, elípticos, los folíolos más grandes de 8–20 × 4–7.5 cm; ramitas apicales y hojas sin pubescencia; nectarios foliares cupuliformes; inflorescencias axilares, fasciculadas en grupos de 2–3, cada inflorescencia de 2–7 cm de longitud, con las flores dispuestas en una espiga densa en la mitad superior; flores de 1–1.5 cm de longitud, fragantes, color verde blanquecino con estambres blancos; legumbre de 15–17 × 2.5–3.5 cm, verde, plana inicialmente, haciéndose convexa en la madurez, recta, sin pubescencia.

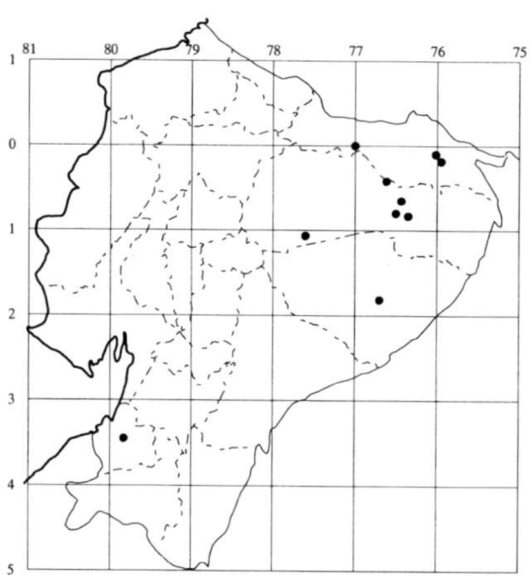

Mapa 11. *Inga bourgonii* ●

El material vegetativo de esta especie puede ser confundido con el de *I. laurina*, pero generalmente es distinguible el raquis foliar abruptamente alado de *I. bourgonii*. La forma de los folíolos de ambas especies es también diferente y la inflorescencia de *I. bourgonii* tiene las flores congestas hacia el ápice, en tanto que las de *I. laurina* se disponen más bien a lo largo de todo el eje de la inflorescencia (compare las Figs. 3 y 11).

FENOLOGIA EN EL ECUADOR
En Ecuador la floración ocurre en agosto y la fructificación en febrero y abril.

DISTRIBUCION Y REQUERIMIENTOS ECOLOGICOS.
Esta especie se distribuye ampliamente desde las Guayanas a través de la Amazonia de Brasil, Ecuador, Colombia y Perú. En Ecuador se encuenta en las vertientes del Pacífico y Amazonia, y es conocida en las provincias de El Oro, Pastaza, Sucumbios y Napo. Se le encuentra en las orillas de los ríos y bosques no inundados de colinas, hasta los 900 m de altitud.

Inga bourgonii no tiene usos en el presente, pero sería importante investigar su potencial como especie maderable, dado que alcanza un gran tamaño.

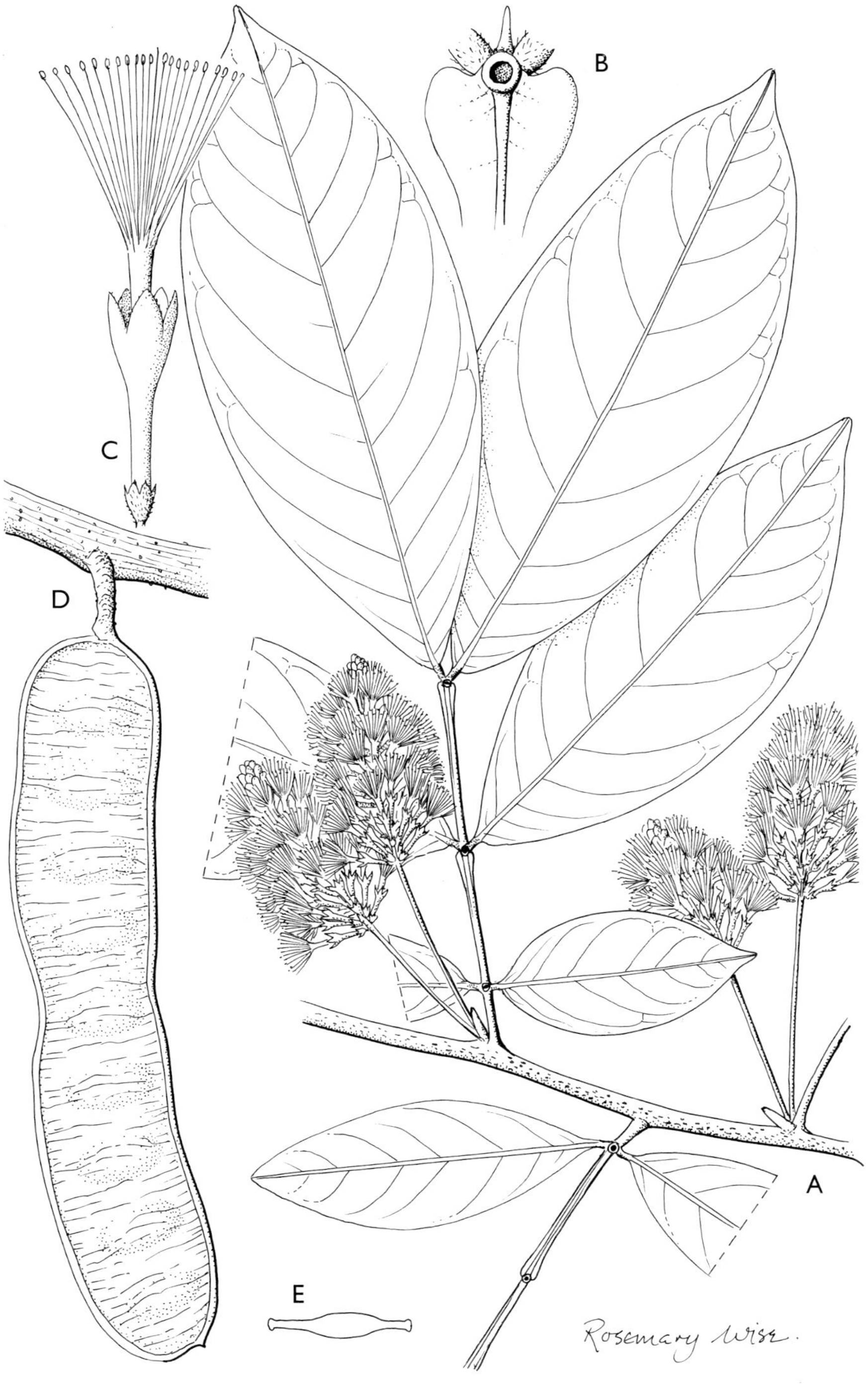

Fig. 11. *Inga bourgonii.* A, hábito × $^{2}/_{3}$; B, nectario foliar × 2.6; C, flor × 4; D, legumbre × $^{2}/_{3}$; E, sección de la legumbre × $^{2}/_{3}$.

12. NOMBRE CIENTIFICO.
Inga alata Benoist

CARACTERISTICAS BOTANICAS.
Árbol mediano de hasta 30 m de alto y 60 cm de diámetro, con corteza lisa, grisácea, con lenticelas dispuestas en hileras horizontales; hojas compuestas, el raquis alado, con 4–5 pares de folíolos elípticos, los folíolos más largos de 10–16 × 3–6.5 cm; ramitas terminales, venas en el envés de las hojas e inflorescencias con pubescencia fina; nectarios foliares cortamente estipitados, profundamente cupuliformes o infundibuliformes; inflorescencias axilares, solitarias o fasciculadas, cada inflorescencia de 2–6 cm de longitud, las flores dispuestas en una espiga congesta; flores alrededor de 1.5 cm de largo, fuertemente fragantes y de color verde blanquecino con estambres blancos; legumbre de 15–25 × 3–3.5 cm, péndula, coriácea, verde, plana a ligeramente curvada, recta, sin pubescencia.

Inga alata está cercamente relacionada a *I. pezizifera*, pero defiere en su raquis alado y en los nectarios foliares más profundos infundibuliformes. También está relacionada con *I. acreana*, y estas dos especies pueden ser confundidas en estado vegetativo. Sinembargo la última especie difiere en los detalles de la estructura floral y en sus hojas completamente glabras.

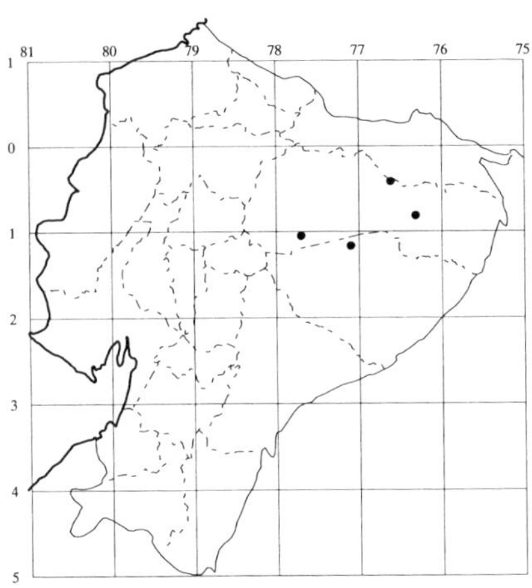

Mapa 12. *Inga alata* ●

FENOLOGIA EN EL ECUADOR
En Ecuador esta especie florece en junio y la legumbre madura en enero.

DISTRIBUCION Y REQUERIMIENTOS ECOLOGICOS.
Inga alata está distribuida desde las Guayanas a través de la Amazonia de Brasil, a la Amazonia ecuatoriana. Se le encuentra en bosque pluvial primario y bosque perturbado, mayormente en sitios no inundables y de vez en cuando en zonas ribereñas. Hay registros en Ecuador de las provincias de Napo y Pastaza, en selva virgen y selva secundaria.

Esta especie ha sido ensayada recientemente en la Amazonia ecuatoriana para evaluar su potencial en sistemas agroforestales. Aunque no es tan vigorosa como *I. edulis*, tiene crecimiento rápido (alcanza una altura promedio de 9 m y un diámetro de 13 cm en tres años). También responde muy bien a la poda y es buena como especie controladora de malezas. Plantada con espaciamiento 3 m × 3 m, produce casi 9 toneladas de biomasa de leña por hectárea en 3 años.

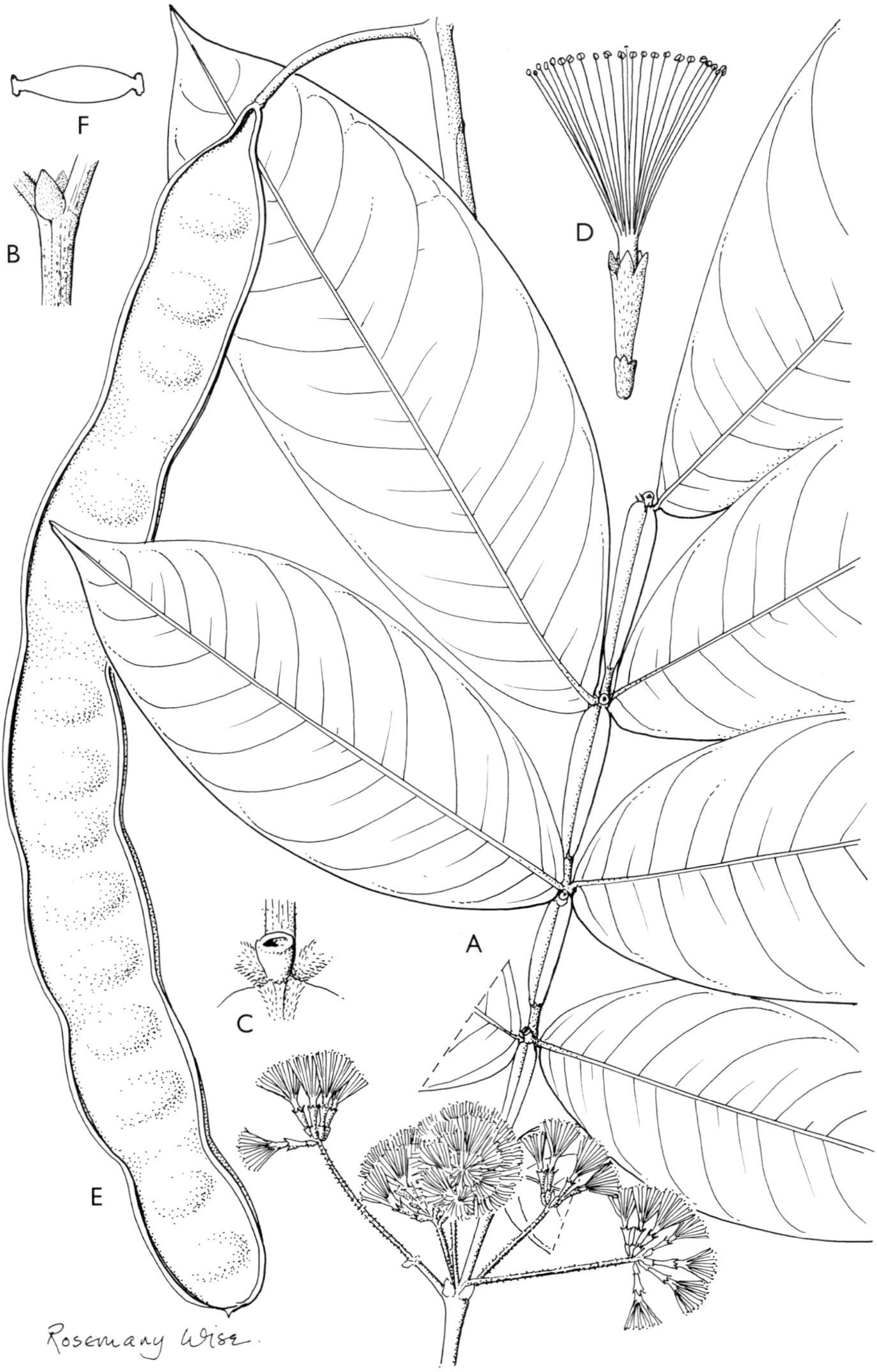

Fig. 12. *Inga alata.* A, hábito × $^2/_3$; B, estípula × 2.6; C, nectario foliar × 2.6; D, flor × 2.6; E, legumbre × $^2/_3$, F, sección de legumbre × $^2/_3$.

13. NOMBRE CIENTIFICO.
Inga pezizifera Benth.

SINONIMIA.
Inga riopalenquensis A.H. Gentry

CARACTERISTICAS BOTANICAS.
Árbol de hasta 35 m de altura y 40 cm de diámetro, a veces con raíces tablares; fuste cilíndrico con corteza externa lisa, pálida, grisácea, corteza interna rosada; hojas compuestas, el raquis no alado, con 4–6 pares de folíolos elípticos, los folíolos más grandes de 12–18 × 4–8 cm, ramitas terminales, hojas e inflorescencias finamente pubescentes o sin pubescencia; nectarios foliares grandes, cupuliformes, de 1.5–3 mm de diámetro; inflorescencias axilares, a veces agrupadas en las axilas de hojas no desarrolladas, cada inflorescencia de 2–8 cm de longitud, las flores dispuestas en una espiga congesta; flores de 1–1.5 cm de largo, fuertemente fragantes, de color verde blanquecino con estambres blancos; legumbre de 15–20 × 2–4 cm, péndula, verde oscura, brillante, plana a convexa, recta o ligeramente curvada, lisa o algunas veces con protuberancias verrucosas sobre las semillas, sin pubescencia.

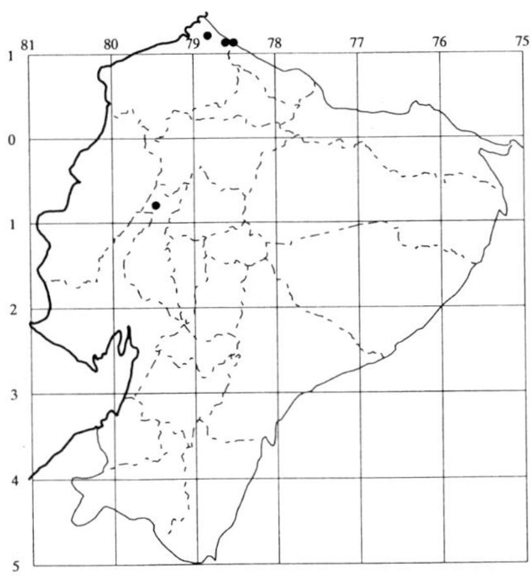

Mapa 13. *Inga pezizifera* ●

Inga pezizifera está estrechamente relacionada a *I. duckei* de la Amazonia del Perú, la que no se ha registrado en el Ecuador. *Inga duckei* se diferencia de ésta por sus pequeños folíolos con la base redondeada y por sus pequeños nectarios foliares. En Ecuador, la especie más cercamente relacionada es *I. bourgonii*, que difiere en los raquis alados, pecíolos cortos y pequeños nectarios foliares.

FENOLOGIA EN EL ECUADOR
Floración registrada en Ecuador en enero y septiembre (Los Ríos), fructificación en marzo y septiembre (Los Ríos), y en noviembre (Carchi).

DISTRIBUCION Y REQUERIMIENTOS ECOLOGICOS.
Distribuida en el norte de Sudamérica, desde las Guayanas a través de la Amazonia de Brasil y extendiéndose ampliamente hasta Costa Rica en América Central. Principalmente se encuentra en bosques perturbados, a lo largo de los bordes de las carreteras y orillas de los ríos y a veces en bosques lluviosos no perturbados. Su rango altitudinal alcanza los 1500 m. En Ecuador se obtienen registros de Carchi, Esmeraldas y Los Ríos, pero aún falta por conocer de la Amazonia ecuatoriana.

Es especie de crecimiento rápido. Requiere gran cantidad de luz y alcanza grandes dimensiones. Valdría la pena investigar las propiedades de la madera y el uso potencial para sistemas agroforestales. Anteriormente se encontraba distribuida en las llanuras del Pacífico, y podría ser un componente útil en sistemas integrados de cultivo en esta región.

Fig. 13. *Inga pezizifera.* A, hábito × $^{2}/_{3}$; B, nectario foliar × 2.6; C, inflorescencia × $^{2}/_{3}$; D, flor × 2.6; E, legumbre × $^{2}/_{3}$, F, sección de legumbre × $^{2}/_{3}$.

14. NOMBRE CIENTIFICO.
Inga sertulifera DC. subsp. **leptopus** (Benth.) T.D. Penn.

SINONIMIA.
Inga leptopus Benth.
Inga coriacea (Pers.) Desv. var. *leptopus* (Benth.) J.F. Macbr.

CARACTERISTICAS BOTANICAS.
Árbol de hasta 30 m de altura y 40 cm de diámetro, sin raíces tablares, corteza externa lisa, color grisáceo marrón, con lenticelas; corteza interna de hasta 1 cm de espesor, con un exudado traslúcido, pegajoso; hojas compuestas, raquis alado o no, con 2 pares de folíolos elípticos, los folíolos más grandes de 7.5–25 × 3–10 cm; ramitas apicales y hojas sin pubescencia; nectarios foliares cupuliformes; inflorescencias axilares, solitarias o en pares, cada inflorescencia de 3–10 cm de longitud, las flores dispuestas en una umbela, cada flor con un pedicelo de 7–20 mm de longitud; flores de 2–3 cm de longitud, vistosas, fragantes, color verde pálido, con estambres blancos; legumbre de 5–20 × 2–3 cm, amarilla o amarillo verdosa, inicialmente plana, haciéndose convexa o casi cilíndrica en la madurez, recta, sin pubescencia.

Inga sertulifera es cercana a *I. heterophylla*. Esta última es diferente por sus nectarios foliares muy pequeños y generalmente estipitados, sus folíolos pequeños (frecuentemente tiene un solo par de folíolos), sus flores más pequeñas y su legumbre estrecha que se expande sobre las semillas y es constricta entre ellas.

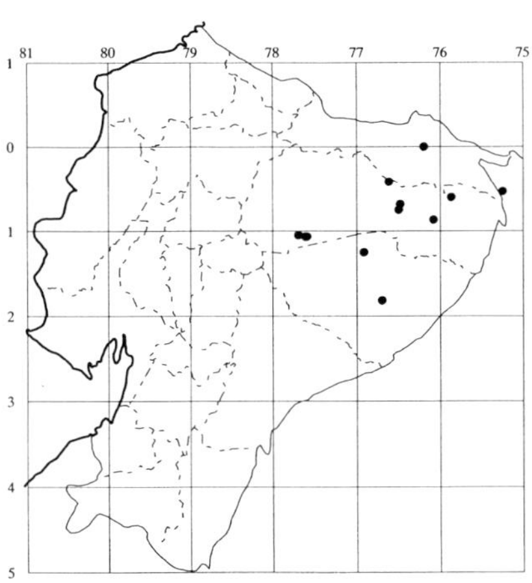

Mapa 14. *Inga sertulifera* subesp *leptopus* ●

FENOLOGIA EN EL ECUADOR
La floración en Ecuador ocurre en enero, abril y junio hasta octubre. Las únicas coleciones con frutos se registran en el mes de julio.

DISTRIBUCION Y REQUERIMIENTOS ECOLOGICOS.
Inga sertulifera tiene una amplia distribución desde Costa Rica, a través del norte de Sudamérica y la Amazonia. Esta especie incluye dos subespecies, de las cuales únicamente la subespecie *leptopus* ha sido registrada en Ecuador. Esta subespecie está ampliamente distribuida en las vertientes de los Andes de Colombia, Ecuador y Perú, donde se encuentra en las zonas bajas de tierra firme y bosques pluviales montanos hacia los 500 m de altitud. En Ecuador incluye zonas entre Napo, Pastaza y Sucumbios. Hasta el momento no se han documentado usos locales para esta especie. La subespecie *leptopus* es aparentemente de crecimiento lento, típica del bosque no perturbado, y debería ser investigada como fuente potencial de madera.

Fig. 14. *Inga sertulifera* subsp. *leptopus*. A, hábito × $^{2}/_{3}$; B, estípula × 2.6; C, nectario foliar × 2.6; D, flor × 2; E, legumbre × $^{2}/_{3}$; F, sección de la legumbre × $^{2}/_{3}$.

15. NOMBRE CIENTIFICO.
Inga heterophylla Willd.

CARACTERISTICAS BOTANICAS.
Árbol de hasta 20 m de alto, sin raíces tablares, profusamente ramificado; corteza externa lisa, color marrón, la corteza interna de color crema; el follaje tierno abre de color rojizo marrón y es péndulo; hojas compuestas, el raquis muy estrechamente alado debajo de la inserción de los folíolos, con 1–2 pares de folíolos elípticos con el ápice estrechado, los folíolos más largos de 4.5–8 × 1.5–3 cm; ramitas apicales, hojas e inflorescencias sin pubsecencia; nectarios foliares esbeltamente estipitados (hasta de 1 mm de longitud), con la cabeza no expandida; inflorescencias axilares, solitarias o en pares, cada inflorescencia de 1.5–6 cm de longitud, las flores dispuestas en una espiga o umbela densa, el pedicelo floral de 4–8 mm de longitud; flores de 1–2 cm de longitud, fragantes, amarillo verdosas con estambres blancos; legumbre de 5–15 × 1–1.5 cm, color amarillo pálido, inicialmente plana, hinchándose y fuertemente constricta entre las semillas a la madurez, con el margen ondulado, recta, sin pubescencia.

Inga heterophylla está cercanamente relacionada a *I. sertulifera* y sus diferencias se discuten en detalle en la especie mencionada. *Inga heterophylla* es diferente en sus caracteres de campo y su aspecto general, desarrollando una profusa ramificación y folíolos pequeños y gráciles, usualmente en un solo par.

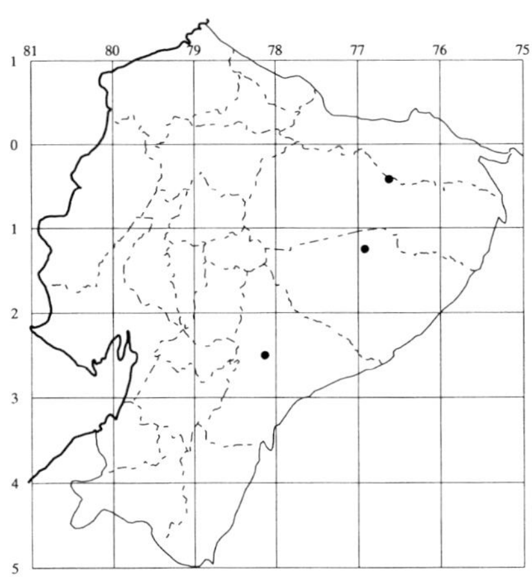

Mapa 15. *Inga heterophylla* ●

FENOLOGIA EN EL ECUADOR
El único registro de floración en Ecuador corresponde a febrero. Aparentemente en otros países la floración se presenta durante todo el año, con registros de fructificación entre mayo y noviembre.

DISTRIBUCION Y REQUERIMIENTOS ECOLOGICOS.
Inga heterophylla se distribuye desde Panamá a lo largo de la Amazonia y puede encontrarse en selvas siempre verdes con climas estacionales y no estacionales, dentro de un rango altitudinal desde el nivel del mar hasta 1600 m, sobre arenas blancas y obscuras, y suelos rojos tropicales. En áreas más secas puede estar confinada en selvas de galerías.

Esta especie ha sido recientemente colectada en Ecuador y es conocida de Morona Santiago, Pastaza y Napo. Es un componente de la selva pluvial de tierra firme alrededor de 350 m de altitud.

Inga heterophylla es utilizada en Bolivia como una fuente de forraje para animales y como árbol de sombra en pastizales. Adicionalmente, tiene un hábito de ramificación muy fino y profuso, el cual puede ser un componente útil para sistemas de cultivo en callejones, para abono verde.

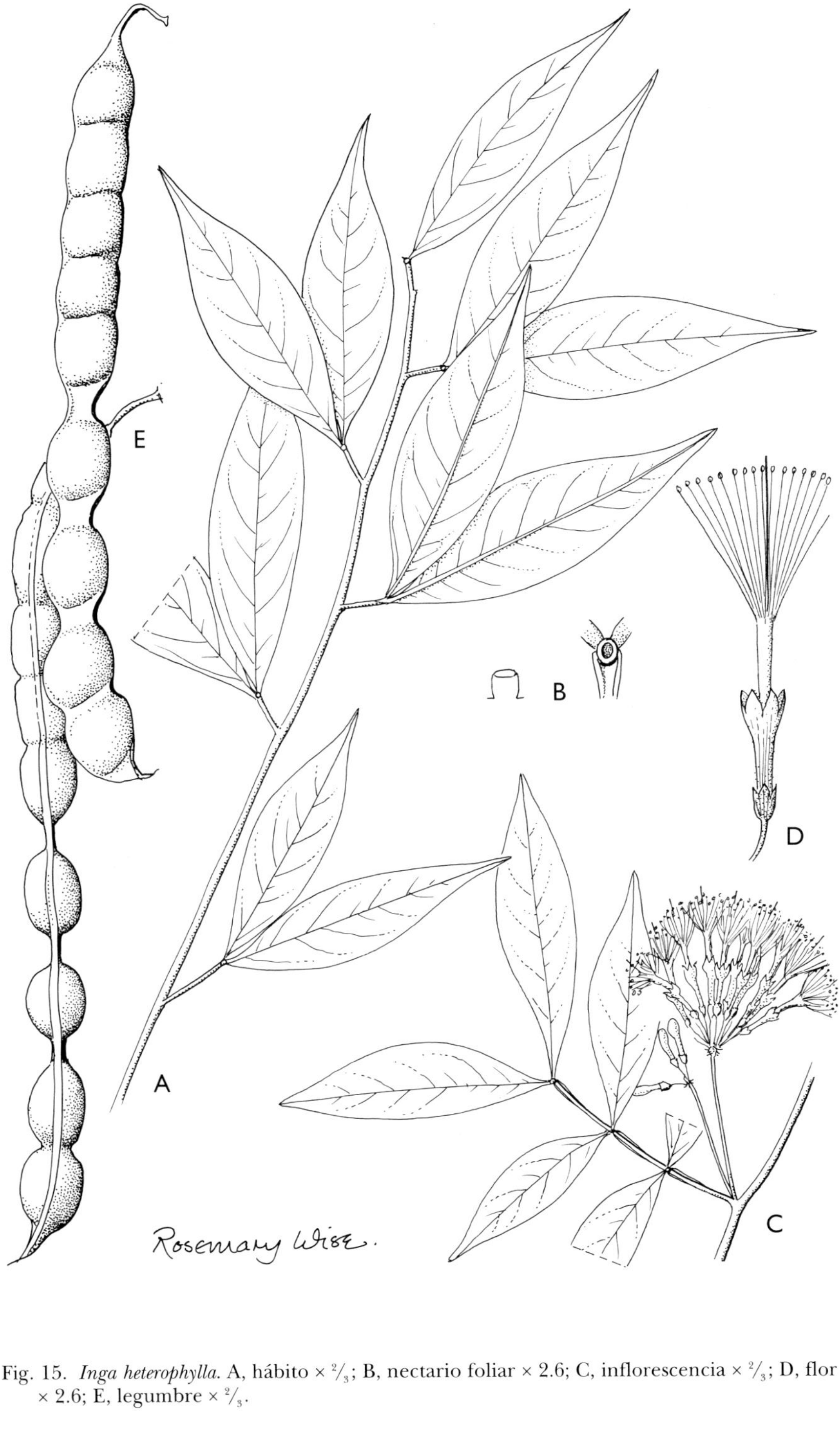

Fig. 15. *Inga heterophylla.* A, hábito × $^{2}/_{3}$; B, nectario foliar × 2.6; C, inflorescencia × $^{2}/_{3}$; D, flor × 2.6; E, legumbre × $^{2}/_{3}$.

16. NOMBRE CIENTIFICO.
Inga umbellifera (Vahl) Steud. ex DC.

CARACTERISTICAS BOTANICAS.
Árbol de mediano tamaño, de hasta 20 m de altura y 30 cm de diámetro, con fuste cilíndrico, sin raíces tablares; corteza externa grisácea, con lenticelas numerosas; corteza interior de color crema, de 2–5 mm de espesor; hojas compuestas, el raquis anchamente alado, usualmente con 2 pares de folíolos elípticos a lanceolados, los folíolos más grandes de 6–20 × 3–7.5 cm; hojas sin pubescencia; nectarios foliares planos o poco profundos, cupuliformes; inflorescencias axilares, solitarias o agrupadas en ramitas cortas axilares, cada inflorescencia de 1.5–6 cm de longitud, con las flores dispuestas en umbela, los pedicelos florales de 0.7–2 cm de longitud; flores de 2–3 cm de longitud, fragantes, color verde pálido, con estambres blancos; legumbre de 5–15 × 2–3 cm, amarillo verdosa, inicialmente plana, haciéndose convexa, curvada, con base fuertemente asimétrica en la madurez, sin pubescencia.

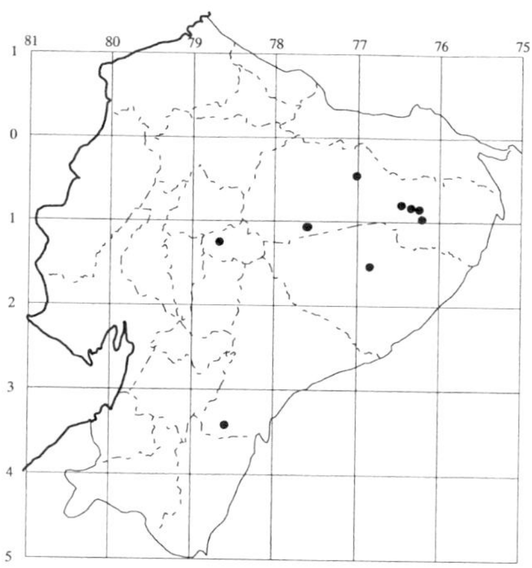

Mapa 16. *Inga umbellifera* ●

Inga umbellifera está emparentada con *I. sertulifera*, pero difiere de ella en el raquis con alas más anchas, los nectarios foliares más planos y grandes, y la legumbre con base fuertemente asimétrica.

FENOLOGIA EN EL ECUADOR
En el Ecuador, la floración ocurre entre junio y noviembre y la fructifación en febrero.

DISTRIBUCION Y REQUERIMIENTOS ECOLOGICOS.
La especie está ampliamente distribuida desde Costa Rica y Panamá a través del noroeste de Sudamérica hasta el este de Perú, Brasil y Bolivia. Es ecológicamente variable, existiendo en zonas de bosque pluvial no alterado en tierras no inundables, pero también en áreas ribereñas, bosques secundarios y terrenos periódicamente inundables. Se conoce que la distribución en Ecuador se extiende a Morona Santiago, Tungurahua, Napo y Pastaza y está limitada a bosques húmedos de tierra firme hasta los 800 m de altitud.

El amplio rango de tolerancia ecológica de esta especie la hace de interés potencial, aunque no hay registros de uso actual. Está claramente asociada a sitios con altos niveles de luz e inundación periódica.

Fig. 16. *Inga umbellifera.* A, hábito × $^2/_3$; B, nectario foliar × 2.6; C, flor × 2.6; D, legumbre × $^2/_3$; E, sección de la legumbre × $^2/_3$.

17. NOMBRE CIENTIFICO.
Inga tocacheana D. R. Simpson.

CARACTERISTICAS BOTANICAS.
Árbol pequeño, de unos 8 m de altura perteneciente al estrato inferior del bosque; hojas compuestas, el raquis estrechamente alado, con 3–4 pares de folíolos elípticos con ápice prolongado y margen ondulado, los folíolos más grandes de 6–8.5 × 2–3 cm; ramitas apicales, hojas e inflorescencias sin pubescencia; nectarios foliares poco profundos, cupuliformes; inflorescencias axilares, solitarias, péndulas, cada una de 4.5–7.5 cm, las flores dispuestas en umbelas; pedicelos de 1.5–5 mm de longitud; flores de 1.5–2 cm de longitud, color verde blanquecino con estambres blancos; legumbre de 20–35 × 2–2.5 cm, verde amarillenta, plana o convexa, recta, levemente constricta entre las semillas, sin pubescencia, la superficie con venas transversales algo prominentes.

Inga tocacheana pertenece al mismo grupo de las especies con flores en umbelas como *I. yasuniana*. No obstante, se diferencia de la última por tener pocos folíolos, éstos más grandes, el pedúnculo de la inflorescencia mucho más alargado y la legumbre más grande (ver *I. yasuniana* para más discusión).

FENOLOGIA EN EL ECUADOR
La floración en Ecuador es en febrero, abril y agosto y la fructificación en abril, mayo y octubre.

DISTRIBUCION Y REQUERIMIENTOS ECOLOGICOS.
Inga tocacheana está confinada a la Amazonia de Ecuador y Perú, en el estrato inferior de selva pluvial no alterada en bajas altitudes y bosques montanos, ocupando un rango altitudinal entre 450 m y 1200 m. La distribución de esta especie en Ecuador se encuentra en Napo, Sucumbios y Pastaza.

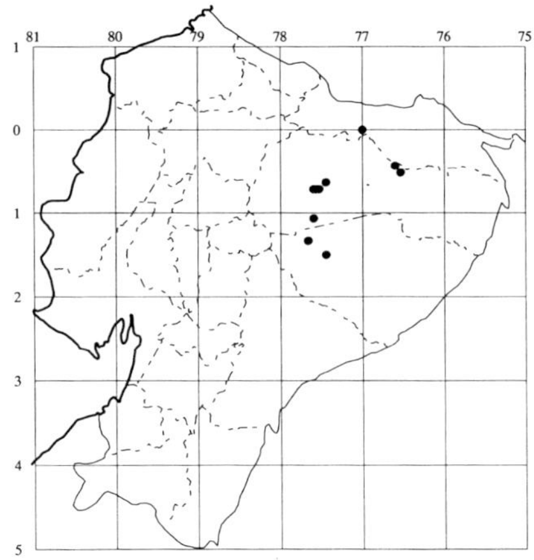

Mapa 17. *Inga tocacheana* ●

Aparte del fruto comestible, no se conocen otros usos de esta especie.

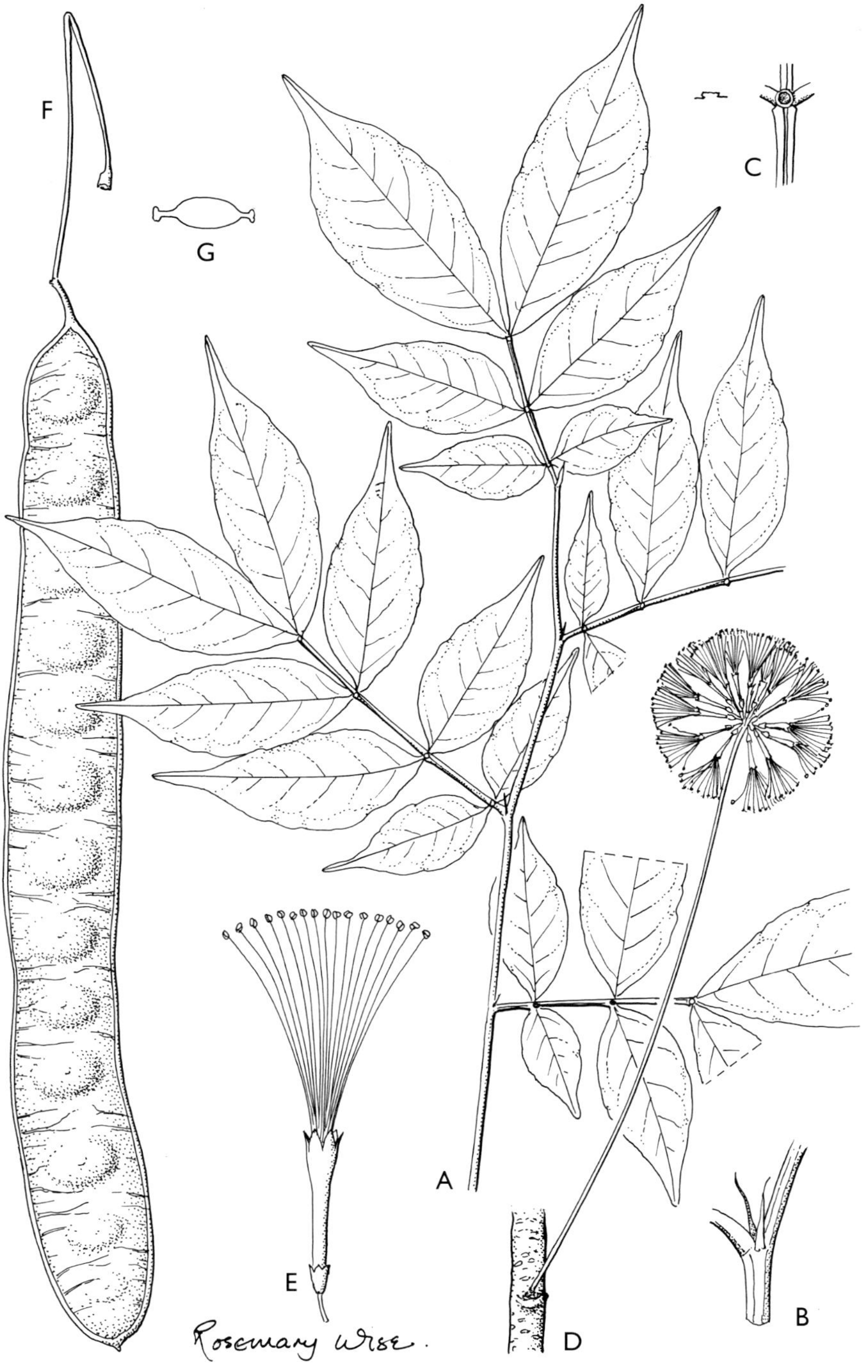

Fig. 17. *Inga tocacheana.* A, hábito × $^{2}/_{3}$; B, estípula × 2.6; C, nectario foliar × 2.6; D, inflorescencia × $^{2}/_{3}$; E, flor × 2.6; F, legumbre × $^{2}/_{3}$; G, sección de la legumbre × $^{2}/_{3}$.

18. NOMBRE CIENTIFICO.
Inga yasuniana T.D. Penn.

CARACTERISTICAS BOTANICAS.
Árbol de hasta 15 m de altura y 20 cm de diámetro; hojas compuestas, el raquis estrechamente alado, con 7–9 pares de folíolos pequeños, elípticos a rómbicos, los folíolos más grandes de 1.2–2.1 × 0.5–1 cm; ramitas jóvenes, envés de las hojas e inflorescencias con pubescencia corta y rígida; nectarios foliares cortamente estipitados (hasta 1 mm de longitud), con la cabeza cupuliforme; inflorescencias axilares, solitarias o en pares, cada inflorescencia de 1–1.5 cm de longitud (especímenes en fructificación hasta 3 cm), las flores dispuestas en cabezuelas; flores de aproximadente 2 cm de longitud, blancas; legumbre de 7.5–10 × 1.5 cm, verde, plana cuando inmadura, subcilíndrica cuando madura, algunas veces constricta entre las semillas, recta o ligeramente curvada, lisa, con pubescencia rígida al inicio y tornándose glabra.

Inga yasuniana es una de un pequeño grupo de especies que tiene numerosos folíolos y flores pequeñas arregladas en cabezuelas. Las otras especies del grupo incluyen a *I. tenuis* e *I. gracilifolia* de Brasil, e *I. tocacheana* encontrada en Ecuador y Perú. *I. tocacheana* difiere de ésta, en el menor número de folíolos, el mayor tamaño de ellos, y su margen ondulado.

FENOLOGIA EN EL ECUADOR
Floración de la especie en agosto y frutos maduros colectados en mayo.

DISTRIBUCION Y REQUERIMIENTOS ECOLOGICOS.
Inga yasuniana es conocida de pocas colecciones en el Parque Nacional Yasuní (Napo), donde se le encuentra en la selva pluvial de tierra firme. Los reportes indican que se encuentra en suelos aluviales y oxisoles rojos.

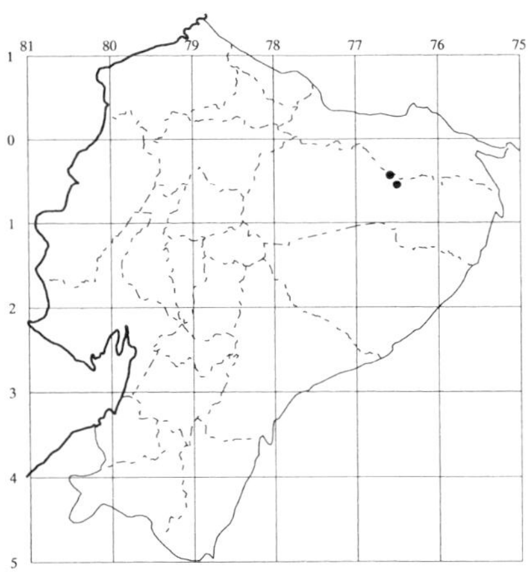

Mapa 18. *Inga yasuniana* ●

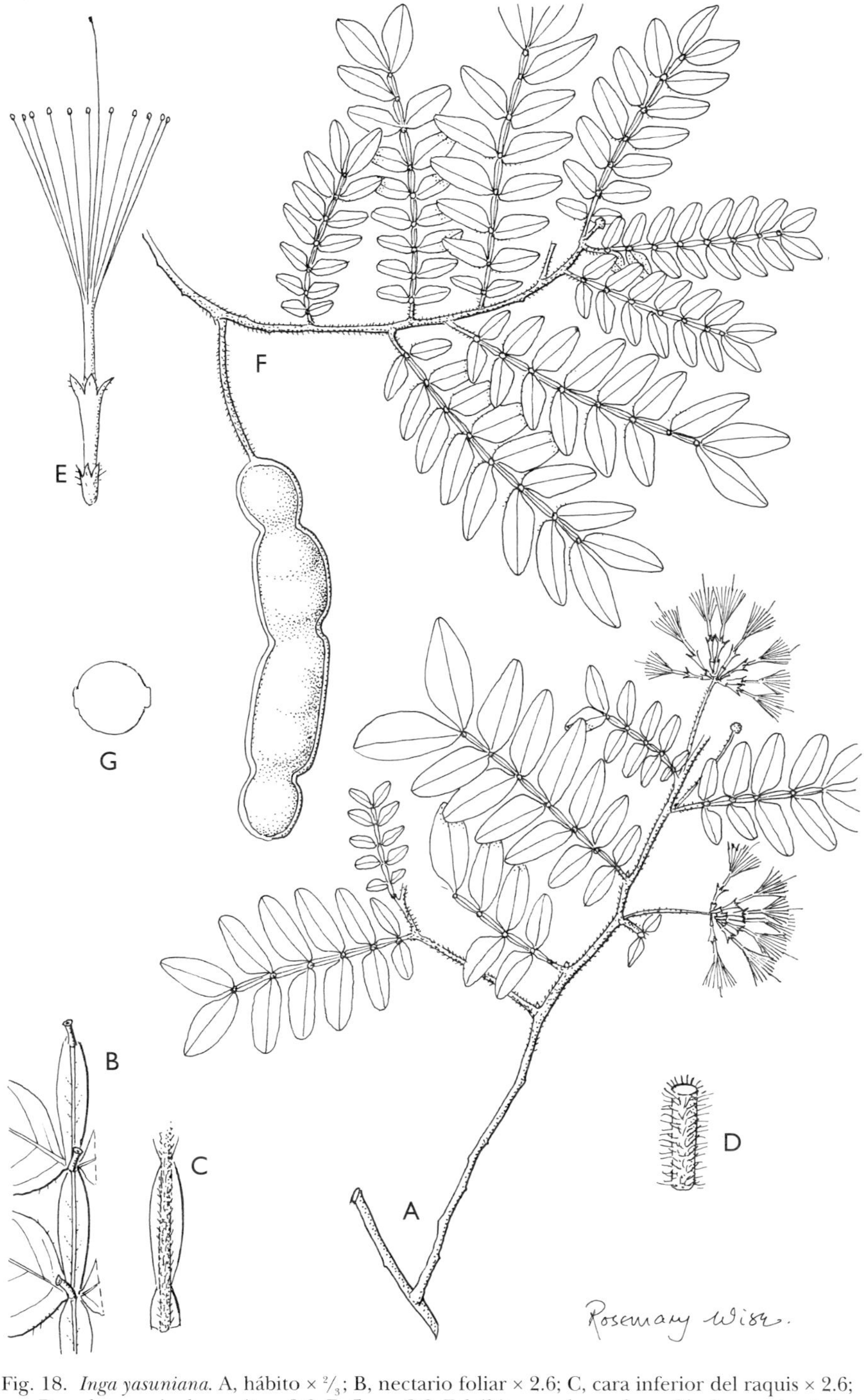

Fig. 18. *Inga yasuniana.* A, hábito × $^{2}/_{3}$; B, nectario foliar × 2.6; C, cara inferior del raquis × 2.6; D, pubescencia de ramita × 2.6; E, flor × 2.6; F, hábito con legumbre × $^{2}/_{3}$; G, sección de la legumbre × $^{2}/_{3}$.

19. NOMBRE CIENTIFICO.
Inga umbratica Poepp. & Endl.

CARACTERISTICAS BOTANICAS.
Árbol de hasta 20 m de altura y 20 cm de diámetro, sin raíces tablares, con corteza externa lisa de color moreno obscuro, con numerosas lenticelas; hojas compuestas, el raquis por lo común abruptamente alado abajo de la inserción de los folíolos, con 2–3 pares de folíolos anchamente elípticos, los más grandes de 10–17 × 3.5–10 cm, ramitas jóvenes, hojas e inflorescencias cortamente pubescentes; nectarios foliares aplanados o en forma de copa, inflorescencias axilares o a veces sobre protuberancias leñosas, solitarias o en racimos, cada inflorescencia de 0.5–1.5 cm de longitud; flores verde amarillentas con estambres de color blanco; legumbre de 8–20 × 2–2.5 cm, verde amarillenta, aplanada, recta, los márgenes generalmente con alas reducidas (3–4 mm altura), la legumbre con pubescencia esparcida.

Inga umbratica está más relacionada a *I. obidensis*, que se encuentra únicamente en la Amazonia de Brasil. Esta especie se diferencia de *I. obidensis* en la pubescencia corta que cubre las ramitas jóvenes, hojas e inflorescencias y al raquis abruptamente alado, y en la legumbre con márgenes estrechamente alados.

FENOLOGIA EN EL ECUADOR
La floración en Ecuador ocurre en julio y la fructificación en abril y mayo.

DISTRIBUCION Y REQUERIMIENTOS ECOLOGICOS.
Inga umbratica posee un modelo de distribución común en el género. Se halla distribuida en las Guayanas y sur de Venezuela a través de la Amazonia de Brasil, Ecuador, Perú y Bolivia. En Ecuador tiene reportes de Pastaza, Napo y Sucumbios, donde forma parte de los bosques primarios húmedos en lugares no inundados, desde los 250 m a 400 m de altitud. Aparte del fruto comestible, no tiene otros usos conocidos.

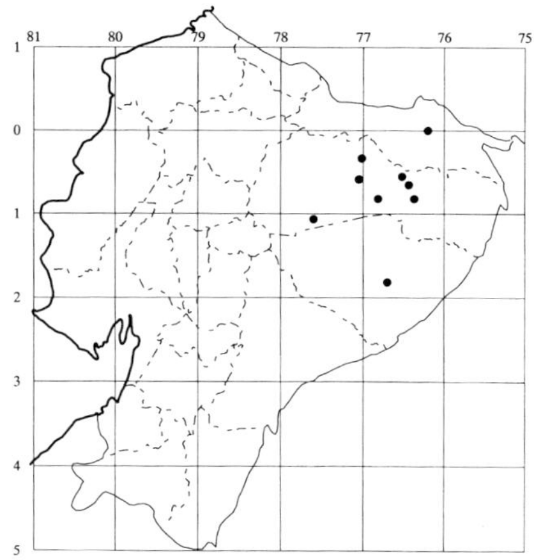

Mapa 19. *Inga umbratica* ●

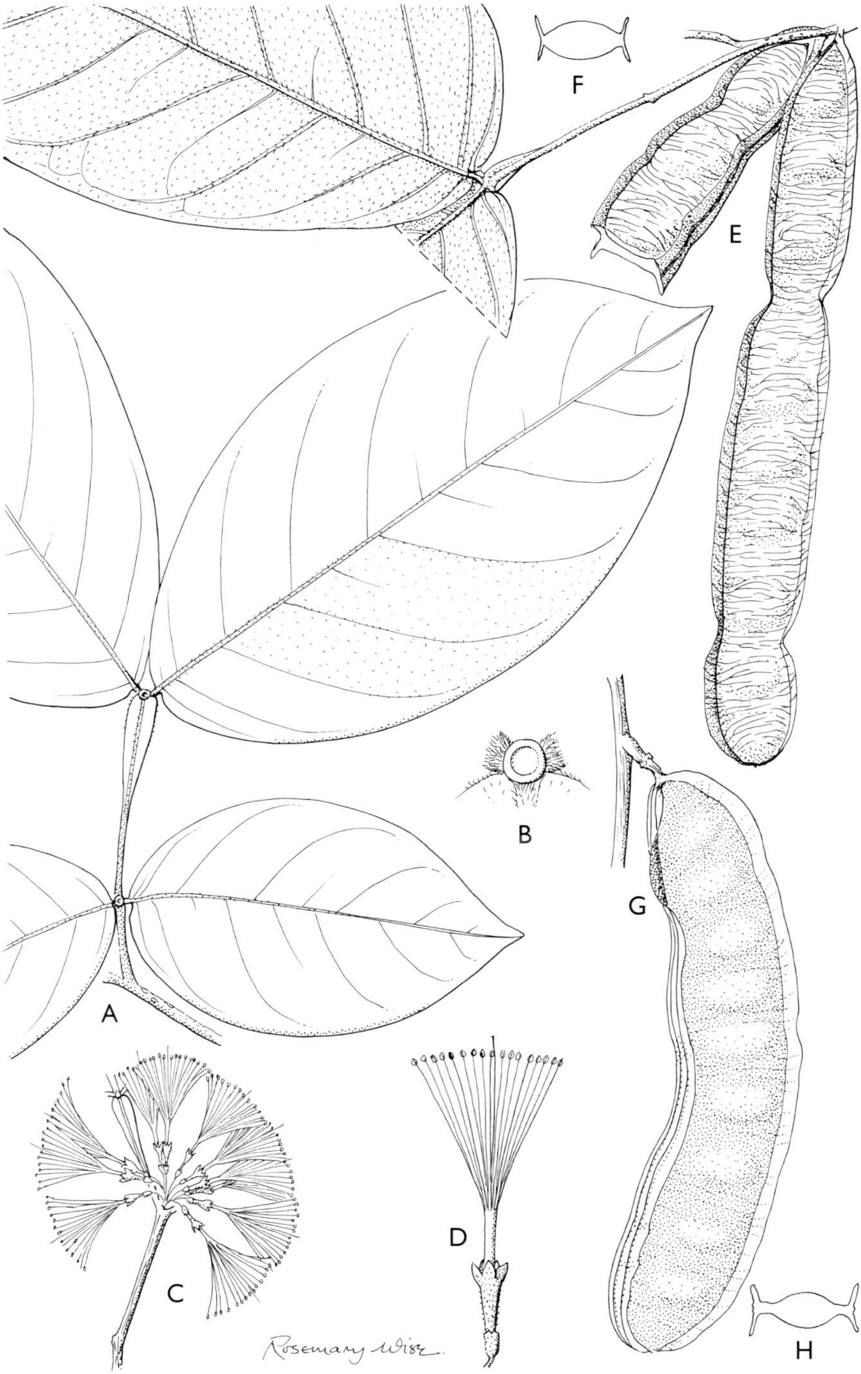

Fig. 19. *Inga umbratica.* A, hoja × $^2/_3$; B, nectario foliar × 2.6; C, inflorescencia × $^2/_3$; D, flor × 2.6; E, legumbre × $^2/_3$; F, sección de la legumbre × $^2/_3$; G, legumbre × $^2/_3$; H, sección de la legumbre × $^2/_3$.

20. NOMBRE CIENTIFICO.
Inga lallensis Spruce ex Benth.

SINONIMIA.
Inga sodiroi Harms

NOMBRE COMUN.
Guaba, guabilla (Bolívar, Cañar).

CARACTERISTICAS BOTANICAS.
Árbol pequeño, hasta de 8 m de altura y 10 cm de diámetro; hojas compuestas, ligeramente blanquecinas en el envés cuando nuevas, raquis no alado, con 3–4 pares de folíolos anchamente elípticos a obovados, los folíolos más grandes de 6–16 × 2.5–7.5 cm, con nervadura impresa en la haz; ramitas jóvenes, hojas e inflorescencias con pubescencia corta; nectarios foliares levemente estipitados con una cabezuela simple; inflorescencias axilares y en ramitas abajo de las hojas, usualmente solitarias, cada inflorescencia de 5.5–15 cm de longitud, las flores dispuestas en cabezuelas globosas o umbelas; flores de 1.5–2 cm de longitud, fragantes, de color blanco; legumbre 10–25 × 3.5–5 cm, verde obscuro, plana, recta, la superficie con nervaduras reticuladas, finas, sin pubescencia.

Inga lallensis tiene el mismo tipo de inflorescencia y raquis no alado que a *I. cinnamomea* de la Amazonia; pero esta última puede ser fácilmente reconocida por sus estípulas grandes, hojas lisas y la legumbre robusta, convexa y fibrosa. La nervadura claramente impresa también distingue a *I. lallensis* de otras especies cercanamente relacionadas.

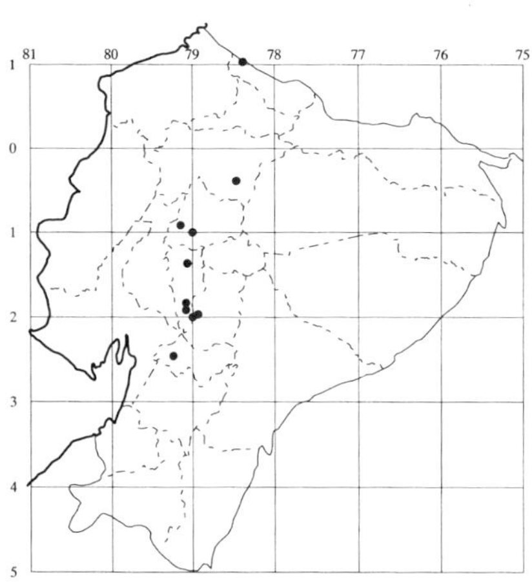

Mapa 20. *Inga lallensis* ●

FENOLOGIA EN EL ECUADOR
La floración en Ecuador se presenta en agosto, septiembre y noviembre y la fructificación de octubre a diciembre.

DISTRIBUCION Y REQUERIMIENTOS ECOLOGICOS.
Inga lallensis es conocida únicamente en la vertiente del Pacífico de los Andes en Colombia y Ecuador. Esta especie se encuentra en las zonas húmedas montanas y los bosques nublados entre 1350 m y 2800 m de altitud. En Ecuador ha sido colectada en Bolívar, Cañar, Cotopaxi y Pichincha.

El comportamiento silvicultural de la especie es desconocido, situación que amerita realizar estudios comparativos. Las especies de *Inga* que florecen a grandes altitudes son pocas, pero pueden tener un mayor impacto en planes de reforestación en zonas degradadas. Esta especie crece en la Reserva del Rio Guajalito (Pichincha).

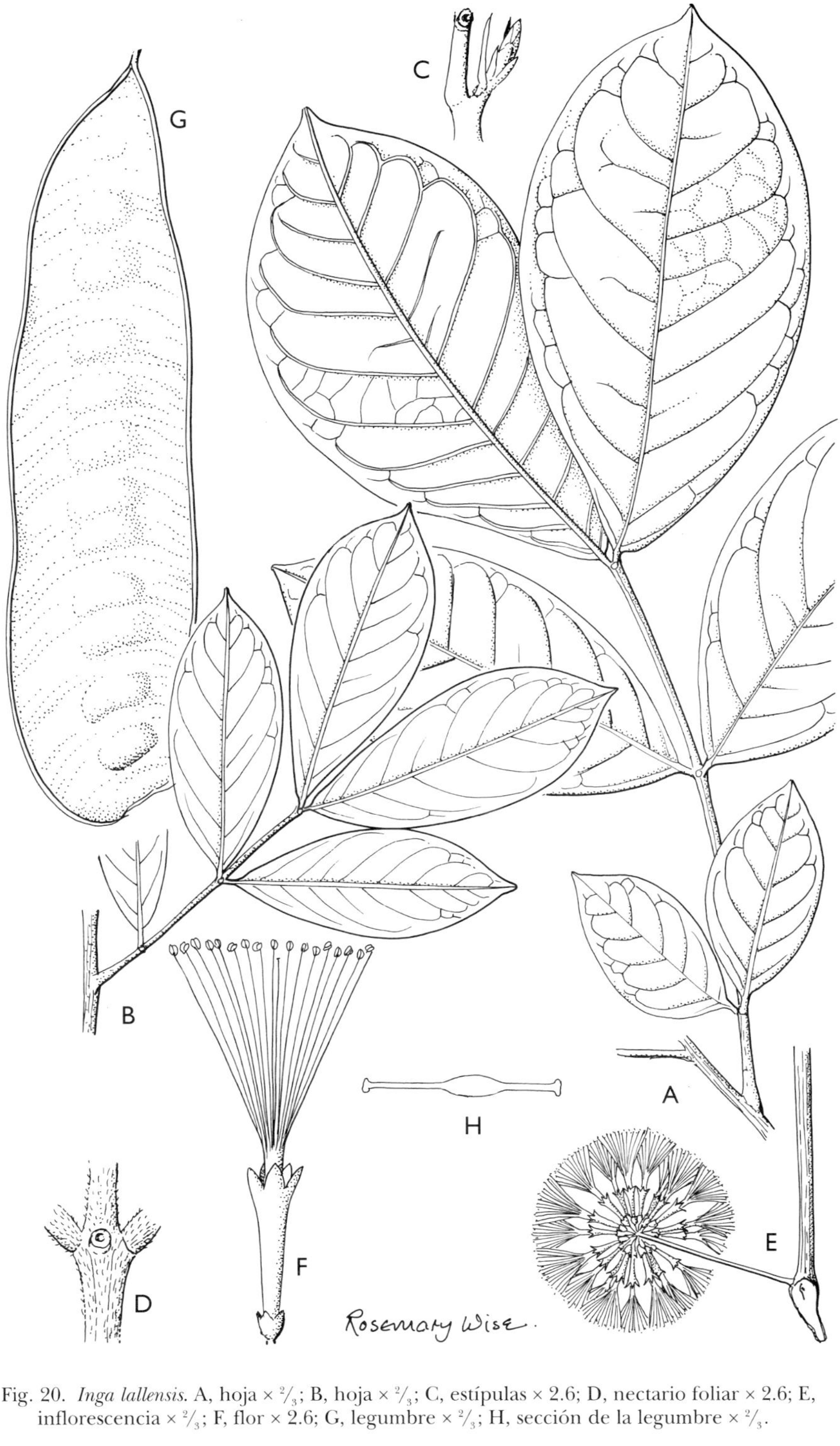

Fig. 20. *Inga lallensis.* A, hoja × ²⁄₃; B, hoja × ²⁄₃; C, estípulas × 2.6; D, nectario foliar × 2.6; E, inflorescencia × ²⁄₃; F, flor × 2.6; G, legumbre × ²⁄₃; H, sección de la legumbre × ²⁄₃.

21. NOMBRE CIENTIFICO.
Inga tenuistipula Ducke

SINONIMIA.
Inga guentheri Harms

CARACTERISTICAS BOTANICAS.
Árbol pequeño, de hasta 15 m de altura, sin raíces tablares, con fuste cilíndrico, la copa alargada y esbelta; corteza externa lisa, grisácea, con numerosas lenticelas; hojas compuestas, con el raquis no alado y usualmente 2 pares de folíolos elípticos u obovados, los folíolos más grandes 10–25 × 4–8 cm; ramitas apicales y hojas sin pubescencia; nectarios foliares planos o poco profundos, cupuliformes, a veces ausentes; inflorescencias axilares brotando de las ramas debajo de las hojas, solitarias o en grupos; cada inflorescencia 2–15 cm de longitud, péndula, las flores arregladas en una cabezuela; flores de 1.8–2.8 cm de longitud, color amarillo pálido con estambres blancos o rosados; legumbre péndula, 16–22 × 2–3.5 cm, color verdoso amarillento, plana inicialmente, haciéndose convexa en la madurez, recta, no constricta entre las semillas, usualmente prolongada en un apéndice largo.

Inga tenuistipula es una especie característica por sus inflorescencias péndulas que brotan de las ramas, sus cabezuelas de flores de mediano tamaño, usualmente con estambres rosados, y la legumbre con un apéndice. Está relacionada a *I. tessmannii*, pero tiene hojas más largas con más folíolos y flores más grandes.

FENOLOGIA EN EL ECUADOR
La floración en Ecuador es de mayo a octubre, y fructificación en octubre, noviembre, enero y abril.

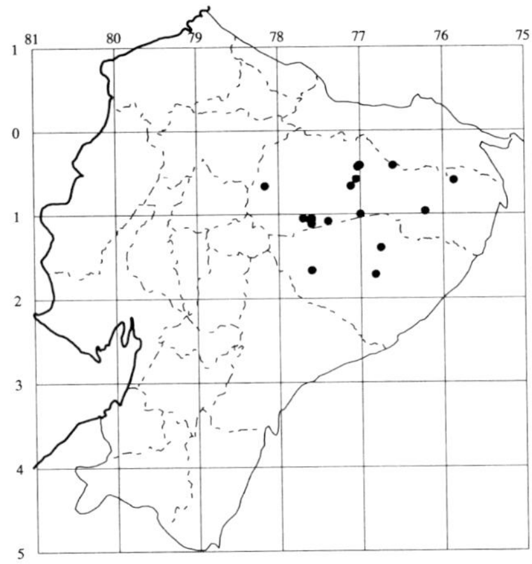

Mapa 21. *Inga tenuistipula* ●

DISTRIBUCION Y REQUERIMIENTOS ECOLOGICOS.
Esta especie está distribuida a lo largo de los Andes en la Amazonia de Colombia a Perú; también alcanza el oeste de la Amazonia de Brasil. En Ecuador, tiene un mayor número de colecciones en Napo, pero también se extiende a Pastaza. Es una especie que ocupa el estrato inferior de los bosques húmedos en tierra firme, frecuentemente sobre suelos rojos. Se encuentra a una altitud alrededor de los 500 m.

No tiene usos documentados, pero cuando crece aisladamente es un árbol de buena formación, con copa densa y esbelta de color verde oscuro. Tiene aspecto atractivo cuando se cubre con las inflorescencias péndulas y flores con tonos de rosado. Podría utilizarse como especie ornamental.

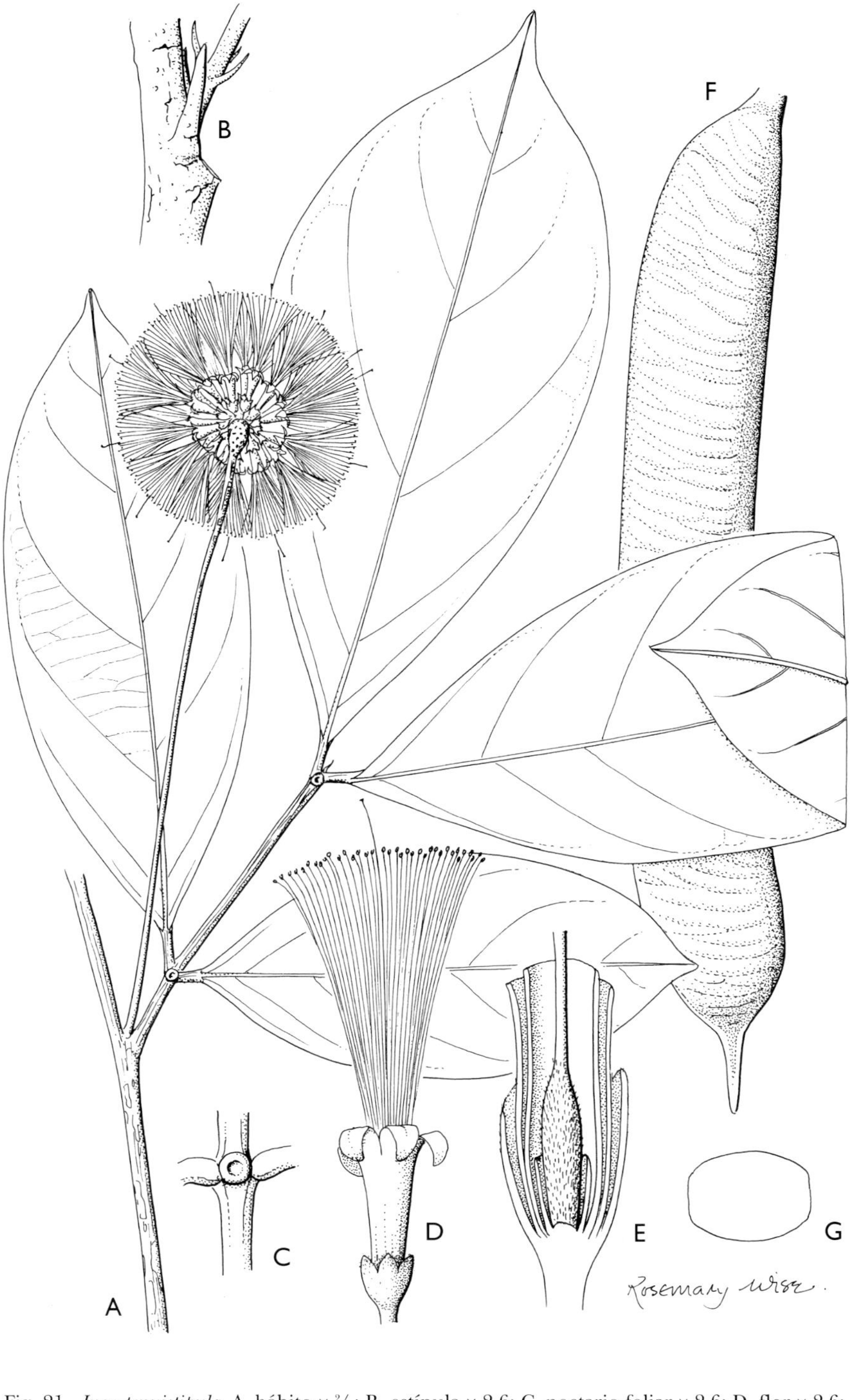

Fig. 21. *Inga tenuistipula.* A, hábito × ²⁄₃; B, estípula × 2.6; C, nectario foliar × 2.6; D, flor × 2.6; E, sección de la flor × 10; F, legumbre × ²⁄₃; G, seccion de la legumbre × ²⁄₃.

22. NOMBRE CIENTIFICO.
Inga tessmannii Harms

CARACTERISTICAS BOTANICAS.
Árbol de hasta 10 m de altura y 15 cm de diámetro, sin raíces tablares, con copa esbelta. El follaje joven abre de color verde pálido; hojas compuestas, el raquis no alado, con 4 pares de folíolos grandes y ampliamente elípticos, los folíolos más grandes de 25–35 × 10–11 cm; ramitas apicales, hojas e inflorescencias sin pubescencia; nectarios foliares planos o similares a cojines, 2–3 mm de diámetro, a menudo ausentes; inflorescencias prendidas de las protuberancias leñosas en las ramas, solitarias o fasciculadas, cada inflorescencia de 7–10 cm de longitud, las flores dispuestas en una cabezuela, cada flor de unos 3 cm de longitud, levemente fragante, verde con estambres blancos; legumbre de 7–10 × 3.5–4.5 cm, plana, recta, con la base fuertemente asimétrica, sin pubescencia.

Inga tessmannii es reconocible por sus hojas grandes, inflorescencias ramifloras, flores dispuestas en cabezuelas y su legumbre corta y ancha. Es muy afín a *I. tenuistipula* y sus diferencias se discuten en esta especie.

FENOLOGIA EN EL ECUADOR
Floración en Ecuador en los meses de septiembre y octubre y fructificación en septiembre (único registro).

DISTRIBUCION Y REQUERIMIENTOS ECOLOGICOS.
Inga tessmannii es conocida solamente de la Amazonia de Perú y Ecuador. En el Ecuador se registra solamente en la provincia del Napo, donde es un árbol pequeño del dosel inferior en zonas no disturbadas y no inundables, en suelos rojos y aluviales del bosque pluvial de la llanura Amazónica. Ocupa un rango altitudinal hasta los 550 m. La especie no tiene usos conocidos.

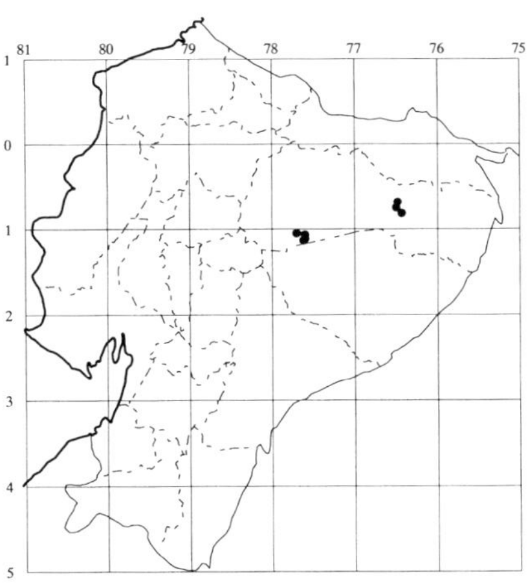

Mapa 22. *Inga tessmannii* ●

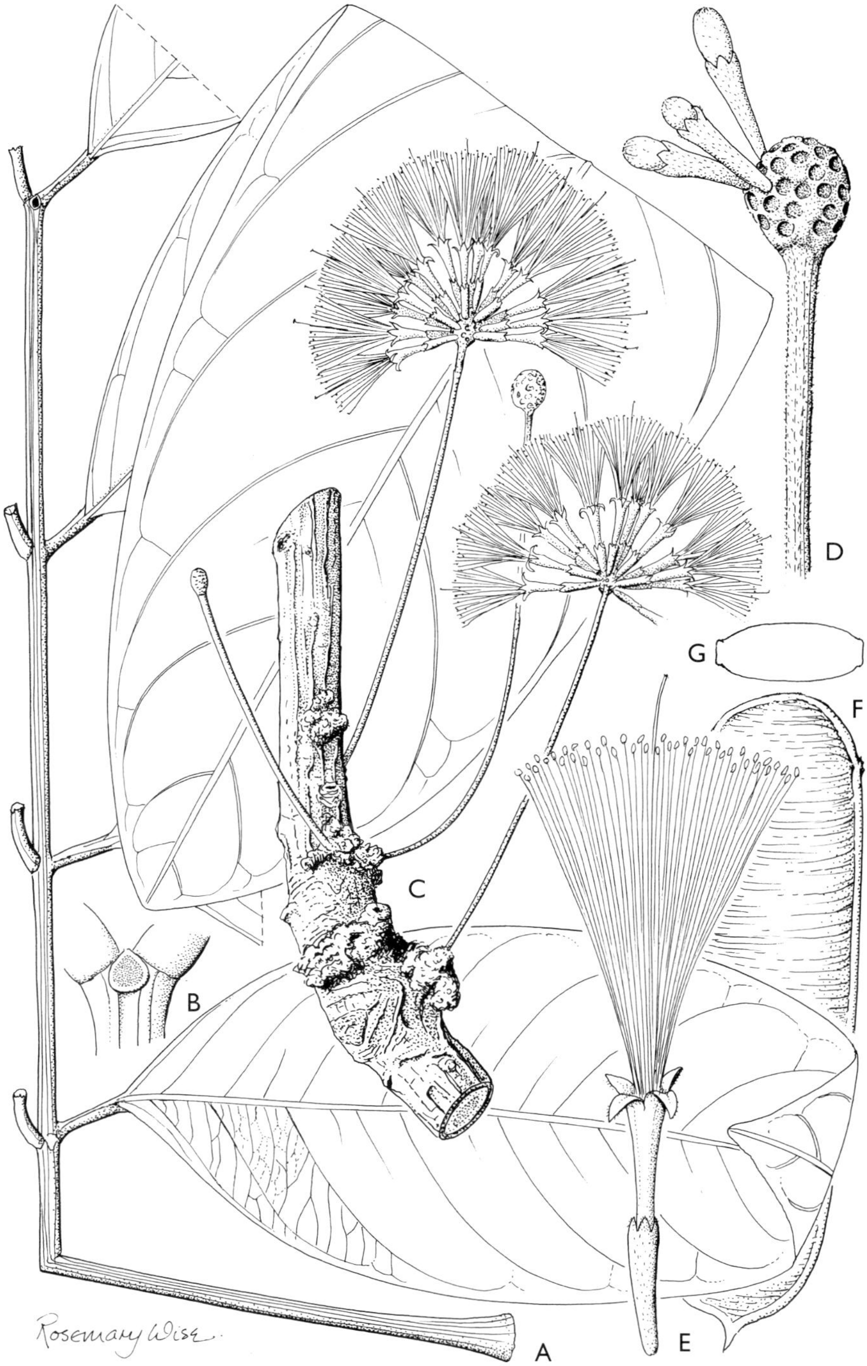

Fig. 22. *Inga tessmannii.* A, hoja × $^{2}/_{3}$; B, nectario foliar × 2.6; C, inflorescencias × $^{2}/_{3}$; D, eje floral × 2; E, flor × 2; F, legumbre; × $^{2}/_{3}$ G, sección de la legumbre × $^{2}/_{3}$.

23. NOMBRE CIENTIFICO.
Inga glomeriflora Ducke

CARACTERISTICAS BOTANICAS.
Árbol de tamaño pequeño a mediano, de hasta 15 m de altura y 15 cm de diámetro, con fuste grisáceo y corteza finamente escamosa; hojas compuestas, el raquis no alado, con 3–4 pares de folíolos elípticos, los folíolos más grandes de 7.5–16 × 3–6 cm; ramitas jóvenes cubiertas con pubescencia corta, marrón al inicio, hojas maduras sin pubescencia; inflorescencia con pubescencia corta; nectarios foliares en forma de cojines, inconspicuos; inflorescencias en las ramitas abajo de las hojas, usualmente agrupadas sobre pequeñas protuberancias, cada inflorescencia de 0.5–2 cm de longitud, las flores dispuestas en cabezuelas; flores 1.5 cm de longitud, fragantes, verde amarillentas con estambres de color blanco; legumbre 12 × 2 cm, verde, recta o ligeramente curvada, los márgenes ligeramente con relieve, sin pubescencia.

I. glomeriflora se diferencia de las otras especies por su cabezuelas densas y globosas de flores pequeñas que nacen principalmente en las ramitas abajo de las hojas. Esta especie está relacionada a *I. golfodulcensis* de Costa Rica, la cual tiene una legumbre en forma de espiral.

FENOLOGIA EN EL ECUADOR
La floración en Ecuador en agosto y fructificación aún no registrada.

DISTRIBUCION Y REQUERIMIENTOS ECOLOGICOS.
Inga glomeriflora se conocía en la Amazonia central de Brasil y existe sólo un registro reciente en Ecuador. Este árbol se encuentra la selva pluvial no perturbada abajo de los

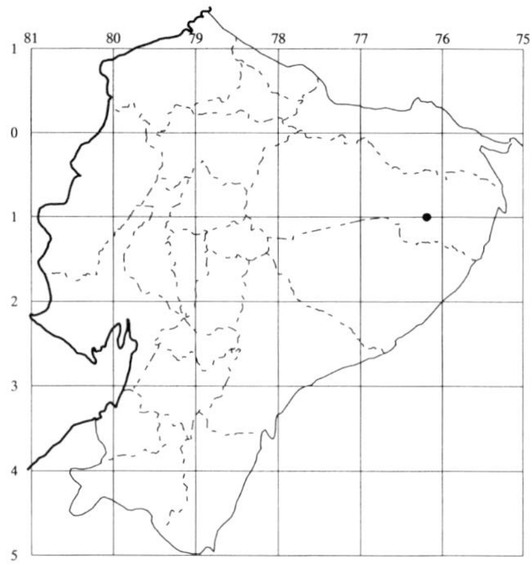

Mapa 23. *Inga glomeriflora* ●

250 m. En Ecuador, es conocida una colección del Parque Nacional Yasuní (Napo). La especie no tiene usos documentados.

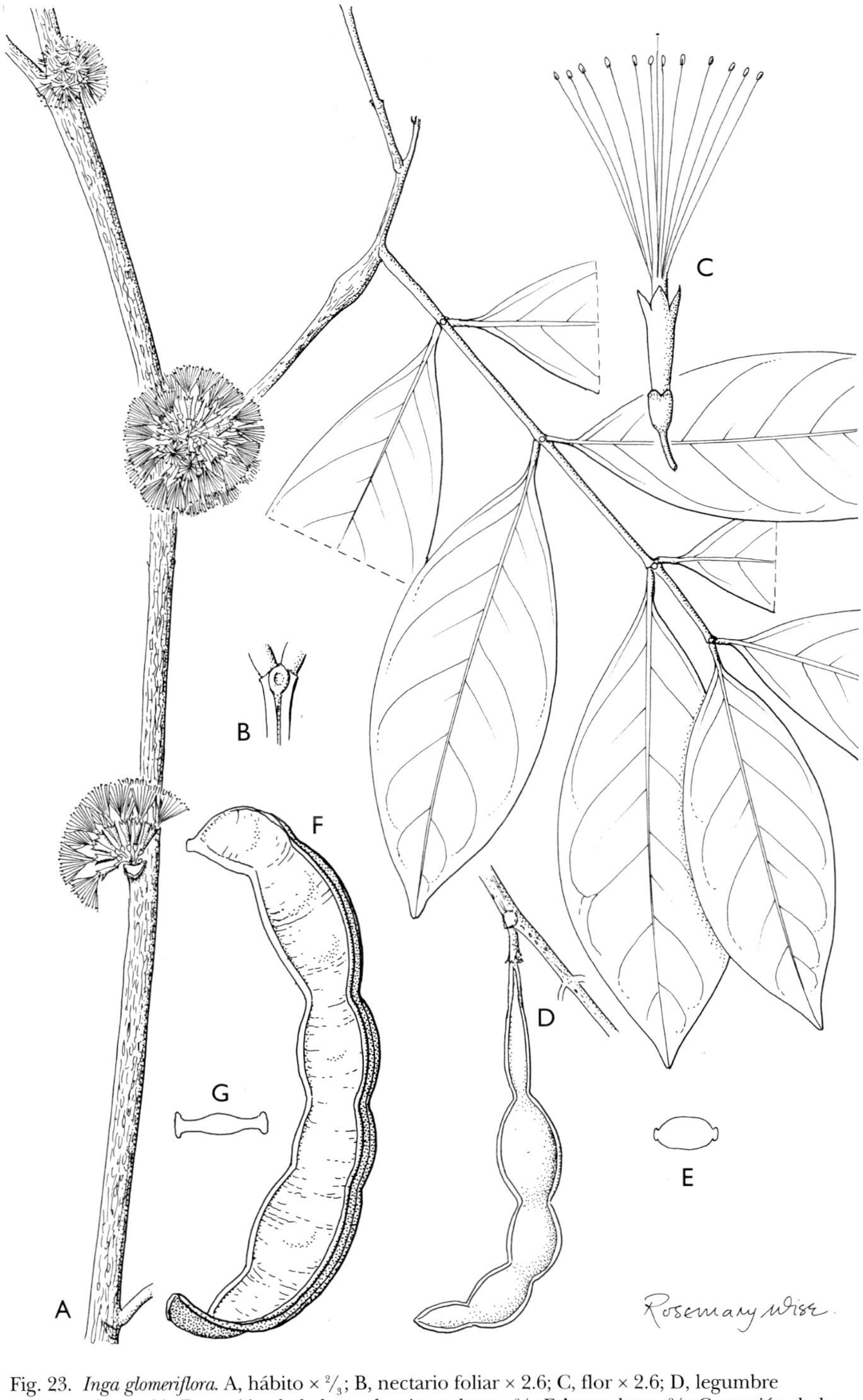

Fig. 23. *Inga glomeriflora.* A, hábito × $^{2}/_{3}$; B, nectario foliar × 2.6; C, flor × 2.6; D, legumbre inmadura × $^{2}/_{3}$; E, sección de la legumbre inmadura × $^{2}/_{3}$; F, legumbre × $^{2}/_{3}$; G, sección de la legumbre × $^{2}/_{3}$.

24. NOMBRE CIENTIFICO.
Inga jinicuil G. Don

CARACTERISTICAS BOTANICAS.
Árbol de mediano tamaño de hasta 20 m de altura y 30 cm de diámetro, con raíces tablares, fuste cilíndrico; corteza externa lisa, pálido grisácea, la corteza interna pálida, amarillenta; hojas compuestas subtendidas por grandes estípulas pálidas de 1–2 cm de longitud, el raquis no alado, con 3–4 pares de folíolos elípticos, los folíolos más grandes de 5–15 × 3–6 cm; ramitas jóvenes, hojas e inflorescencias sin pubescencia; nectarios foliares aplanados a ligeramente cupulares, ocasionalmente ausente entre los folíolos superiores; inflorescencias axilares o en las axilas de hojas no desarrolladas, ocasionalmente debajo de las hojas, cada inflorescencia 2.5–10 cm de longitud, las flores dispuestas en cabezuelas; flores 1–1.5 cm de longitud, dulcemente fragantes, verduscas a amarillentas con estambres de color blanco; legumbre 15–25 × 3–5 cm, péndula, verde a verde amarillenta, convexa, recta o curvada, fibrosa, sin pubescencia.

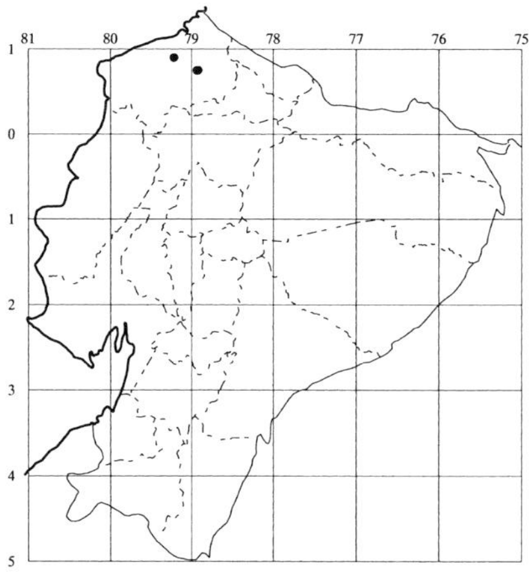

Mapa 24. *Inga jinicuil* ●

Inga jinicuil, tiene una estrecha relación con *I. cinnamomea* de la Amazonia, pero difiere de ésta por tener menos nervaduras secundarias en los folíolos, pecíolo corto y partes florales más cortas. Estas especies también se diferencian por sus requerimientos ecológicos, *I. jinicuil*, es un árbol de terrenos no inundables e *I. cinnamomea* está limitada a orillas de ríos periodicamente inundadas.

FENOLOGIA EN EL ECUADOR
La floración en los bosques costeros del Ecuador de mayo a junio, y la fructificación en noviembre.

DISTRIBUCION Y REQUERIMIENTOS ECOLOGICOS.
Esta especie está distribuida en América Central por la zona sur de México hasta la costa del Pacífico en Ecuador. En este país es conocida solamente en los bosques húmedos siempre verdes en las llanuras de Esmeraldas, y es común en la Reserva Forestal Mayronga de la Fundación Forestal Durini, donde se encuentra limitada a lugares no inundables.

En América Central, es localmente conocida como jinicuil o paterno, y ha sido protegida y cultivada por sus semillas comestibles desde tiempos precolombinos. En formas cultivadas las legumbres son mucho más grandes que las obtenidas de las plantas silvestres y las semillas de aquellas están provistas de abundante pulpa comestible. Adicionalmente, la gente cuece y come el embrión de la misma (compare con *I. ilta* de la Amazonia ecuatoriana). También tenía amplios usos para sombra de café en América Central, pero ahora es reemplazada por otras especies de *Inga* con crecimiento más rápido.

Fig. 24. *Inga jinicuil.* A, hábito × $^{2}/_{3}$; B, nectario foliar × 2.6; C, flor × 3.3; D, legumbre × $^{2}/_{3}$; E, sección de la legumbre × $^{2}/_{3}$.

25. NOMBRE CIENTIFICO.
Inga cinnamomea Spruce ex Benth.

CARACTERISTICAS BOTANICAS.
Árbol de hasta 25 m de altura y 60 cm de diámetro, sin raíces tablares, el tronco a veces cónico; corteza lisa, de color pálido blanco grisáceo; hojas subtendidas por estípulas elípticas de 1–2 cm de longitud; hojas compuestas, raquis no alado, con 3–4 pares de folíolos elípticos, los folíolos más grandes de 10–30 × 4–13 cm; ramitas jóvenes, hojas e inflorescencias sin pubescencia; nectarios foliares superficiales, en forma cupular; inflorescencias axilares, solitarias o agrupadas, cada inflorescencia de 4–9 cm de longitud, las flores dispuestas en cabezuelas, flores de 1–2 cm de longitud, fragantes, verdosas con estambres blancos; legumbre de 12–25 × 4.5–5 cm, verde amarillenta, plana cuando inmadura, de forma convexa o cilíndrica cuando madura, 4.5 cm de espesor, recta, sin pubescencia.

Árbol conspicuo con tronco cónico, grandes hojas, los folíolos frecuentemente con un ápice redondeado, vistosas flores en cabezuelas y legumbre grande. Ver *I. rusbyi* para otros comentarios.

FENOLOGIA EN EL ECUADOR
La floración en Ecuador ocurre principalmente en julio y agosto con un solo registro en enero y la fructificación en los meses de julio, agosto, diciembre y enero. Se ve la legumbre en varias etapas de desarrollo durante todo el año.

DISTRIBUCION Y REQUERIMIENTOS ECOLOGICOS.
Inga cinnamomea es un árbol de la Amazonia, distribuido desde Pará en Brasil hasta el oeste de la Amazonia de Perú, Colombia y Ecuador. Por

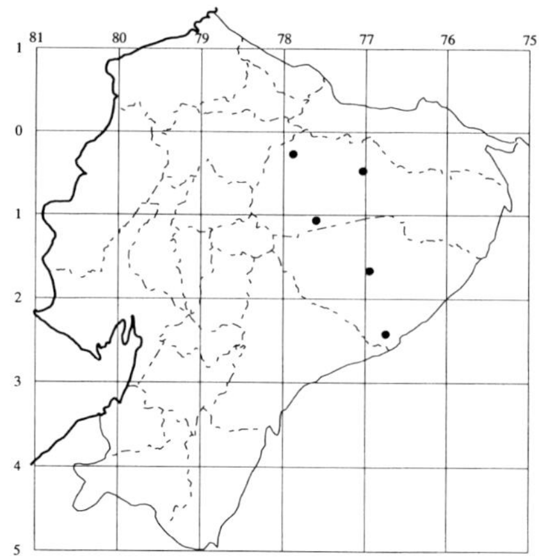

Mapa 25. *Inga cinnamomea* ●

todo su rango de distribución, es un componente característico de zonas periódicamente inundadas en las orillas de los ríos, especialmente los de agua blanca. *Inga cinnamomea* no tiene registros sobre 500 m de altitud. Su rango ecuatoriano incluye las provincias de Napo y Pastaza. Mayormente se encuentra en zonas periódicamente inundadas y a lo largo de las márgenes de los ríos. Lo más atractivo de esta especie es su fruto grande comestible. La semilla está rodeada por una densa, dulce y blanca pulpa, lo que hace que su fruto sea muy popular en el mercado amazónico. Algunas personas afirman apreciar mejor sabor de la pulpa que cualquier otra especie de *Inga*. Los árboles a veces son cultivados en jardines para aprovechar sus frutos. También por su copa de forma simétrica y densa con inflorescencias vistosas, es utilizada como decorativa y ornamental.

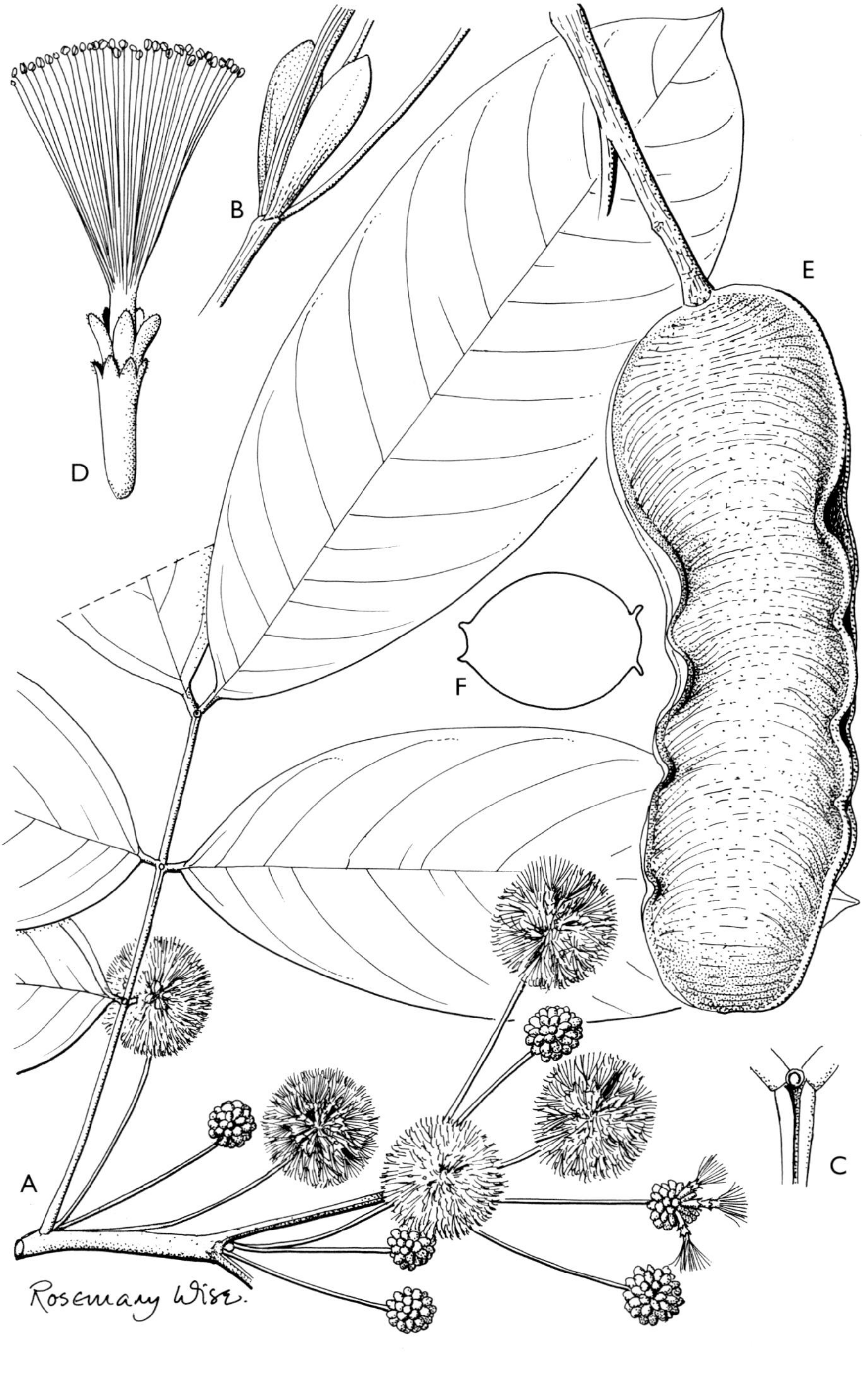

Fig. 25. *Inga cinnamomea.* A, hábito × $^{2}/_{3}$; B, estípula × 1.3; C, nectario foliar × 2.6; D, flor × 4; E, legumbre × $^{2}/_{3}$; F, sección de la legumbre × $^{2}/_{3}$.

26. NOMBRE CIENTIFICO.
Inga rusbyi Pittier

CARACTERISTICAS BOTANICAS.
Árbol de hasta 35 m de altura y 35 cm de diámetro, sin raíces tablares, con fuste cilíndrico; corteza blanca grisácea; hojas subtendidas por estípulas esbeltas verde pálidas de 1–1.5 cm de longitud; los folíolos jóvenes desarrollan un ápice glanduloso; hojas compuestas, el raquis usualmente sin alas, pero ocasionalmente con una ala reducida, con 3 pares de folíolos elípticos, los más grandes de 12–20 × 5–8 cm; ramitas jóvenes, hojas e inflorescencias sin pubescencia; nectarios foliares en forma de copa, de 2.5–3 mm de diámetro; inflorescencias axilares, solitarias o agrupadas, cada inflorescencia 6–7 cm de longitud, las flores dispuestas en espigas o cabezuelas, flores 1.5–2 cm de longitud, fragantes, verde blanquecinas; legumbre de 20–30 × 4–5 cm, obscura, verde brillante cuando madura, aplanada al inicio y convexa cuando madura, recta o ligeramente curvada, sin pubescencia.

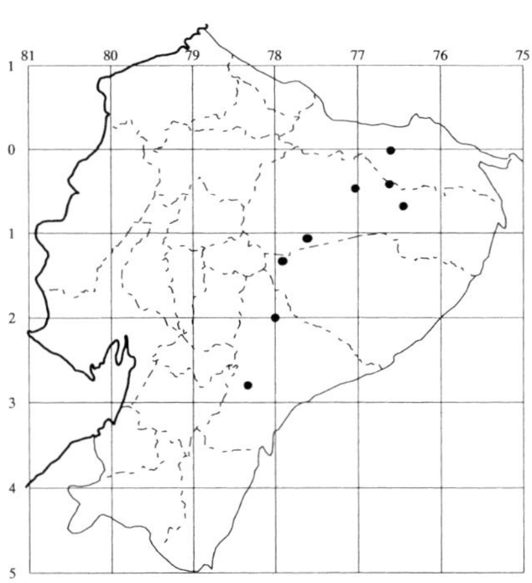

Mapa 26. *Inga rusbyi* ●

Esta especie está cercamente relacionada a *I. cinnamomea*, pero puede distinguirse de ésta en las estípulas delgadas y la forma de la inflorescencia (usualmente una espiga congesta mientras que *I. cinnamomea* tiene una cabezuela globosa), el nectario foliar más grande y escamas persistentes que subtienden las flores (ausentes en *I. cinnamomea*). La ecología de las especies es también diferente.

FENOLOGIA EN EL ECUADOR
Floración en el Ecuador en febrero, agosto y noviembre y fructificación de noviembre a abril.

DISTRIBUCION Y REQUERIMIENTOS ECOLOGICOS.
Inga rusbyi es conocida solamente en las vertientes de Ecuador, Perú y Bolivia. En Ecuador se encuentra distribuida en Morona Santiago, Pastaza, Napo y Sucumbios. Forma parte de los bosques húmedos montanos entre 400 m y 1100 m de altitud, a veces persistiendo en áreas perturbadas y a lo largo de los bordes de las carreteras.

No hay usos documentados para *I. rusbyi* en Ecuador, pero su gran dimensión y capacidad competitiva en la vegetación secundaria, demuestra posibles usos en forestería y agroforestería.

Fig. 26. *Inga rusbyi.* A, hábito × $^2/_3$; B, estípula × 2.6; C, D, nectarios foliares × 2.6; E, flor × 2.6; F, brácteas florales × 3.3; G, legumbre × $^2/_3$; H, sección de legumbre; × $^2/_3$; J, sección de legumbre madura × $^2/_3$.

27. NOMBRE CIENTIFICO.
Inga multinervis T.D. Penn.

CARACTERISTICAS BOTANICAS.
Árbol hasta de 30 m de altura y 45 cm de diámetro sin raíces tablares; hojas compuestas, el raquis sin alas, con 3 pares de folíolos elípticos, folíolos más grandes 17–25 × 7.5–10 cm, con numerosos nervios paralelos; ramitas jóvenes, hojas e inflorescencia con pubescencia corta al inicio, volviéndose menos pubescente en la madurez; nectarios foliares poco profundos, en forma de copa; inflorescencia axilar, hasta 5 en cada axila, cada inflorescencia de 5–10 cm de longitud, las flores dispuestas en una espiga congesta, flores 2 cm de longitud, blanquecinas; legumbre de 18–30 × 3.5–5 cm y 1–2 cm de espesor, verdosa obscura, leñosa, recta a fuertemente curvada, el margen con débiles estrías longitudinales, sin pubescencia.

Esta especie, que fue recientemente descrita en la Amazonia ecuatoriana, está relacionada a *I. acreana* e *I. gracilior*, pero los folíolos grandes con numerosos nervios secundarios paralelos y la legumbre grande y leñosa, diferencian a estas especies.

FENOLOGIA EN EL ECUADOR
La floración ocurre en abril y julio, y la fructificación en abril, mayo y diciembre.

DISTRIBUCION Y REQUERIMIENTOS ECOLOGICOS.
Inga multinervis está distribuida en la Amazonia de Ecuador y Perú, donde se encuentra en bosques lluviosos no perturbados de bajas altitudes y de zonas montanas entre 250 y 1200 m de altitud, frecuentenente en suelos lateríticos. En Ecuador se encuentra distribuida en Morona Santiago, Pastaza, Napo y Sucumbios.

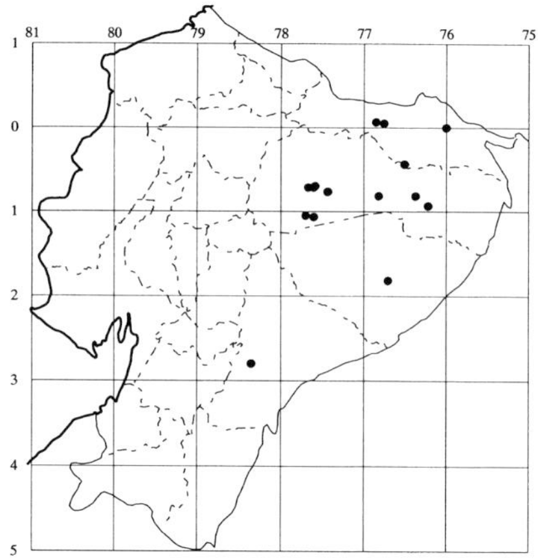

Mapa 27. *Inga multinervis* ●

Ensayos a pequeña escala en Jatun Sacha demuestran crecimiento tardío de esta especie, que no puede competir con otras especies del bosque secundario. Sinembargo, ensayos establecidos en líneas a campo abierto, con espaciamiento de 5 × 5 m, demuestran una buena formación de copa, con una cantidad relativamente mayor de hojarasca en la base del árbol. Para conocer más sobre las propiedades de esta especie, sería importante continuar observando su comportamiento silvicultural a largo plazo.

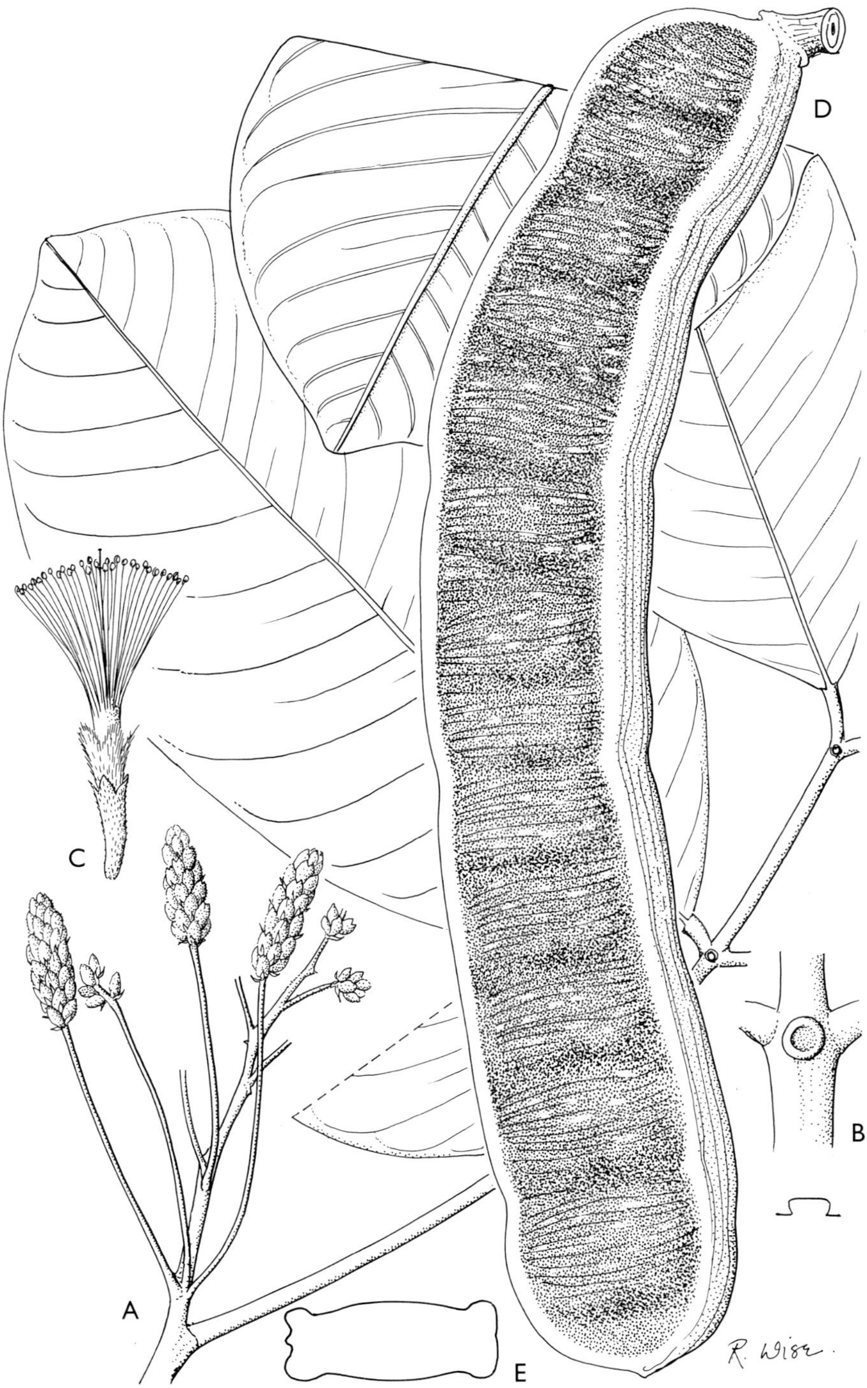

Fig. 27. *Inga multinervis.* A, hábito × $^2/_3$; B, nectario foliar × 2.6; C, flor × 2; D, legumbre × $^2/_3$; E, sección de la legumbre × $^2/_3$.

28. NOMBRE CIENTIFICO.
Inga gracilior Sprague

CARACTERISTICAS BOTANICAS.
Árbol pequeño de hasta 15 m de altura y 15 cm de diámetro; el follaje nuevo se abre en colores rosáceos; hojas compuestas, raquis no alado, con 2–3 pares de folíolos elípticos, las hojas más grandes de 10–18 × 4–7 cm; ramitas jóvenes e inflorescencias cortamente pubescentes, hojas más o menos sin pubescencia; nectarios foliares poco profundos, en forma de copa; inflorescencias axilares, frecuentemente agrupadas alrededor del ápice de las ramitas, cada inflorescencia 2–3 cm de longitud, las flores dispuestas en una espiga corta y congesta; flores 1.5–2 cm de longitud, fragantes, verde pálidas con estambres blancos; legumbre 8–20 × 2–2.5 cm, verde amarillenta, plana a convexa, recta, la superficie pálida con nervaduras transversales, sin pubescencia.

Inga gracilior está cercanamente relacionada a *I. acreana* y las dos especies están distribuidas en áreas geográficas similares. Estas especies poseen flores y legumbres similares, pero se les puede diferenciar por sus hojas y cubierta pubescente.

El raquis de *I. gracilior,* sin alas, es distinto al raquis alado de *I. acreana* y la pubescencia de las ramitas jóvenes de *I. gracilior* es más difusa y extendida que la de *I. acreana.* También hay diferencias en detalles de la estructura floral.

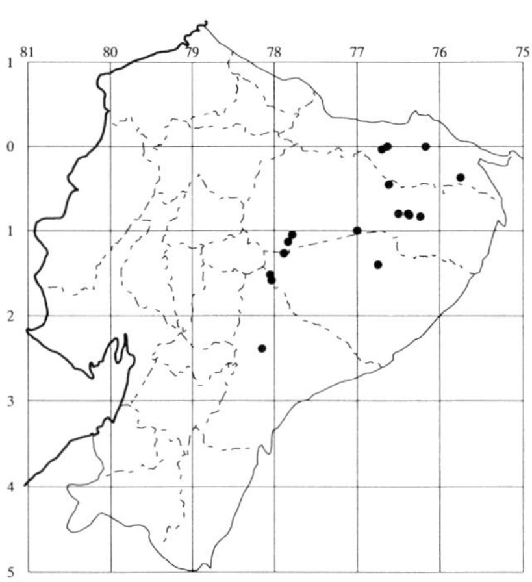

Mapa 28. *Inga gracilior* ●

FENOLOGIA EN EL ECUADOR
La floración en Ecuador ocurre en abril, agosto y de noviembre a enero y hay registros de frutos maduros en noviembre, enero y abril.

DISTRIBUCION Y REQUERIMIENTOS ECOLOGICOS.
Esta especie está distribuida en el sur de Panamá, a través de Colombia a Ecuador. Se encuentra en bosques lluviosos de bajas altitudes y de zonas montanas hasta los 1000 m de altitud y también es frecuente en lugares de vegetación secundaria a lo largo de los márgenes de las carreteras. En Ecuador crece en las vertientes Amazónicas en Morona Santiago, Napo, Pastaza y Sucumbios, entre 250 m y 950 m de altitud, y está usualmente establecida en sitios no inundados.

No hay datos sobre características de crecimiento de esta especie, pero es heliófila, capaz de competir en vegetación secundaria, y sería conveniente un estudio detenido de su silvicultura.

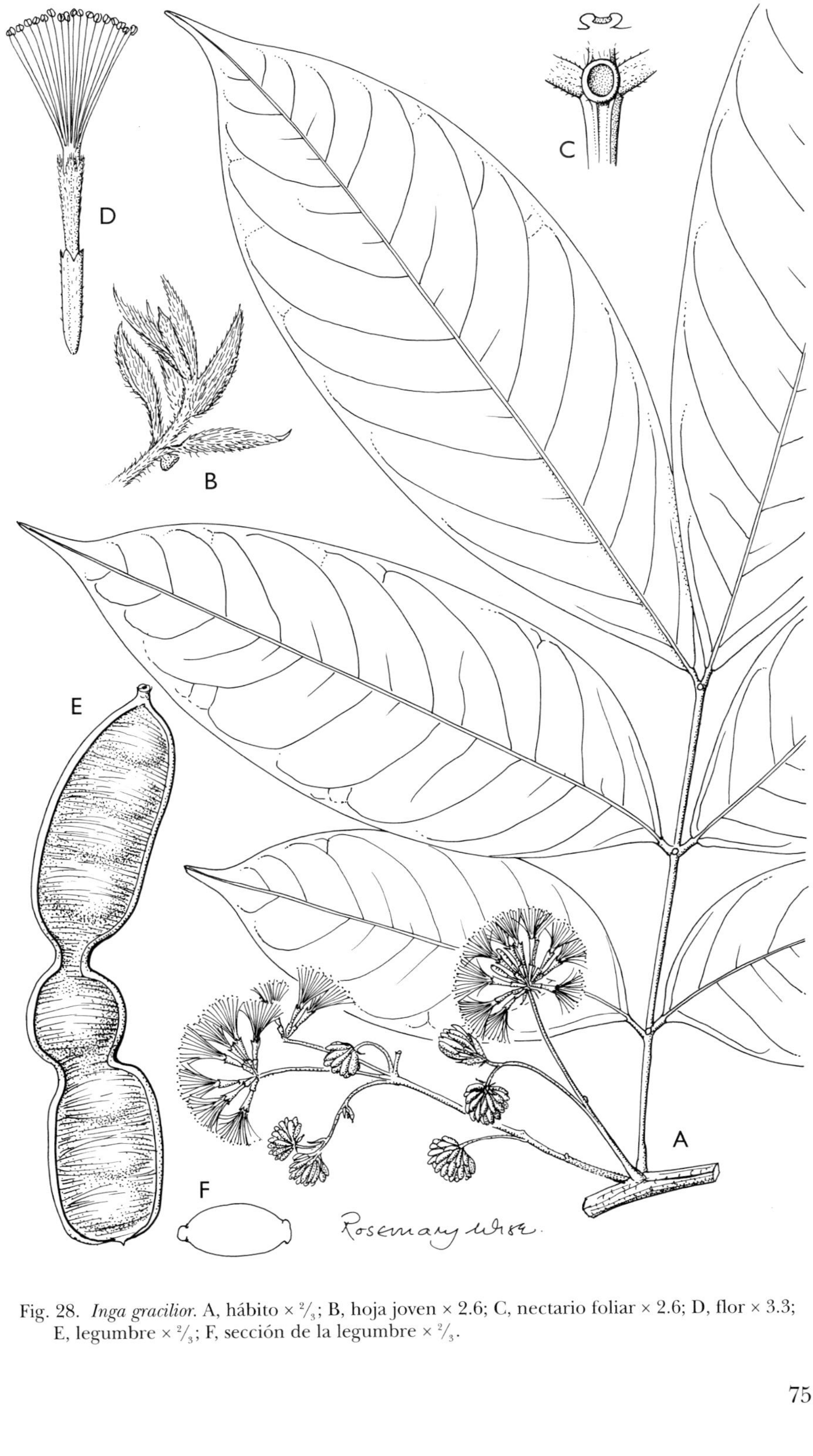

Fig. 28. *Inga gracilior.* A, hábito × $^{2}/_{3}$; B, hoja joven × 2.6; C, nectario foliar × 2.6; D, flor × 3.3; E, legumbre × $^{2}/_{3}$; F, sección de la legumbre × $^{2}/_{3}$.

29. NOMBRE CIENTIFICO.
Inga acreana Harms

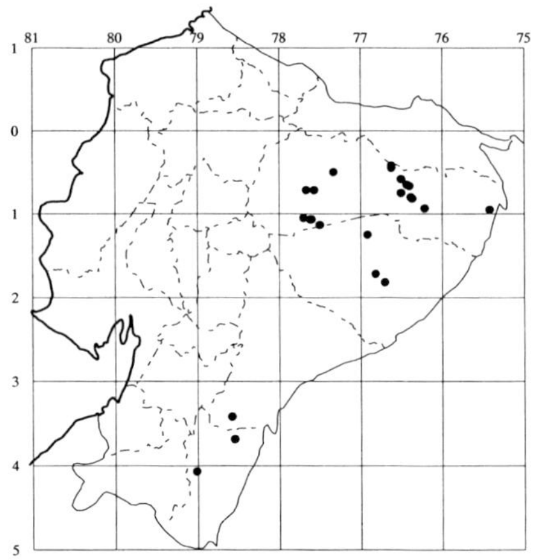

Mapa 29. *Inga acreana* ●

CARACTERISTICAS BOTANICAS.
Árbol de 35 m de altura y 50 cm de diámetro, algunas veces con pequeñas raíces tablares o zancudas y con el tronco a veces basalmente acanalado; corteza externa morena grisácea, lisa; corteza interna hasta de 1 cm de espesor, produciendo un exudado moreno rojizo después de exponerse varios minutos al aire; hojas compuestas, raquis con un ala delgada, usualmente con 4 pares de folíolos elípticos, los más grandes de 12–15 × 5–6 cm; hojas sin pubescencia; nectarios foliares cortamente estipitados, con cabeza en forma de copa; inflorescencias agrupadas cerca del ápice de la ramita, en las axilas de las hojas en desarrollo, cada inflorescencia 3–5 cm de longitud, las flores dispuestas en una espiga corta, congesta; flores de aproximadamente 1.5 cm de longitud, verde pálido con estambres blancos; legumbre 9–20 × 2–3 cm, péndula, verde a verde amarillenta, aplanada cuando inmadura, volviéndose convexa, lisa, sin pubescencia a la madurez.

Inga acreana está relacionada a *I. gracilior* y las distribuciones de estas especies coinciden en Ecuador. Ver comentarios bajo *I. gracilior* e *I. multinervis.*

FENOLOGIA EN EL ECUADOR
La floración en Ecuador en agosto y septiembre, fructificación registrada en enero, abril, junio y julio.

DISTRIBUCION Y REQUERIMIENTOS ECOLOGICOS.
Inga acreana está extensamente distribuida desde las Guayanas hasta las vertientes amazónicas de Colombia, Ecuador, Perú y Bolivia. En Ecuador su distribución incluye las provincias de Zamora Chinchipe, Morona Santiago, Napo y Pastaza. Es un árbol común en bosques lluviosos de bajas altitudes y de zonas montanas bajas sobre sitios no inundables, hacia los 800 m de altitud. Esta especie es muy común en la Reserva Biológica Jatun Sacha. No tiene usos conocidos.

Fig. 29. *Inga acreana.* A, hábito × $^{2}/_{3}$; B, nectario foliar × 2.6; C, flor × 2.6; D, legumbre × $^{2}/_{3}$; E, sección de legumbre × $^{2}/_{3}$.

30. NOMBRE CIENTIFICO.
Inga silanchensis T.D. Penn.

NOMBRE COMUN.
Guaba machete (Esmeraldas).

CARACTERISTICAS BOTANICAS.
Árbol de tamaño mediano de hasta 15 m de altura y 35 cm de diámetro, el fuste algunas veces acanalado en la base; corteza lisa, grisácea; hojas compuestas, raquis sin alas, con 3 pares de folíolos grandes, anchamente elípticos, los folíolos más grandes de 20–30 × 7.5–14 cm; ramitas jóvenes, envés de folíolos e inflorescencias brevemente pubescentes; nectarios foliares algunas veces brevemente estipitados, en forma de copa; inflorescencias axilares, y agrupadas en las axilas de hojas en desarrollo, cerca del ápice de la ramita, cada inflorescencia 1–8 cm de longitud, las flores dispuestas en cabezuelas; flores aproximadamente 2 cm de longitud, fragantes, crema grisáceas, con estambres blancos a rosados; legumbre 15–25 × 4–4.7 cm, péndula, verde obscura con lenticelas pálidas cuando jóvenes, volviéndose moreno grisácea cuando madura, aplanada, recta, coriácea o leñosa, sin pubescencia.

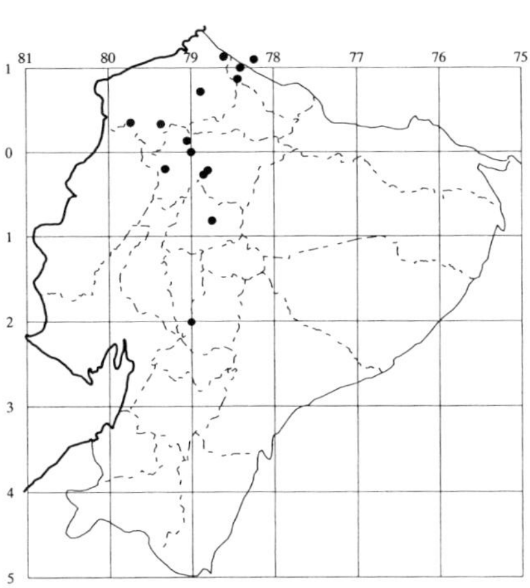

Mapa 30. *Inga silanchensis* ●

Inga silanchensis, recientemente conocida, está relacionada a la ampliamente distribuida *I. ruiziana.* Se diferencia de la última en los pocos y generalmente muy grandes folíolos, el tipo de pubescencia, las flores dispuestas en cabezuelas (no una espiga como en *I. ruiziana*) y en la legumbre grande, coriácea o leñosa.

FENOLOGIA EN EL ECUADOR
Floración en los meses de agosto, octubre, enero a marzo y abril, con fructificación presente en octubre y noviembre. Los frutos tienen un período de maduración de seis meses.

DISTRIBUCION Y REQUERIMIENTOS ECOLOGICOS.
Se conoce que la distribución de esta especie es limitada a las vertientes del Pacífico de los Andes en Ecuador. Todos los registros de esta planta corresponden a 400–1900 m de altitud en bosques húmedos. Se encuentra distribuida en las provincias de Bolívar, Carchi, Chimborazo Cotopaxi, Esmeraldas y Pichincha. Tiene la capacidad de competir en vegetación secundaria y está establecida en experimentos en terrenos de la Fundación Forestal Durini en Pichincha. *Inga silanchensis* tiene ciertas características muy prometedoras, y parece ser apta para usos forestales o sistemas agroforestales. Estas incluyen un crecimiento rápido (altura media 8 m y 12 cm de diámetro despues de 3 años), una amplia copa que produce permanentemente una densa cantidad de hojarasca, la cual se descompone lentamente, y la capacidad de resistir la poda. También produce leña de muy buena densidad, la cual sería útil para hacer carbón. La productividad de leña es aproximadamente 2 toneladas por hectárea por año a 3 × 3 m de espaciamiento (datos de Río Pitzara, Pichincha).

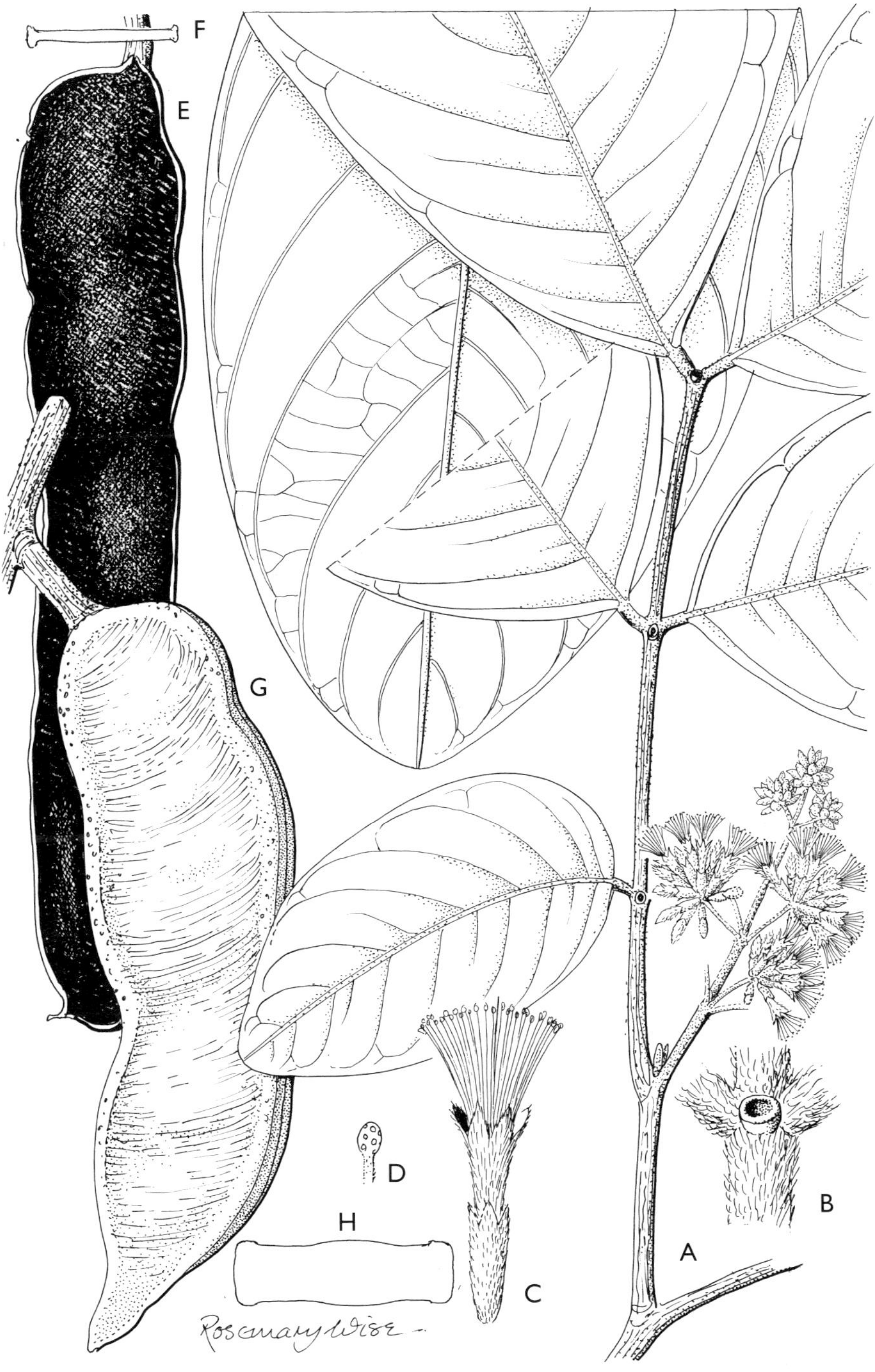

Fig. 30. *Inga silanchensis.* A, hábito × $^{2}/_{3}$; B, nectario foliar × 2.6; C, flor × 2.6; D, eje floral × 2.6; E, legumbre inmaduro × $^{2}/_{3}$; F, sección de legumbre inmadura × $^{2}/_{3}$; G, legumbre × $^{2}/_{3}$; H, sección de la legumbre × $^{2}/_{3}$.

31. NOMBRE CIENTIFICO.
Inga ruiziana G. Don

NOMBRE COMUN.
Werequigue (Pastaza), Yacupacai (Quichua: Pastaza), Kilia pacai (Napo).

CARACTERISTICAS BOTANICAS.
Árbol de hasta 30 m de altura y 60 cm de diámetro; sin raíces tablares; corteza lisa, pálido grisácea u obscura, con lenticelas; hojas compuestas, raquis sin alas, con 5–6 pares de folíolos oblongos a elípticos, folíolos más grandes de 15–25 × 5–9 cm, con los nervios usualmente hundidos sobre la haz, el par de folíolos inferiores tempranamente caedizos, dejando el nectario foliar basal grande, el cual parece estar en medio del pecíolo; hojas sin pubescencia; nectarios foliares poco profundos, en forma de copa; inflorescencias agrupadas cerca del ápice de la rama en la axilas de hojas no desarrolladas, cada inflorescencia de 1.5–6 cm de longitud, las flores dispuestas en una espiga congesta; flores 1.5–2 cm de longitud, fragantes, de color verde con estambres blancos; legumbre 7–20 × 2.5–3.5 cm, verde a amarilla, plana a convexa, recta o ligeramente curvada; sin pubescencia.

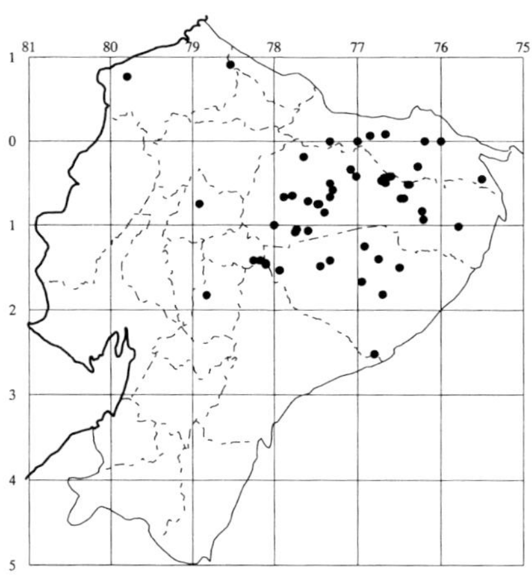

Mapa 31. *Inga ruiziana* ●

Inga ruiziana está relacionada a *I. nobilis*, con la cual es a veces confundida en material vegetativo. Puede ser diferenciada de *I. nobilis* por el mayor número de folíolos, los cuales poseen venación hundida en la haz, y por el precoz desprendimiento del par de folíolos inferiores. Adicionalmente, hay pequeñas diferencias entre las flores de las dos especies, por ejemplo las flores de *I. ruiziana* tiene una cobertura de pubescencia más fina que *I. nobilis*.

FENOLOGIA EN EL ECUADOR
Según registros, la floración en Ecuador ocurre en febrero, marzo, julio, agosto y octubre, y la fructificación de enero a abril, julio y octubre.

DISTRIBUCION Y REQUERIMIENTOS ECOLOGICOS.
Inga ruiziana está ampliamente distribuida desde Nicaragua, a través de América Central al oeste de Sudamérica hasta Bolivia. Esta especie se encuentra en bosques lluviosos de bajas altitudes y en zonas montanas, comúnmente en bosques perturbados, a lo largo de los ríos y persistiendo en pasturas; también a lo largo de los márgenes de las carreteras. Tiene un amplio rango altitudinal desde el nivel del mar hasta 2000 m.

Inga ruiziana está ampliamente distribuida dentro de Ecuador y está presente en las vertientes del Pacífico y estribaciones de los Andes en la Amazonia. Ha sido encontrada desde Carchi, Cotopaxi, Chimborazo, Esmeraldas, Morona Santiago, Napo, Pastaza, Sucumbios y Tungurahua, y está comunmente asociada en los bosques de orillas de ríos y áreas perturbadas.

No se han registrado usos de esta especie en Ecuador, sinembargo es conocida por su fruto comestible, como una fuente de leña, y por una variedad de usos medicinales.

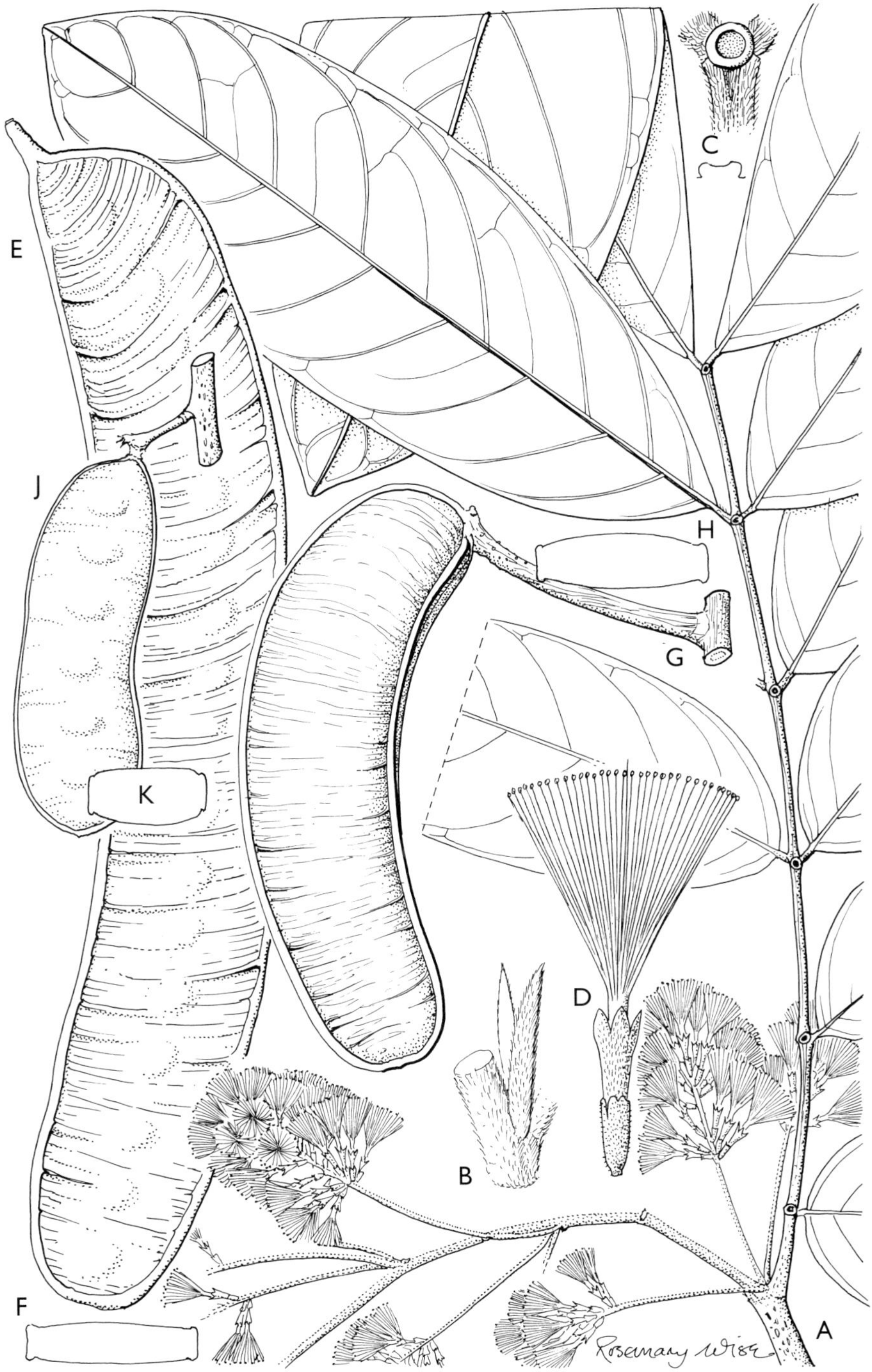

Fig. 31. *Inga ruiziana.* A, hábito × $^2/_3$; B, estípula × 2.6; C, nectario foliar × 2.6; D, flor × 2.6; E, legumbre × $^2/_3$; F, sección de la legumbre × $^2/_3$; G, legumbre × $^2/_3$; H, sección de la legumbre × $^2/_3$; J, legumbre × $^2/_3$; K, sección de la legumbre × $^2/_3$.

Inga ruiziana es una especie común y capaz de competir en vegetación secundaria. Ensayos experimentales nos permitirán descubrir más sobre sus características de crecimiento y su potencial.

32. NOMBRE CIENTIFICO.
Inga vismiifolia Poepp. & Endl.

CARACTERISTICAS BOTANICAS.
Árbol de tamaño pequeño hasta de 20 m de altura y 35 cm de diámetro, con una copa densa de color verde obscuro, de hojas coriáceas; hojas compuestas, el raquis no alado, con 3 pares de folíolos grandes, coriáceos, obovados, folíolos más grandes 20–30 × 11–14 cm; ramitas jóvenes, hojas e inflorescencia levemente pubescentes; nectarios foliares aplanados; inflorescencias axilares y agrupadas cerca del ápice de la ramita, en las axilas de hojas en desarrollo, solitarias o en pares en cada axila, cada inflorescencia 3–10 cm de longitud, las flores dispuestas en una espiga congesta; flores aproximadamente 3.5 cm de longitud, fuertemente fragantes, crema verdosas con estambres blancos; legumbre 10–20 × 2–3 cm, amarilla, plana cuando inmadura, volviéndose convexa, ligeramente curvada, con conspicuas nervaduras oblicuamente transversales en la superficie, pubescente cuando inmadura, perdiendo la pubescencia al madurar.

Esta especie está cercanamente relacionada a *I. nobilis*, pero se diferencia de ésta por sus folíolos muy grandes, flores más grandes, y las nervaduras transversales de la legumbre.

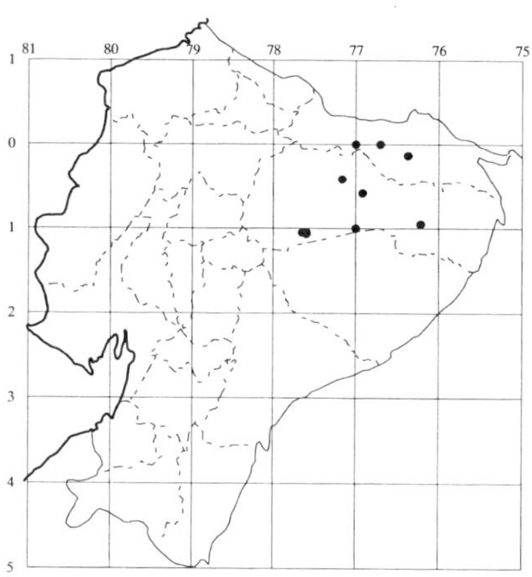

Mapa 32. *Inga vismiifolia* ●

FENOLOGIA EN EL ECUADOR
La floración en Ecuador ocurre en enero, marzo y abril; fructificación en abril y mayo.

DISTRIBUCION Y REQUERIMIENTOS ECOLOGICOS.
La especie está distribuida en la cuenca amazónica de Ecuador, Perú y Brasil. Es un árbol pequeño del estrato inferior de bosques lluviosos de bajas altitudes en sitios no inundables, con un rango altitudinal hasta de 750 m. En Ecuador es conocida sólo en las provincias de Napo y Sucumbios. En una finca contigua a la Estación Biológica Jatun Sacha (Napo) es frecuentemente observada en pasturas, donde es conservada como un árbol de sombra para ganado. Posee una amplia, muy densa y oscura copa con follaje coriáceo que se descompone lentamente, acumulándose hojarasca en la base del árbol, lo que inhibe el crecimiento de otras plantas. Estas características sugieren que podría ser usada en forestería como una especie nodriza junto a otras especies forestales. También puede ser utilizada como ornamental en parques y jardines.

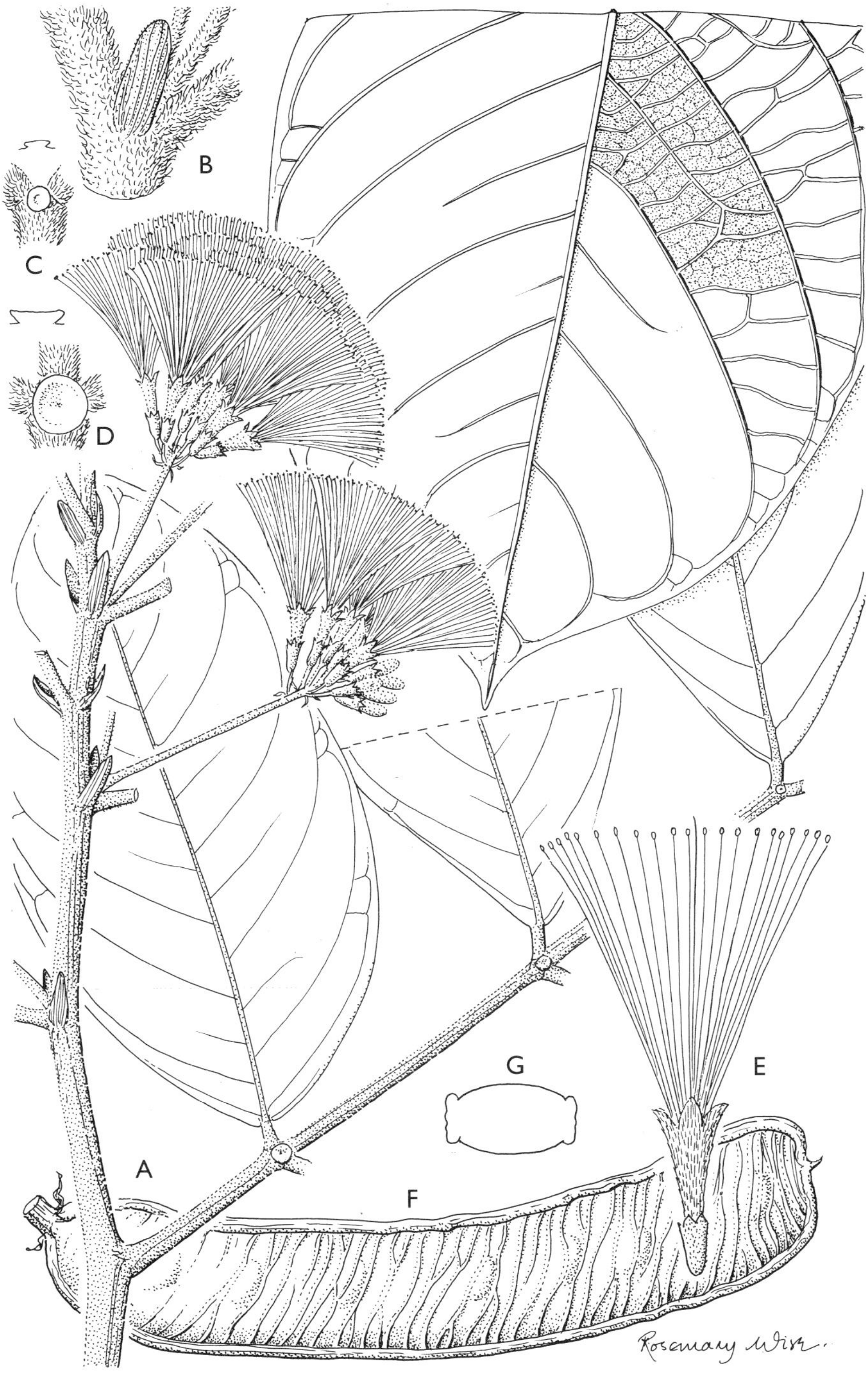

Fig. 32. *Inga vismiifolia.* A, hábito × 2/3; B, estípula × 1.3; C, D, nectario foliar × 2.6; E, flor × 1.3; F, legumbre × 2/3; G, sección de la legumbre × 2/3.

33. NOMBRE CIENTIFICO.
Inga nobilis Willd.

SINONIMIA.
Inga pavoniana Benth.
Inga quaternata Poepp. & Endl.

CARACTERISTICAS BOTANICAS.
Árbol de pequeño a mediano tamaño, de hasta 20 m de altura y 30 cm de diámetro, con corteza externa lisa, grisácea, la corteza interna es rojiza; hojas compuestas, el raquis no alado, con 4–5 pares de folíolos elípticos, los folíolos más largos 8–20 × 3–8 cm; ramitas jóvenes, envés de las hojas e inflorescencias cortamente pubescentes; nectarios foliares poco profundos, en forma de plato, el nectario inferior usualmente más grande que los otros; en la subsp. *quaternata* los nectarios foliares superiores son algunas veces reducidos o ausentes, especialmente en plantas de altas elevaciones; inflorescencias axilares y frecuentemente agrupadas en el ápice de las ramitas, en las axilas de las hojas en desarrollo y en ramitas laterales sin hojas, cada inflorescencia de 1–10 cm de longitud, las flores arregladas en una espiga corta (subsp. *nobilis*) o en una cabezuela o umbela (subsp. *quaternata*); flores 2–3 cm de longitud, verde pálidas con estambres de color blanco; legumbre 8–15 × 1.5–3 cm, amarilla a anaranjada, aplanada cuando inmadura volviéndose convexa a cilíndrica al madurar, recta o ligeramente curvada, levemente pubescente al inicio, perdiendo la pubescencia al madurar.

Inga nobilis está relacionada a *I. ruiziana* e *I. vismiifolia*; las diferencias entre éstas se discuten en las respectivas especies.

Inga nobilis tiene dos subespecies, las cuales se encuentran en el Ecuador. La subsp. *nobilis* está caracterizada por tener una

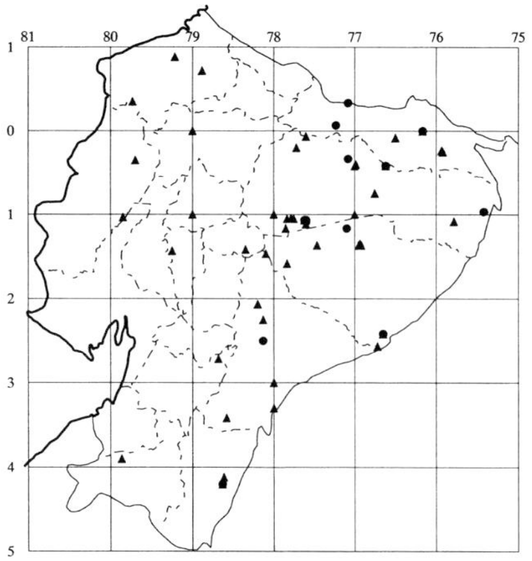

Mapa 33. *Inga nobilis* subsp. *nobilis* ● *Inga nobilis* subsp. *quaternata* ▲

inflorescencia en espiga corta y flores sin pedicelos, mientras que la subsp. *quaternata* tiene las flores arregladas en una cabezuela o umbela y usualmente pediceladas (pedicelo hasta de 1.5 cm de longitud).

FENOLOGIA EN EL ECUADOR
Floración en el Ecuador limitada a la segunda mitad del año y fructificación en octubre, noviembre, febero y abril.

DISTRIBUCION Y REQUERIMIENTOS ECOLOGICOS.
Inga nobilis es una especie ampliamente distribuida al sur de México por America Central, al oeste de Sudamérica y Amazonia. La subespecie *nobilis* es originaria de las Guayanas o Amazonia pero se extiende hasta los países andinos, mientras que la subsp. *quaternata,* es oriunda de los Andes y América Central.

Las dos subsp., *nobilis* y *quaternata,* se encuentran en Ecuador, no obstante la última es mucho más abundante. La subsp. *nobilis* ha tenido pocos registros de colecciones en Morona Santiago, Sucumbios, Napo y Pastaza, mientras que la subsp. una

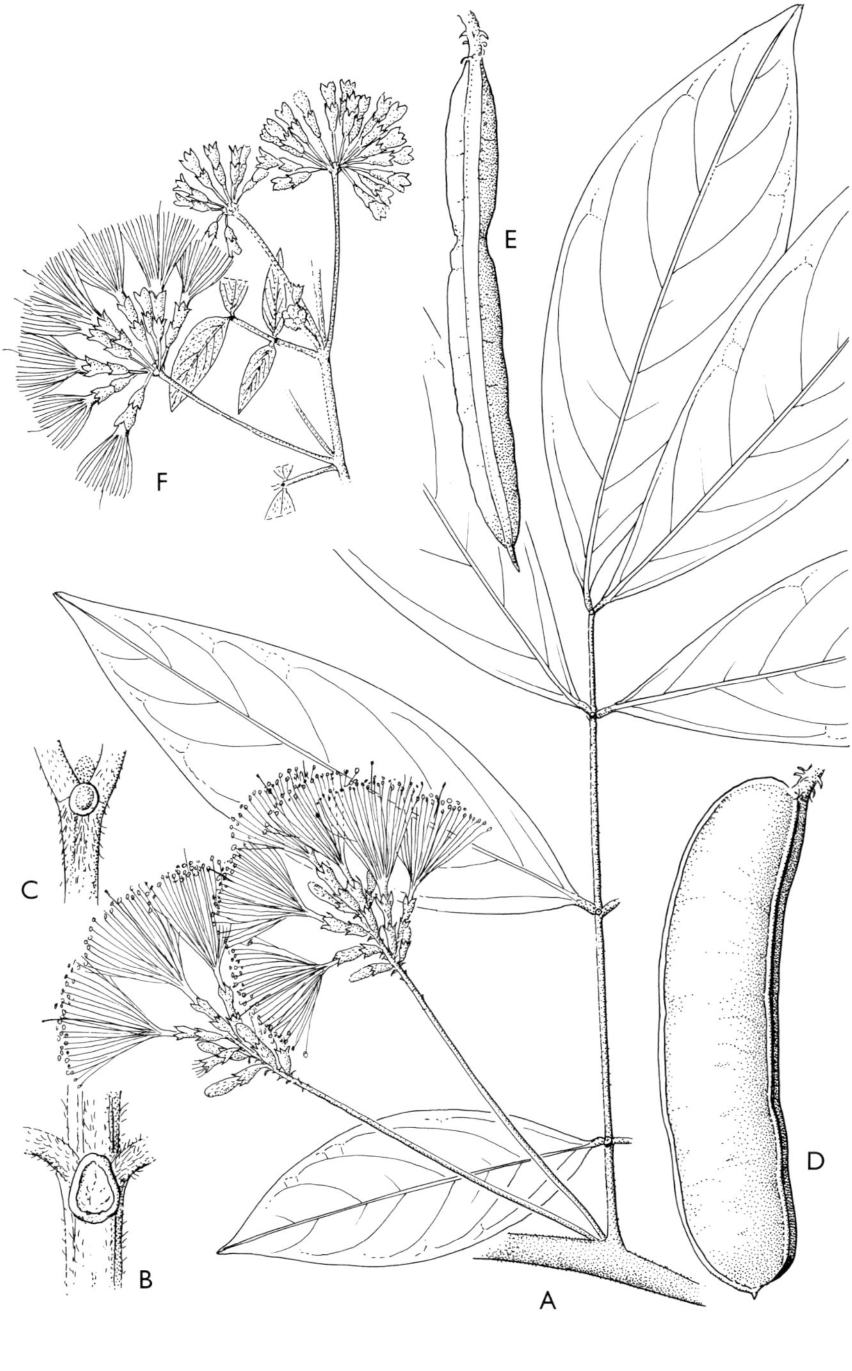

Fig. 33. *Inga nobilis* subsp. *nobilis*. A, hábito × $^2/_3$; B, C, nectarios foliares × 2.6; D, E, legumbres × $^2/_3$; F, *Inga nobilis* subsp. *quaternata*, inflorescencia × $^2/_3$.

planta común conocida en Azuay, Bolívar, Chimborazo, Esmeraldas, Loja, Manabí, Morona Santiago, Napo, Pastaza, Sucumbios y Zamora-Chinchipe. La subsp. *nobilis* está limitada a orillas de los ríos a bajas altitudes (bajo los 500 m), en tanto que la subsp. *quaternata* ocupa un rango diverso de habitats hasta los 1500 m de altitud. Esta se encuentra en bosques lluviosos de bajas altitudes, en zonas montanas o sitios periódicamente inundados o no inundados y también es común en vegetación perturbados y pasturas.

La pulpa comestible que rodea a la semilla es apreciada y la especie proporciona el carbón de leña. Sería oportuno experimentar ensayos conducidos a valorar sus características de crecimiento en suelos pobremente drenados.

34. NOMBRE CIENTIFICO.
Inga densiflora Benth.

CARACTERISTICAS BOTANICAS.
Árbol de pequeño o mediano tamaño, de hasta 20 m altura y 30 cm de diámetro, con fuste cilíndrico y corteza externa lisa, de color gris pálido; cuando joven es poco ramificado y sus ramas ascienden muy inclinadas para abrirse luego en una copa amplia, la cual da relativamente poca sombra; hojas compuestas, el raquis alado, con 4–5 pares de folíolos elípticos, los más grandes de 12–16 × 4–6 cm; ramitas apicales, cara inferior de las hojas e inflorescencias cubiertas de pubescencia corta; nectarios foliares cortamente estipitados o no, con una pequeña cabeza cupuliforme; inflorescencias axilares y fasciculadas en las axilas de hojas tiernas cerca del ápice de la ramita, cada inflorescencia de 3–12 cm de longitud, las flores dispuestas en una espiga condensada; flores de 1.5–2 cm de longitud, fuertemente fragantes, color verde cremoso con estambres blancos; legumbre de 25–50 × 5–10 cm, péndula, coriácea, color verde oscuro brillante, convexa, recta o curvada, ocasionalmente curvada en espiral, con estrías transversas u oblícuas notorias en ambas caras.

Inga densiflora está relacionada con la especie de Centroamérica *I. micheliana.* Es distinguible por su follaje y su fruto. Los folíolos son de color verde oscuro y brillantes, con la venación usualmente impresa en la cara superior, y el fruto muy grande, coriáceo y convexo es característico por sus estrías transversalmente oblicuas y prominentes. Es a menudo similar en tamaño a la legumbre de *I. spectabilis,* pero el fruto de esta especie carece de estrías.

FENOLOGIA EN EL ECUADOR
La floración en Ecuador se registra durante todo el año, pero probablemente los picos más altos de este estadío son los meses de agosto a octubre. La legumbre grande requiere unos 6 meses para madurar por lo cual se observan frutos en diferentes estadíos de madurez durante todo el año.

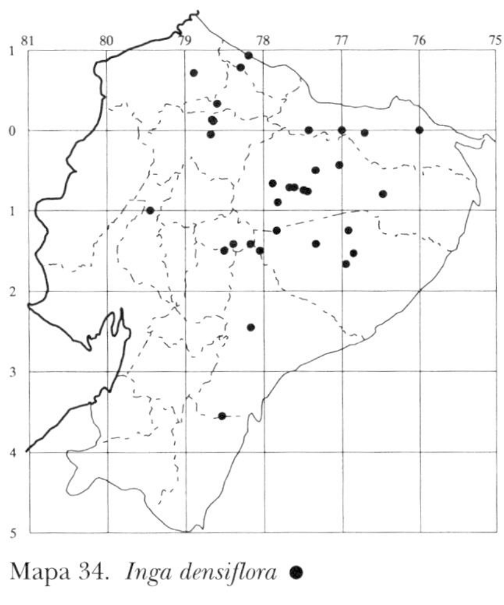

Mapa 34. *Inga densiflora* ●

Fig. 34. *Inga densiflora.* A, hoja × $^2/_3$; B, raquis × $^2/_3$; C, nectario foliar × 2.6; D, nectario foliar × 2.6; E, inflorescencia × $^2/_3$; F, legumbre × $^2/_3$.

DISTRIBUCION Y REQUERIMIENTOS ECOLOGICOS.
Inga densiflora se distribuye ampliamente desde el sur de México por Centroamérica a Colombia y Ecuador. La especie tiene un amplio rango altitudinal y es componente de bosques lluviosos de bajas altitudes y de zonas montanas desde el nivel del mar hasta los 1700 m.

Inga densiflora es una de las especies del género más apreciadas por su fruto grande y comestible, y es ampliamente cultivada y protegida a lo largo de su rango. También se le cultiva extensamente como árbol de sombra para café entre los 300–1500 m en Centroamérica. Esta especie se ha ensayado recientemente en la Estación Biológica Jatun Sacha, Napo, para determinar sus cualidades como planta multipropósito, y su madera demuestra alto potencial como combustible. Parcelas sembradas en espaciamientos de 3 m × 3 m producen 6.5 toneladas (peso fresco) de leña por hectárea a los 3 años de la plantación.

35. NOMBRE CIENTIFICO.
Inga manabiensis T.D. Penn.

NOMBRE COMUN.
Guaba de mico.

CARACTERISTICAS BOTANICAS.
Árbol pequeño, de hasta 10 m de altura y 10 cm de diámetro; hojas compuestas, el raquis alado (hasta de 1.7 cm de ancho), con 2–3 pares de folíolos anchamente elípticos, usualmente con un margen recurvado, los folíolos más grandes de 8–14 × 4.5–8 cm con la venación a veces impresa en la cara superior; ramitas jóvenes, envés de la hoja e inflorescencia cortamente pubescentes; nectarios foliares cortamente estipitados con las cabezas diminutas, en forma de copa; inflorescencias agrupadas en el ápice de las ramitas, en las axilas de hojas no desarrolladas; cada inflorescencia 2–3.5 cm de longitud, las flores arregladas en una espiga corta congesta; flores de aproximadamente 2 cm de longitud, de color crema; legumbre 5–10 × 1.5 cm, verde, convexa a subcilíndrica, recta, la superficie con venación fina transversal, con pubescencia esparcida.

Esta especie recientemente descrita está en el grupo de *I. densiflora*, pero se distingue dentro de éste por los folíolos relativamente cortos y amplios con márgenes recurvados, la venación a veces impresa en la cara superior y la legumbre corta y pequeña.

FENOLOGIA EN EL ECUADOR
La floración ocurre de abril a mayo y la fructificación prematura en abril, agosto y septiembre.

DISTRIBUCION Y REQUERIMIENTOS ECOLOGICOS.
Inga manabiensis es conocida unicamente en los bosques secos semi-deciduos de Manabí y Guayas,

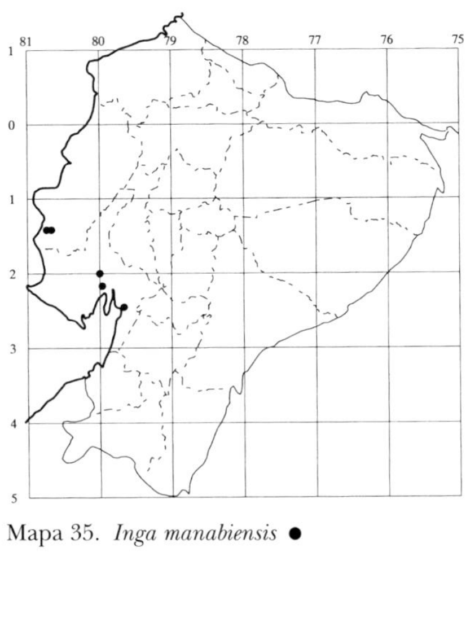

Mapa 35. *Inga manabiensis* ●

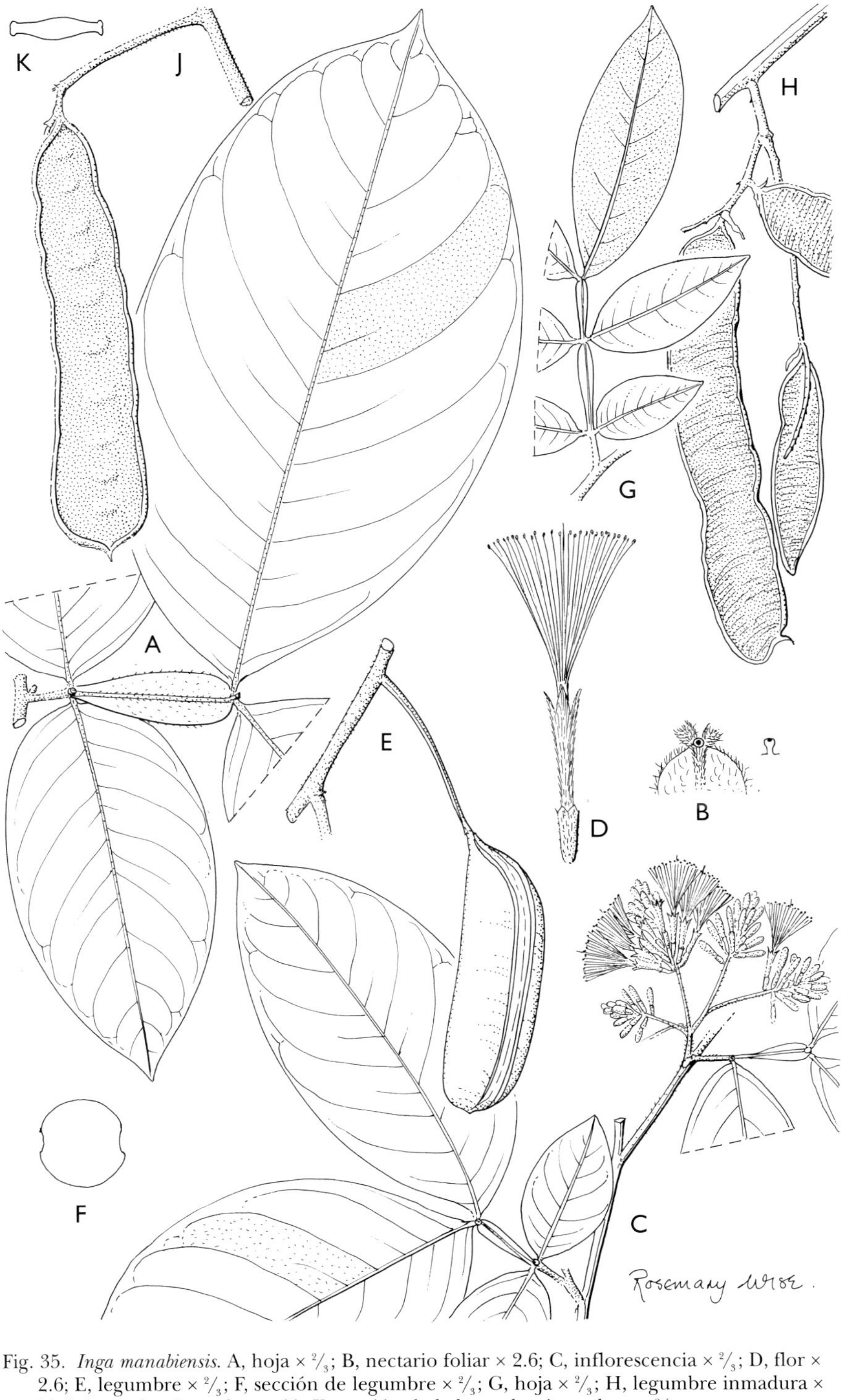

Fig. 35. *Inga manabiensis.* A, hoja × ²⁄₃; B, nectario foliar × 2.6; C, inflorescencia × ²⁄₃; D, flor × 2.6; E, legumbre × ²⁄₃; F, sección de legumbre × ²⁄₃; G, hoja × ²⁄₃; H, legumbre inmadura × ²⁄₃; J, legumbre inmadura × ²⁄₃; K, sección de la legumbre inmadura × ²⁄₃.

donde está establecida en colinas altas hasta los 500 m, en áreas afectadas por neblina frecuente. Fuera de Ecuador se conoce una sola colección del Valle, Colombia. Esta es una de las pocas especies del género *Inga* que tolera condiciones semiáridas con una temporada seca larga, aunque en las zonas mencionadas, la severidad del clima se compensa por la presencia de neblina de las colinas costeras. El grado de adaptación de esta especie bajo condiciones climáticas severas es desconocido, por lo cual seria apropiado realizar ensayos para conocer más de sus características de crecimiento.

36. NOMBRE CIENTIFICO.
Inga striolata T.D. Penn.

CARACTERISTICAS BOTANICAS.
Árbol pequeño, hasta 12 m de altura y 40 cm de diámetro; corteza externa lisa, en casos algunos con lenticelas prominentes dispuestas en hileras horizontales, la corteza color gris blanquecino pálido; corteza interior 5–7 mm de espesor, color rosado marrón; hojas compuestas, el raquis alado, con 3–4 pares de folíolos elípticos, con una prolongación en el ápice (acumen), los folíolos más grandes de 7–12 × 2–4 cm; hojas sin pubescencia; nectarios florales con forma de plato; inflorescencias axilares y fasciculadas cerca del ápice de la ramita en las axilas de hojas no desarrolladas, cada inflorescencia de 3.5–5 cm de longitud, las flores dispuestas en una espiga congesta; flores de unos 1.5 cm de longitud, verdes o color crema, con estambres blancos; legumbre de 10–20 × 1.5–2 cm, erecta o no, verde, plana, recta o curvada, con estrías transversales finas pero conspicuas, sin pubescencia.

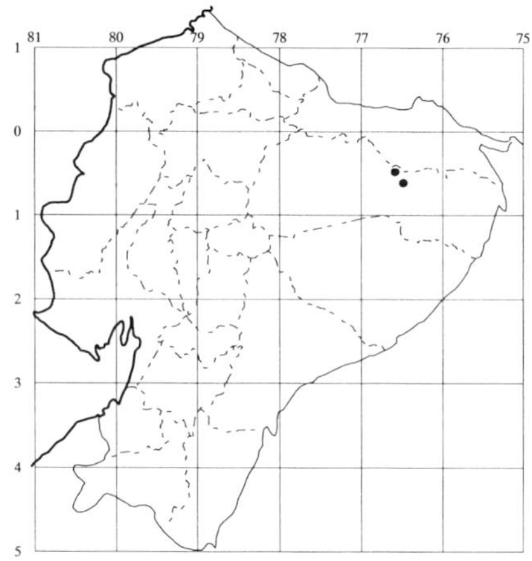

Mapa 36. *Inga striolata* ●

Inga striolata pertenece al mismo grupo taxonómico que *I. densiflora*, pero se le distingue fácilmente por sus hojas sin pubescencia y la legumbre mucho más pequeña y con estrías finas. Está también relacionada a *I. chartacea*, pero la última tiene folíolos en menor número, usualmente pubescentes y las flores dispuestas en una cabezuela más o menos globosa.

FENOLOGIA EN EL ECUADOR
La floración en Ecuador es en el mes de agosto. La fructificación al momento no ha sido registrada, sinembargo en Perú y Bolivia este período ocurre principalmente en octubre y noviembre.

DISTRIBUCION Y REQUERIMIENTOS ECOLOGICOS.
Inga striolata se distribuye desde la Amazonia de Colombia hasta Bolivia, a través de Brasil central y sur. Se le encuentra en áreas perturbadas, bosques secundarios, a lo largo de caminos y orillas de los ríos, usualmente en tierras de drenaje pobre, hasta 400 m de altitud. En Ecuador es conocida únicamente en la provincia del Napo, en la localidad La Joya de los Sachas.

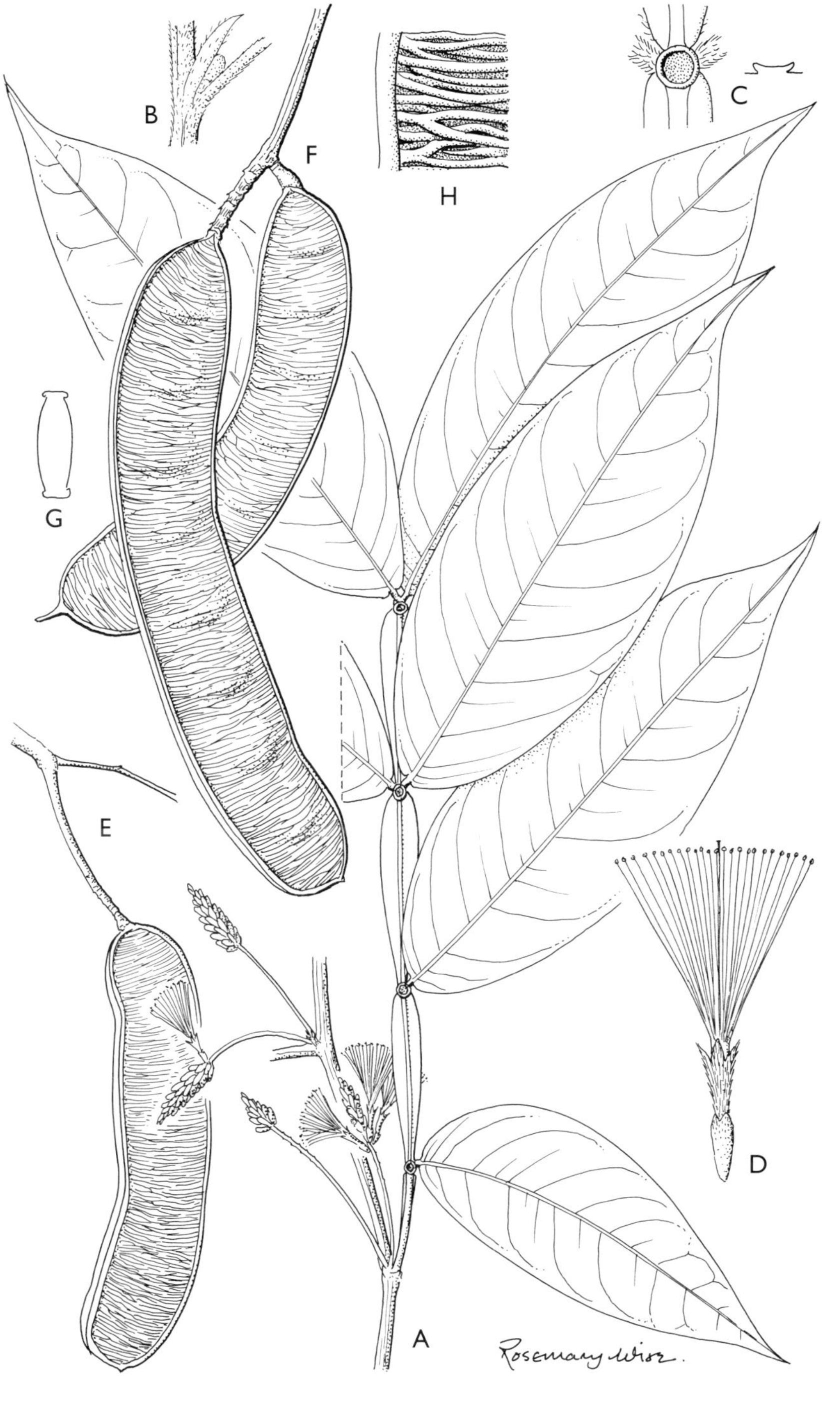

Fig. 36. *Inga striolata.* A, hábito × ²⁄₃; B, estípula × 2.6; C, nectario foliar × 2.6; D, flor × 2.6; E, F, legumbres × ²⁄₃; G, sección de la legumbre × ²⁄₃; H, margen de la legumbre × 2.6.

37. NOMBRE CIENTIFICO.
Inga chartacea Poepp. & Endl.

SINONIMIA.
Inga calophylla Harms

CARACTERISTICAS BOTANICAS.
Árbol de mediano tamaño, hasta 20 m de altura y 30 cm diámetro, con fuste cilíndrico; corteza externa lisa, con lenticelas prominentes, de color pálido; hojas compuestas, el raquis anchamente alado, con 2–3 pares de folíolos elípticos, los más grandes de 18–26 × 6–10 cm, la venación usualmente impresa en la cara superior; hojas a menudo con pubescencia corta en la cara inferior; nectarios foliares en forma de plato, poco profundos; inflorescencias axilares debajo de las hojas, solitarias o en fascículos, cada inflorescencia de 1–4 cm de longitud, las flores dispuestas en una corta y congesta espiga o cabezuela; flores de 1–1.5 cm de longitud, fragantes, blancas; legumbre de 10–16 × 2–3 cm, color amarillo verdoso, plana a convexa, recta a levemente curvada, ligeramente hinchada alrededor de las semillas, sin pubescencia.

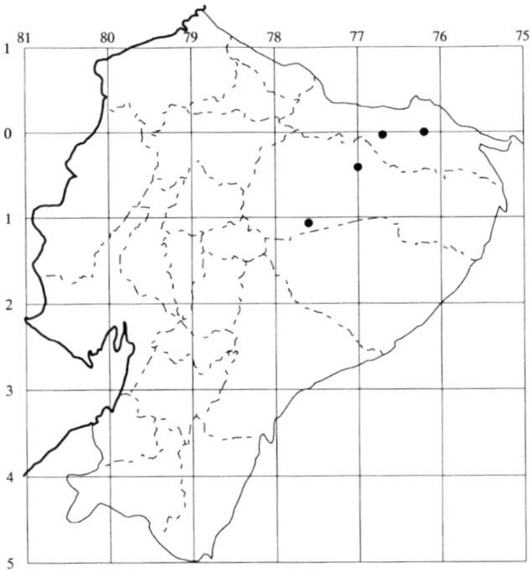

Mapa 37. *Inga chartacea* ●

Esta especie es distinguible por sus hojas con el raquis anchamente alado, el pecíolo largo y los folíolos grandes y brillantes, con la venación impresa en la cara superior, y la inflorescencia corta con flores pequeñas dispuestas en una espiga o cabezuela condensada. Las diferencias entre esta especie e *I. striolata* se precisan bajo esta última especie.

FENOLOGIA EN EL ECUADOR
La floración en Ecuador ocurre desde abril a junio, y registros hay de fructificación en mayo y septiembre.

DISTRIBUCION Y REQUERIMIENTOS ECOLOGICOS.
Inga chartacea se distribuye en el ámbito Amazónico de los países Andinos desde Colombia a Bolivia y a través de la Amazonia sur de Brasil. Es un componente de bosques pluviales de llanura y bosques montanos en tierras no inundables entre los 150–700 m de altitud; está presente también en bosques secundarios. En el Ecuador es conocida en las provincias de Napo y Sucumbios, frecuentemente en suelos rojos, en bosques no inundados y a lo largo de las orillas de los ríos. La especie no tiene usos documentados.

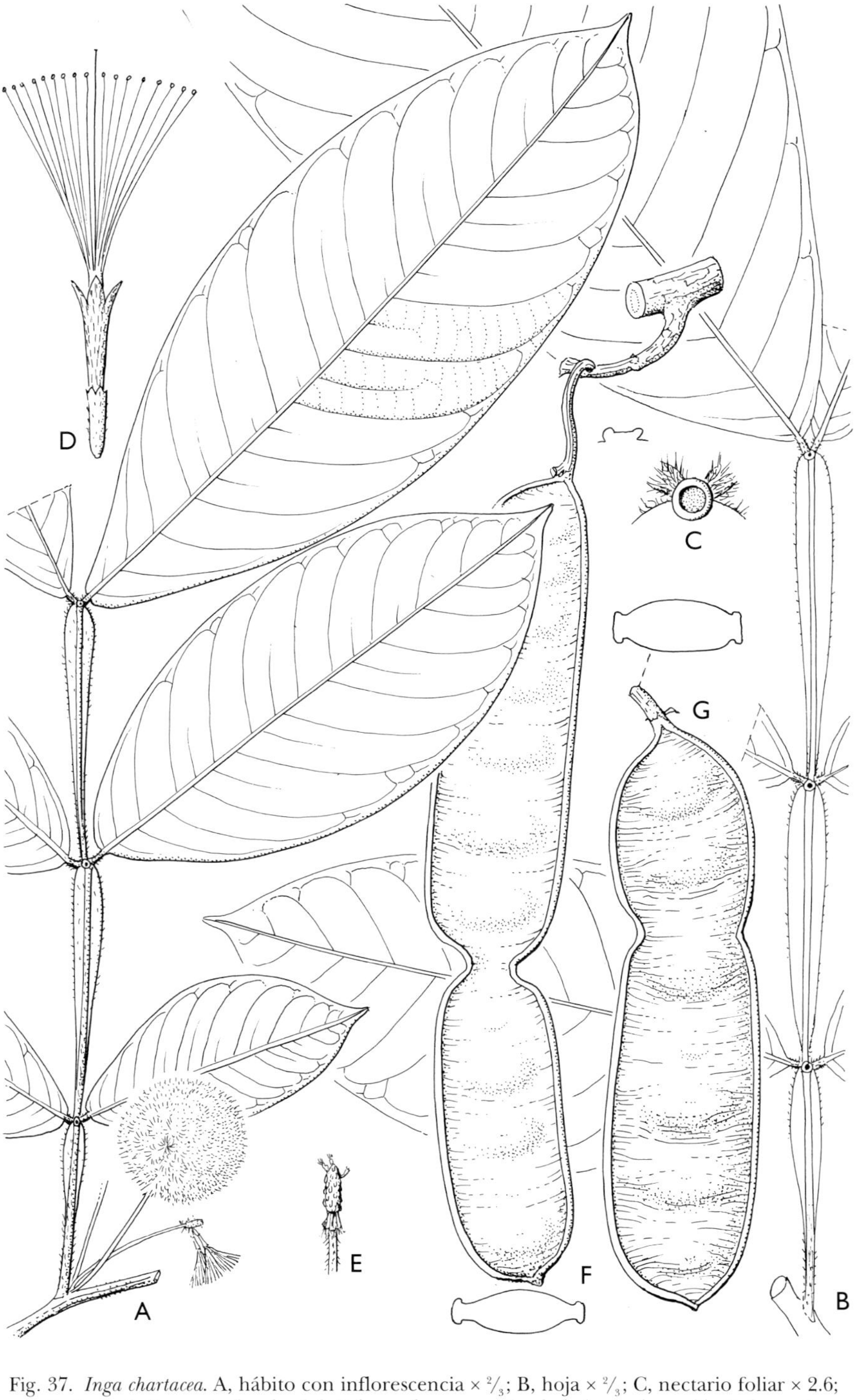

Fig. 37. *Inga chartacea.* A, hábito con inflorescencia × $^2/_3$; B, hoja × $^2/_3$; C, nectario foliar × 2.6; D, flor × 4; E, raquis floral × 2.6; F, legumbre y sección de la legumbre × $^2/_3$; G, legumbre y sección de la legumbre × $^2/_3$.

38. NOMBRE CIENTIFICO.
Inga stenoptera Benth.

SINONIMIA.
Inga dumosa Benth.

CARACTERISTICAS BOTANICAS.
Árbol de mediano tamaño, hasta 20 m de altura y 50 cm de diámetro, con fuste cilíndrico, sin raíces tablares; corteza externa lisa, usualmente con algunas lenticelas prominentes, color gris pálido, la corteza interna de 2–3 mm de espesor, color rosado a rojo oscuro; el follaje joven abre de color rojizo; hojas compuestas, el raquis usualmente alado, con 2–3 pares de folíolos elípticos, acuminados, los más grandes de 10–20 × 3–8 cm; hojas sin pelos; nectarios foliares planos a cupuliformes; inflorescencias axilares, a veces agrupadas cerca del ápice de la ramita, cada inflorescencia de 2–8 cm de longitud, las flores dispuestas en una espiga corta y condensada; flores de 2–3.5 cm de longitud, fragantes, color verde pálido con estambres cremas; legumbre de 10–30 × 2–2.5 cm, verde o verde amarillenta, plana o convexa, recta, ligeramente hinchada alrededor de las semillas, sin pubescencia.

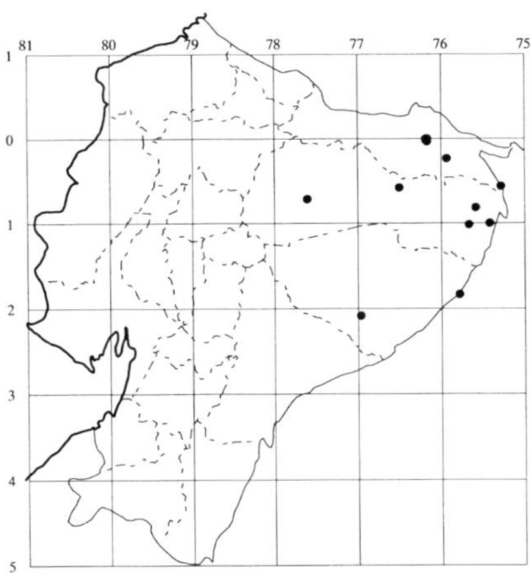

Mapa 38. *Inga stenoptera* ●

Inga stenoptera está relacionada a *I. punctata* e *I. leiocalycina.* Carece de la pubescencia de pelos adpresos que cubre las hojas de *I. punctata,* y también se diferencia de ella en su raquis generalmente alado. El raquis alado y su legumbre más estrecha la distinguen asimismo de *I. leiocalycina.*

FENOLOGIA EN EL ECUADOR
La floración en el Ecuador se presenta en agosto y noviembre, frutos maduros en febrero y abril.

DISTRIBUCION Y REQUERIMIENTOS ECOLOGICOS.
Inga stenoptera se distribuye a través de Sudamérica tropical norte y oeste, desde Venezuela y Ecuador a Bolivia, y también hasta Pará, Brasil. Es una especie abundante en bancos ribereños inundados, bosques de tierras bajas permanente o estacionalmente inundados, orillas de lagos y meandros hasta 350 m de altitud. En el Ecuador está distribuida en la parte este de las provincias de Napo, Pastaza y Sucumbios. Es particularmente común a lo largo del Río Cuyabeno.

No se conocen usos para esta especie, pero por su extensa adaptabilidad y rápido crecimiento, sería prioritario investigar sus cualidades bajo sistemas agroforestales.

Fig. 38. *Inga stenoptera.* A, hábito × $^2/_3$; B, estípula × 6.6; C, nectario foliar × 2.6; D, botón floral × 4; E, legumbre × $^2/_3$; F, sección de la legumbre × $^2/_3$; G, hoja joven × $^2/_3$.

39. NOMBRE CIENTIFICO.
Inga punctata Willd.

SINONIMIA.
Inga strigillosa Spruce ex Benth.
Inga punctata var. *elongata* J.F. Macbr.

CARACTERISTICAS BOTANICAS.
Árbol de pequeño a mediano tamaño, hasta 20 m de altura y 60 cm de diámetro, con corteza lisa grisácea, con lenticelas en hileras horizontales; hojas compuestas, el raquis alado, con 2–3 pares de folíolos elípticos y acuminados, los folíolos más grandes de 10–20 × 3–9 cm; ramitas apicales, cara inferior de las hojas e inflorescencias con pubescencia de pelos diminutos y adpresos; nectarios foliares planos o en forma de plato; inflorescencias axilares, fasciculadas cerca del ápice de la ramita en las axilas de hojas no desarrolladas, cada inflorescencia de 2.5–8 cm de longitud, las flores dispuestas en espigas cortas; flores de 1.5–3 cm de longitud, fragantes, color verde pálido con estambres blancos o cremas; legumbre de 8–20 × 2–2.5 cm, péndula, color verde o verde amarillento, convexa, recta o ligeramente curvada, levemente hinchada alrededor de las semillas, sin pubescencia.

Inga punctata está cercanamente emparentada con *I. leiocalycina* e *I. stenoptera*, pero se diferencia de ambas por la presencia de pelos muy cortos apretados a la cara inferior de las hojas. Adicionalmente, se diferencia de *I. stenoptera* en su raquis no alado, y de *I. leiocalycina* en su legumbre más estrecha.

FENOLOGIA EN EL ECUADOR
Hay registros de floración durante todo el año, pero el pico más alto del período ocurre entre julio y octubre. La fructificación se registra generalmente entre octubre y febrero.

DISTRIBUCION Y REQUERIMIENTOS ECOLOGICOS.
Inga punctata es una especie de amplia distribución; se extiende desde el Sur de México a lo largo de Centroamérica hasta el norte y oeste de Sudamérica, llegando a Bolivia. Tiene un amplio rango de distribución ecológica, pero se le encuentra mayormente en la vegetación secundaria, a lo largo de caminos y pasturas. También se le encuentra en el bosque pluvial maduro, donde es una especie usualmente localizada en claros, en tierras inundables y no inundables. Tiene un amplio rango de distribución altitudinal, desde el nivel del mar hasta los 2000 m, y tolera una variación grande en los patrones de precipitación pluvial, entre 5000 mm de precipitación total anual promedio y 2000 mm o menos, con una estación seca pronunciada. En el Ecuador esta especie está registrada en las provincias de Bolívar, Cotopaxi, Esmeraldas, Guayas, Manabí, Morona Santiago, Napo, Pastaza, Sucumbios y Zamora-Chinchipe.

Inga punctata es utilizada ampliamente como árbol de sombra para café a lo largo de la cuenca Pacífica de Centroamérica, donde ha

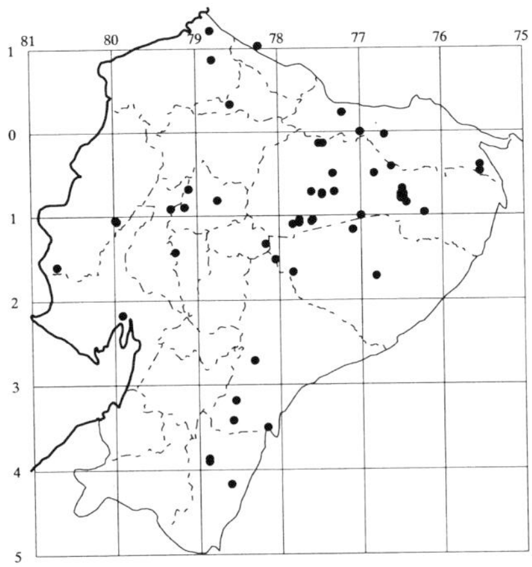

Mapa 39. *Inga punctata* ●

Fig. 39. *Inga punctata.* A, hoja × $^{2}/_{3}$; B–D, nectarios foliares × 2.6; E, indumento de la hoja (ampliado) × 3.3; F, inflorescencias × $^{2}/_{3}$; G, legumbre × $^{2}/_{3}$; H, sección de la legumbre × $^{2}/_{3}$.

demostrado excelentes cualidades como fuente de leña. Asimismo, se le ha ensayado en Centroamérica como especie para agroforestería, demostrando excelentes características. Tiene crecimiento rápido y en corto tiempo conforma una copa amplia y densa, con una tasa de aporte de follaje al suelo muy alta; las hojas caídas se descomponen lentamente y por ello inhiben el crecimiento de malezas. Ramifica bien, y rebrota produciendo madera utilizable como leña en pocos meses. Plantada a espaciamientos de 3 m × 3 m produce 12 toneladas de madera para leña por ha (peso fresco) a los tres años de plantada. *Inga punctata* también es altamente resistente a los ataques de insectos.

40. NOMBRE CIENTIFICO.
Inga ilta T.D. Penn.

NOMBRE COMUN.
Ilta (Ecuador).

CARACTERISTICAS BOTANICAS.
Árbol de hasta 30 m de alto y 50 cm de diámetro, sin raíces tablares, con copa densa de follaje oscuro; corteza externa lisa, color grisáceo; hojas compuestas, el raquis alado, con dos pares de folíolos anchamente elípticos, los más grandes de 15–25 × 5–12 cm; cara inferior de las hojas con pubescencia densa de pelos sedosos adpresos; nectarios foliares color anaranjado marrón, en forma de cojín y hundidos en el raquis; inflorescencias fasciculadas cerca del ápice de las ramitas en la axila de hojas no desarrolladas, cada inflorescencia de 3–5 cm de longitud, las flores dispuestas en una espiga congesta; flores de unos 2.5 cm de longitud, levemente fragantes, color verde amarillento con estambres color crema; legumbre de 50–100 × 3–7 cm, péndula, color

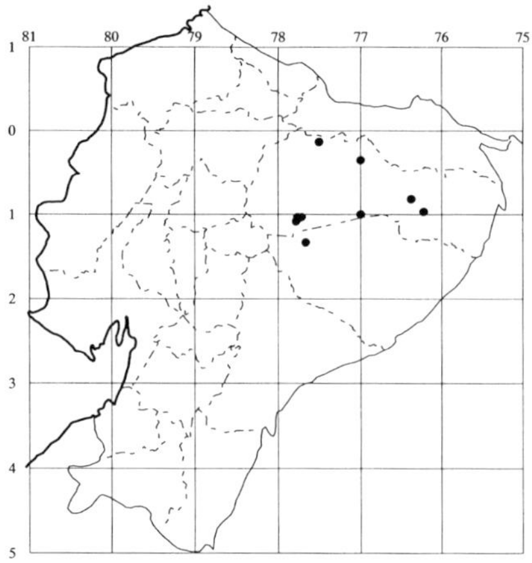

Mapa 40. *Inga ilta* ●

verde brillante, coriácea, convexa y levemente hinchada alrededor de las semillas, recta a ligeramente curva, sin pubescencia.

Inga ilta se relaciona a *I. punctata,* pero difiere de ella en la estructura del nectario foliar, las hojas con pubescencia sedosa y los frutos extremadamente grandes.

FENOLOGIA EN EL ECUADOR
La floración de abril a junio y la maduración de frutos en áreas próximas de la Estación Biologica Jatun Sacha (Napo) en enero; también en mayo en las cercanías de Limoncocha. El fruto grande tarda 6 meses en madurar, luego de la floración.

DISTRIBUCION Y REQUERIMIENTOS ECOLOGICOS.
Esta especie ha sido descrita recientemente de colecciones procedentes de la Estación Biológica Jatun Sacha y casi todo el material conocido de esta especie proviene de la provincia del Napo, donde es protegida y cultivada por los pobladores nativos del grupo Quechua por su fruto comestible. El fruto posee una pulpa gruesa y comestible que rodea las semillas, la cual es común en

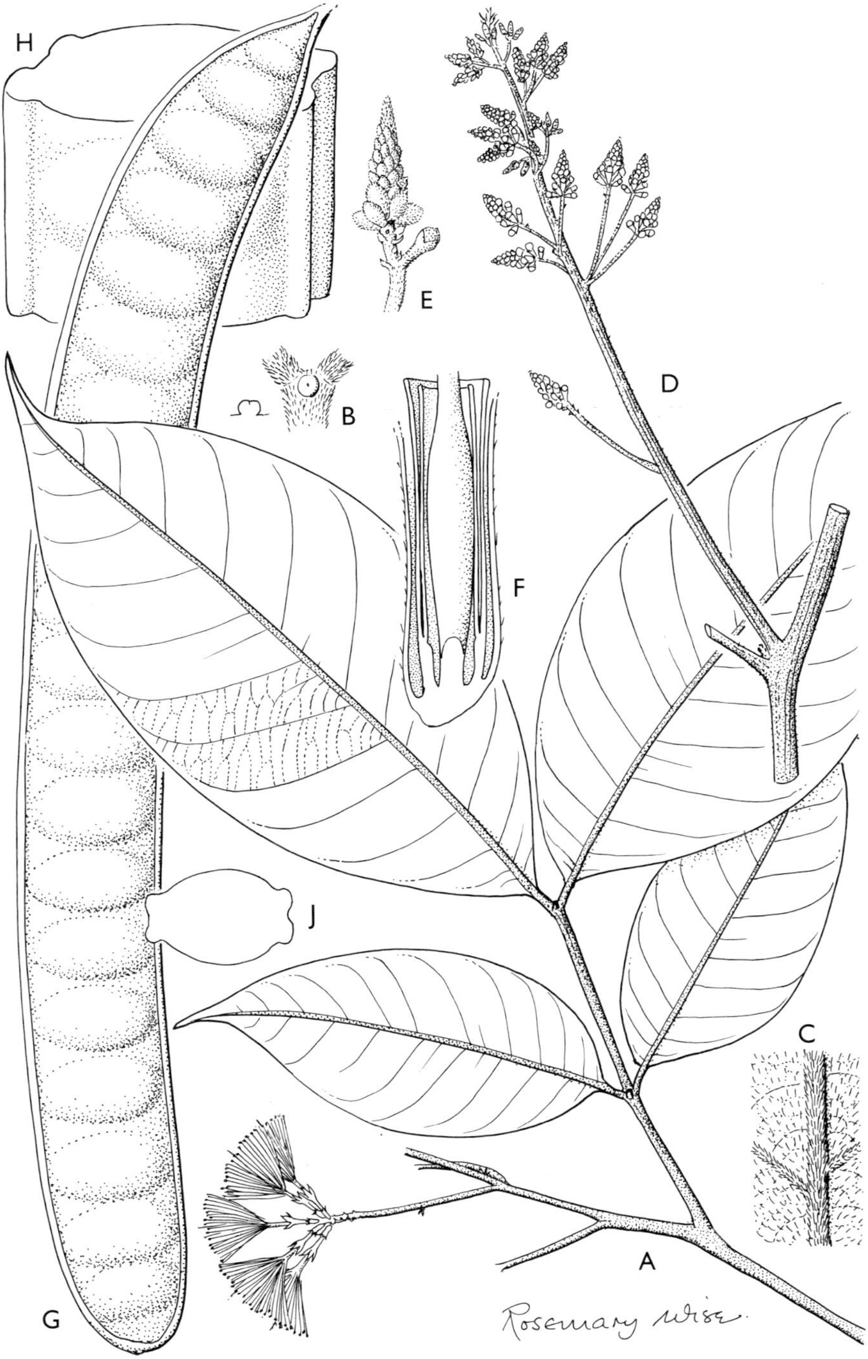

Fig. 40. *Inga ilta*. A, hábito × ²⁄₃; B, nectario foliar × 2.6; C, pelos en la cara inferior de las hojas × 3; D, inflorescencia; × ²⁄₃ E, yemas florales (ampliado) × 1.3; F, sección de la flor × 13.3; G, legumbre × 0.3; H, sección de la legumbre × ²⁄₃; J, sección de la legumbre × 0.3.

todas las especies del género, pero el embrión de la semilla es también comestible. La semilla misma se cocina en agua o se consume tostada, y se usa como ingrediente en la preparación de sopas. Esta especie ha sido recientemente experimentada en la Amazonia ecuatoriana, y ha demostrado excelentes características que la hacen de enorme interés como planta multiuso y en agroforestería. Tiene rápido crecimiento (solo algo más lento que *I. edulis*), ramifica bien y la madera es buena para leña. Su copa amplia y las hojas coriáceas que se descomponen lentamente la hacen apropiada para el control de malezas. Se establece con rapidez en suelos compactados de pasturas degradadas, y plantada a un espaciamiento de 4 × 4 m, forma un dosel completo a los dos años de la siembra.

41. NOMBRE CIENTIFICO.
Inga leiocalycina Benth.

CARACTERISTICAS BOTANICAS.
Árbol de hasta 35 m de alto y 80 cm de diámetro, con raíces tablares empinadas y cóncavas de hasta 1.5 m de altura, el fuste a veces acanalado en la zona basal y cilíndrico por encima; corteza externa de color marrón rojizo a gris pálido, se desprende en escamas cerca de la base, la corteza interna rojizo rosada; hojas compuestas, el raquis no alado, con dos pares de folíolos elípticos a obovados, los más grandes de 9–20 × 3.5–10 cm; cara inferior de las hojas con pubescencia de pelos cortos, amarillentos y adpresos; nectarios foliares cupuliformes; inflorescencias axilares, fasciculadas cerca del ápice de la ramita en las axilas de hojas no desarrolladas, cada inflorescencia de 4–10 cm de longitud, las flores dispuestas en una espiga corta y congesta; flores de 2–2.5 cm de longitud, fragantes, color amarillo

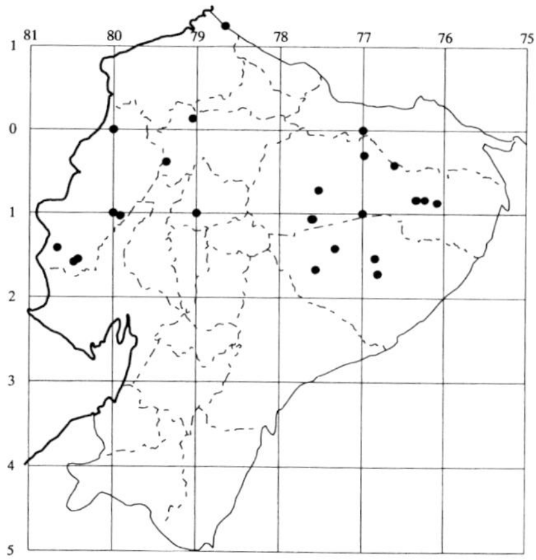

Mapa 41. *Inga leiocalycina* ●

verdoso con estambres blancos; legumbre de 20–40 × 2–4 cm, péndulas, color verde oscuro brillante, convexa e hinchada alrededor de las semillas, recta o levemente curvada, sin pubescencia.

Esta especie es cercana a *I. stenoptera* e *I. punctata* y las diferencias entre ellas se discuten en las especies mencionadas.

FENOLOGIA EN EL ECUADOR
Floración de octubre a diciembre (vertiente del Pacífico y vertiente de la Amazonia), fructificación de octubre a febrero.

DISTRIBUCION Y REQUERIMIENTOS ECOLOGICOS.
Inga leiocalycina se distribuye ampliamente desde México a través de Centroamérica a la Amazonia de Brasil y norte de Bolivia. Crece en bosques pluviales en tierras no inundables, aunque ocasionalmente también en zonas inundables. Su rango altitudinal va desde el nivel del mar hasta los 1000 m.

En el Ecuador se ha colectado en las vertientes del Pacífico y Amazonia, sinembargo las colecciones de Los Ríos, Manabí y Pichincha son incompletas y existen aún ciertas

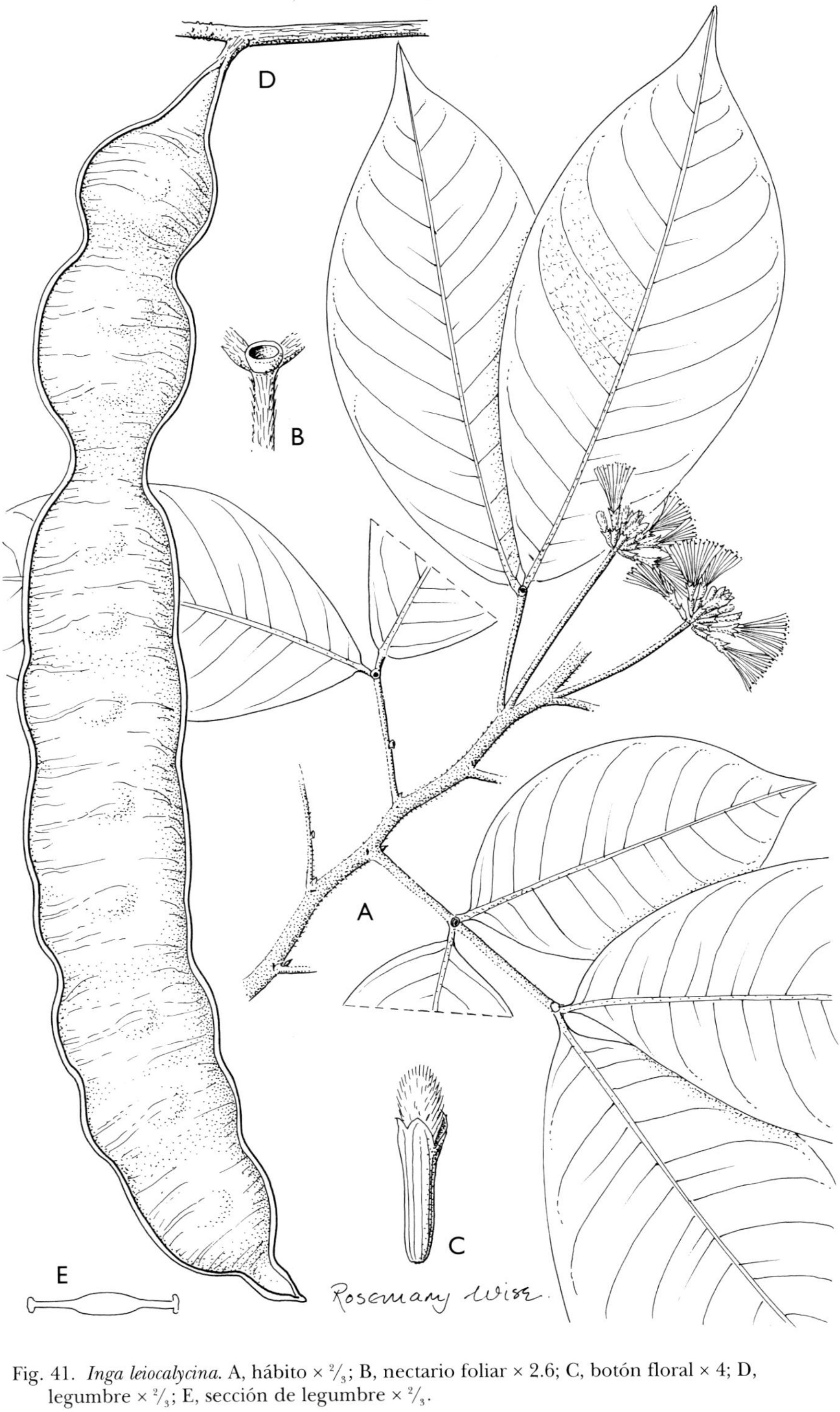

Fig. 41. *Inga leiocalycina.* A, hábito × $^2/_3$; B, nectario foliar × 2.6; C, botón floral × 4; D, legumbre × $^2/_3$; E, sección de legumbre × $^2/_3$.

dudas que puedan representar una variedad distinta. En la vertiente Amazónica *I. leiocalycina* es conocida en las provincias de Napo y Pastaza a una altitud de hasta 700 m.

Inga leiocalycina alcanza un gran tamaño y buena forma. Debe ser investigada como una especie potencialmente maderable.

42. NOMBRE CIENTIFICO.
Inga suaveolens Ducke

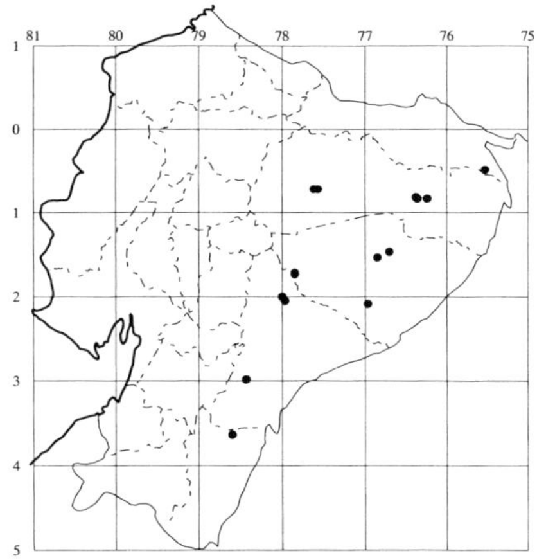

Mapa 42. *Inga suaveolens* ●

CARACTERISTICAS BOTANICAS.
Árbol de tamaño mediano de hasta 30 m de altura y 30 cm de diámetro con la corteza lisa gris blanquecina y copa ampliamente extendida; hojas compuestas, el raquis no alado, con 4–5 pares de folíolos delgados, elípticos, los folíolos más grandes de 11–13 × 3–4.5 cm; ramitas e inflorescencias levemente pubescentes, envés de la hoja con poca pubescencia; nectario foliar poco profundo en forma de plato; inflorescencias axilares, agrupadas en al ápice de la ramita en las axilas de hojas en desarrollo y en ramitas cortas sin folíolos, formando una vistosa inflorescencia compuesta terminal, cada inflorescencia parcial 3–5 cm de longitud, las flores arregladas en una espiga congesta piramidal; flores 1.5–2 cm de longitud, fragantes, blanco verduscas; legumbre 18–25 × 2.3–2.8 cm, péndula, verde, aplanada, ligeramente hinchada encima de la semillas, las caras con leve venación transversal, sin pubescencia.

Esta especie es superficialmente similar a *I. acreana*, pero difiere de ésta en el raquis no alado, en la pubescencia más gruesa y extendida en las flores. Las grandes inflorescencias vistosas compuestas encima del follaje son también distintivas. El tamaño y estructura de la flor pone esta especie en el grupo de *I. punctata*. Dentro de éste se distingue por los folíolos relativamente más numerosos y pequeños y por las diferencias en los detalles de la pubescencia de las hojas.

FENOLOGIA EN EL ECUADOR
Registros de floración reportan presencia de flores en abril y agosto, y la fructificación en mayo y de noviembre a enero.

DISTRIBUCION Y REQUERIMIENTOS ECOLOGICOS.
Inga suaveolens es conocida desde la Guyana Francesa y del oeste de la Amazonia de Brasil, y en la Amazonia del Ecuador. Esta disyunción puede ser a causa de una falta de colecciones. En Ecuador se ha registrado en Morona Santiago, Napo, Pastaza y Zamora Chinchipe. Este es un árbol de zonas no perturbadas y de vegetación secundaria. Tiene registros en una variedad de suelos incluyendo los de origen volcánico y rojos oxisoles. También alcanza bosques húmedos montanos con una altitud de hasta 1300 m.

Esta especie es heliófila, capaz de competir en vegetación secundaria, y tiene inflorescencias vistosas y fragantes, que serían fuente de néctar para producción de miel.

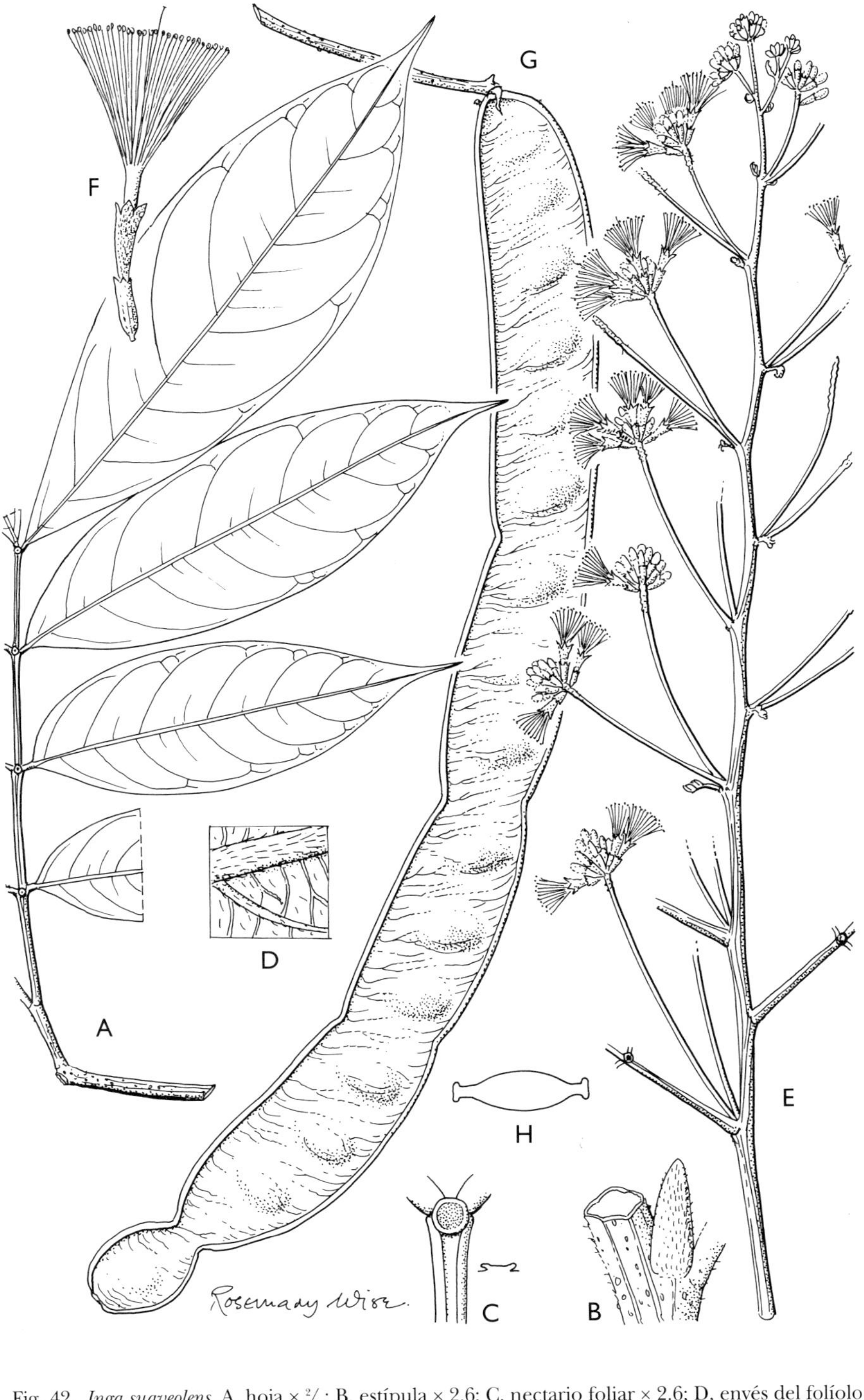

Fig. 42. *Inga suaveolens.* A, hoja × $^2/_3$; B, estípula × 2.6; C, nectario foliar × 2.6; D, envés del folíolo × 2; E, inflorescencia × $^2/_3$; F, flor × 2; G, legumbre × $^2/_3$; H, sección de la legumbre × $^2/_3$.

43. NOMBRE CIENTIFICO.
Inga capitata Desv.

NOMBRE COMUN.
Mimontan (Huaorani, Pastaza).

CARACTERISTICAS BOTANICAS.
Árbol de hasta 30 m de altura y 35 cm de diámetro, pero a veces floreciendo como un pequeño arbolito de pocos metros de altura. Los árboles grandes pueden tener pequeñas raices tablares; fuste cilíndrico, y corteza externa lisa y de color moreno pálido, a menudo con anillos horizontales; la corteza interna es rojiza a rosada, de 2–6 mm de espesor; hojas subtendidas por estípulas ovadas de hasta 1.5 cm de longitud, compuestas, el raquis no alado, con 2–3 pares de folíolos coriáceos elípticos, los más grandes 10–20 × 4–9 cm; planta enteramente sin pubescencia; nectarios foliares aplanados o con forma de plato, a veces levemente hundidos en el raquis; inflorescencias axilares y solitarias o fasciculadas, cada inflorescencia de 3–12 cm de longitud, las flores dispuestas en espigas cortas; flores 3–4 cm, de color verde con estambres blanco rosados; legumbre 6–20 × 2–4 cm, cuando madura lisa y de color amarillenta o marrón, coriácea, con las caras ásperas, rugosa, con lenticelas, aplanada o ligeramente convexa, recta o curvada, sin pubescencia.

Inga capitata es una especie difícilmente identificable en estado vegetativo. Está caracterizada por el raquis no alado, folíolos coriáceos, la ausencia completa de pubescencia (incluyendo las flores), la legumbre con la superficie coriácea, usualmente rugosa y áspera.

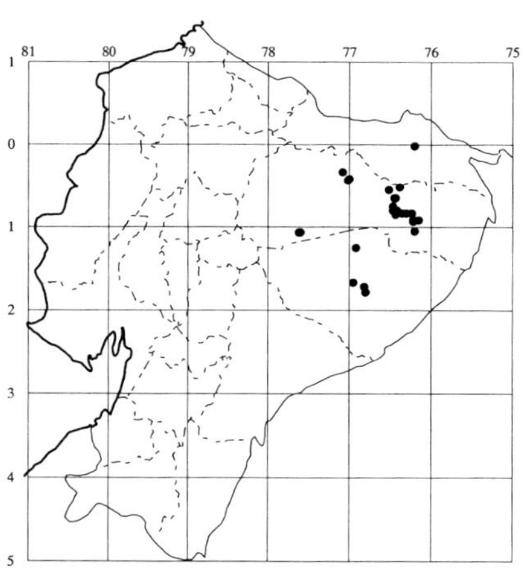

Mapa 43. *Inga capitata* ●

FENOLOGIA EN EL ECUADOR
La floración en Ecuador ocurre en septiembe y octubre.

DISTRIBUCION Y REQUERIMIENTOS ECOLOGICOS.
Inga capitata es una especie ampliamente distribuida desde el sur de Centroamérica (Costa Rica) a través de toda Sudamérica tropical a Bolivia y la costa de Brasil. Es ecológicamente variable, establecida en selva pluvial no inundable, pero también se encuentra en sitios periódicamente inundables. El límite altitudinal es alrededor de 1000 m. En Ecuador es conocida únicamente en la Amazonia y ha tenido registros de Napo, Pastaza y Sucumbios, usualmente bajo los 500 m de altitud. *Inga capitata* es usada por su leña para combustible y su fruto comestible, pero por su amplia tolerancia ecológica, sería conveniente investigar sus características de crecimiento.

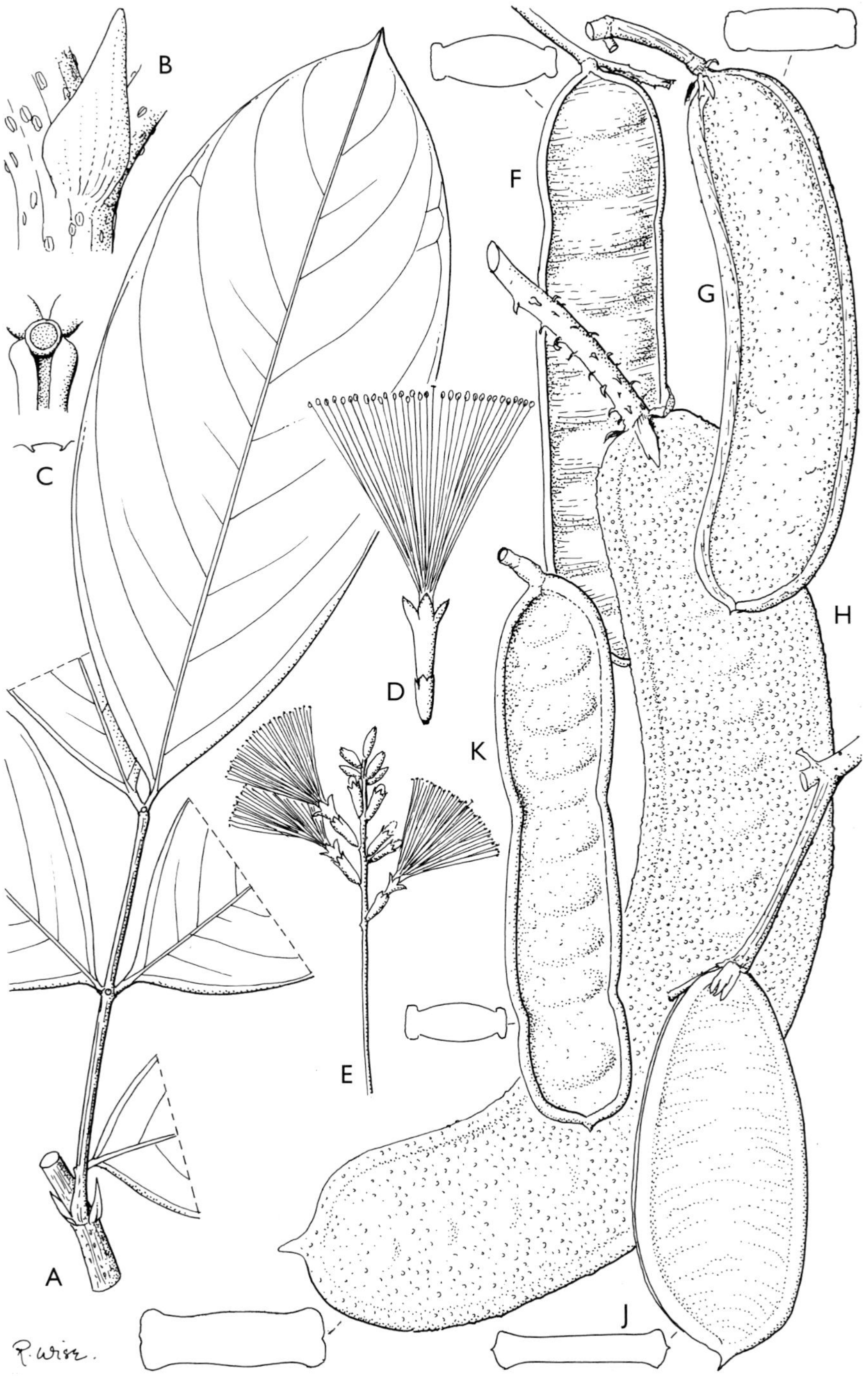

Fig. 43. *Inga capitata.* A, hábito × $^2/_3$; B, estípula × 2.6; C, nectario foliar × 2.6; D, flor × 1.3; E, inflorescencia × $^2/_3$; F–K, legumbres × $^2/_3$.

44. NOMBRE CIENTIFICO.
Inga spectabilis (Vahl) Willd.

SINONIMIA.
Inga schimpfii Harms
Inga spectabilis var. *schimpfii* (Harms) Little

NOMBRE COMUN.
Guaba machete, guaba machetón (Guayas), guaba machetona (Manabí).

CARACTERISTICAS BOTANICAS.
Árbol de hasta 30 m de altura y 150 cm de diámetro, los especímenes grandes con raíces tablares hasta 1 m de altura; a menudo el tronco inferior acanalado; corteza lisa grisácea, copa estrecha, de ramas ascendentes en forma de torre; follaje denso de color verde oscuro, brillante y coriáceo; las ramitas con 4 ángulos o 4 alas estrechas; hojas compuestas, raquis alado, con 2–3 pares de folíolos ampliamente elípticos, coriáceos, los más grandes de 15–25 × 10–15 cm; hojas sin pubescencia; nectarios foliares poco profundos, en forma de plato; inflorescencias fasciculadas alrededor del ápice de la ramita o en ramitas laterales, solitarias o en pares, cada inflorescencia de 5–10 cm de longitud; flores dispuestas en una espiga compactada, subtendida por escamas usualmente persistentes; flores de 3–4.5 cm de longitud, fragantes, crema-verdosas con estambres blancos; legumbre 25–60 × 4–5.5 cm, coriácea, péndula, lisa o convexa, recta o ligeramente curvada, las caras con lenticelas, sin pubescencia.

Inga spectabilis está cercamente relacionada a *I. splendens*, pero se diferencia de ésta por las ramitas claramente anguladas o aladas y usualmente por las escamas florales (brácteas) persistentes y fruto mucho más grande. Las escamas florales a menudo están unidas bajo la inflorescencia, formando una estructura pálida en forma de copa.

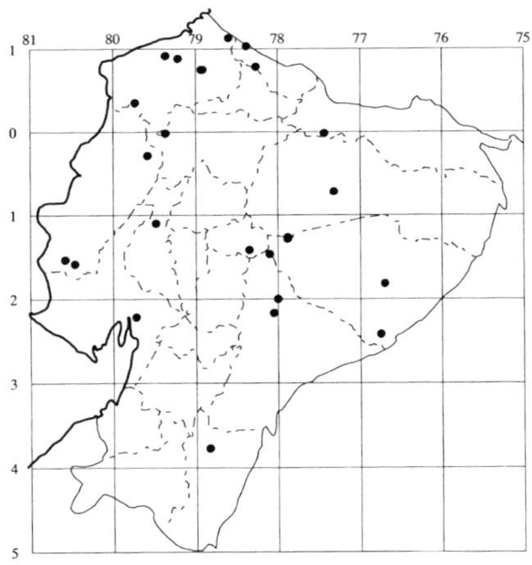

Mapa 44. *Inga spectabilis* ●

FENOLOGIA EN EL ECUADOR.
Floración mayormente de abril a julio; la legumbre toma unos 6 meses en madurar.

DISTRIBUCION Y REQUERIMIENTOS ECOLOGICOS.
Inga spectabilis tiene una amplia distribución, extendiéndose desde el sur de México a Venezuela y a través de los países andinos a Perú. Debido a su cultivo extensivo por su fruto comestible, la distribución natural es aún confusa. Definitivamente esta especie es nativa de la vertiente del Pacífico de Ecuador, donde es registrada desde Carchi, Esmeraldas, Guayas, Imbabura, Los Ríos y Manabí. En estos lugares es un componente de bosques húmedos de baja y mediana altitud, principalmente en sitios no inundados hasta de 1500 m. En la Amazonia es registrada en Morona Santiago, Napo, Pastaza, Zamora Chinchipe, Sucumbios y Tungurahua, pero la mayoría de estos registros provienen de árboles cultivados.

Fig. 44. *Inga spectabilis.* A, hábito × $^{2}/_{3}$; B, estípula × 2.6; C, nectario foliar × 2.6; D, ápice del folíolo × 2.6; E, legumbre × $^{1}/_{2}$; F, sección de la legumbre × $^{1}/_{2}$.

Por todo el rango geográfico es frecuentemente cultivada para el aprovechamiento de sus grandes frutos comestibles, importante producto para el comercio en mercados locales desde Costa Rica a Colombia y Ecuador. Ha sido investigada en el Ecuador para valorar su potencial en agroforestería, pero tiene desventajas. La copa estrecha y poca ramificación no ofrece suficiente sombra hasta que el árbol es grande; su crecimiento es relativamente lento y es suceptible al ataque de insectos.

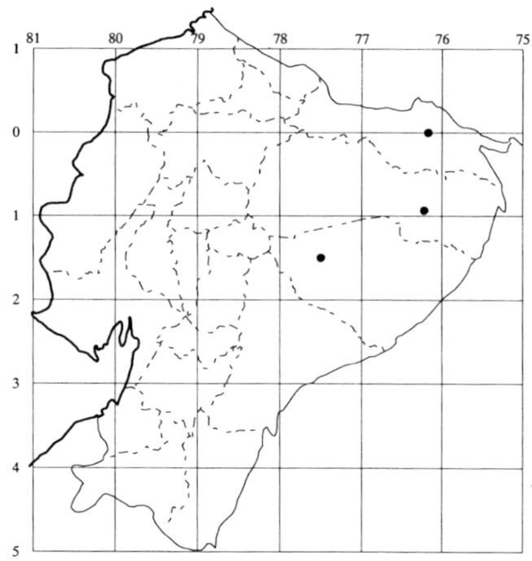

Mapa 45. *Inga splendens* ●

45. NOMBRE CIENTIFICO.
Inga splendens Willd.

CARACTERISTICAS BOTANICAS.
Árbol grande, de hasta 40 m de altura y 55 cm de diámetro, los especímenes grandes con raíces tablares de hasta 2 m de alto y tronco acanalado en la base; corteza externa con fisuras poco profundas, o lisa, de color oscuro o pálido grisáceo; corteza interna marrón rojiza, 7–8 mm de espesor; hojas compuestas; raquis usualmente alado, con 2–3 pares de folíolos generalmente eliptícos, los más grandes de 12–24 × 5–14 cm, coriáceos, sin pubescencia; nectarios foliares en forma de plato; inflorescencias fasciculadas en el ápice de la rama sobre ramitas cortas laterales, cada inflorescencia de 3–7 cm de longitud, las flores dispuestas en una espiga compactada; flores de 4–6 cm de longitud, vistosas, de color crema verdoso con estambres blancos; legumbre 15–25 × 2.5–3.5 cm, verde o verde amarillenta, aplanada, recta o curvada, sin pubescencia.

Esta especie está cercamente relacionada a *I. spectabilis* y sus diferencias son discutidas en detalle en esta última.

FENOLOGIA EN EL ECUADOR
Material en floración en el Ecuador no ha sido registrado, pero en la Amazonia peruana está registrada en los meses de abril y julio. Frutos maduros colectados en Sucumbios en el mes de marzo.

DISTRIBUCION Y REQUERIMIENTOS ECOLOGICOS.
Inga splendens tiene una amplia distribución desde Venezuela y las Guayanas a través de la Amazonia Brasileña hasta Perú y Ecuador. En el Ecuador es conocida en Napo, Pastaza y Sucumbios. Es común en bosques pluviales periódicamente inundables, a lo largo de las riberas de los ríos. El único registro de esta especie proviene de la Reserva Cuyabeno. Esta especie está limitada generalmente a bajas altitudes. No se conocen usos para *I. splendens,* pero por su gran tamaño y forma, del árbol puede ser una fuente útil de madera.

Fig. 45. *Inga splendens.* A, hábito × ²⁄₃; B, estípula × 2.6; C, nectario foliar × 2.6; D, legumbre × ²⁄₃; E, sección de la legumbre × ²⁄₃.

46. NOMBRE CIENTIFICO.
Inga psittacorum L. Uribe

CARACTERISTICAS BOTANICAS.
Árbol pequeño, de hasta 5 m de altura, con corteza lisa pálida y copa difusa; hojas compuestas, raquis abruptamente alado o sin alas, con 6–7 pares de folíolos delgados en forma de lanza, los folíolos más grandes 5–6.5 × 1.2–2 cm, levemente pubescentes en el envés; nectarìos foliares en forma de copa; inflorescencias axilares, solitarias o en pares, cada inflorescencia de 3–6 cm de longitud, las flores dispuestas en una espiga laxa en dos hileras opuestas (dísticas), flores 4–4.5 cm de longitud, delgadas, de color blanco grisáceo con estambres blancos; legumbre 8–10 × 1.5–2 cm, péndula, verde, aplanada o ligeramente convexa, recta, sin pubescencia.

Inga psittacorum pertenece a un grupo de especies que incluye a *I. thibaudiana* e *I. multijuga.* Estas especies tienen el raquis generalmente sin alas, numerosos pares de folíolos y un tamaño y estructura floral similar. *Inga psittacorum* difiere de éstas por sus pequeños folíolos, raquis abruptamente alado, la disposición de las flores en dos hileras opuestas sobre el raquis floral y la pequeña legumbre.

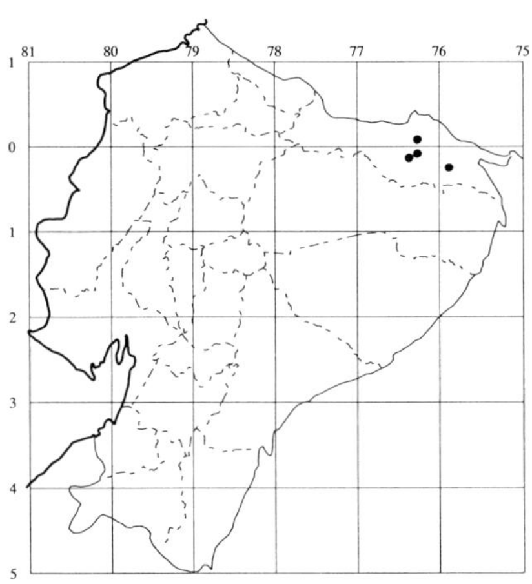

Mapa 46. *Inga psittacorum* ●

FENOLOGIA EN EL ECUADOR
La floración de esta especie registrada en marzo y abril y frutos en mayo.

DISTRIBUCION Y REQUERIMIENTOS ECOLOGICOS.
Esta especie está limitada a la Amazonia de Colombia, Ecuador y Perú, donde ocupa lugares pantanosos, orillas de ríos y bosques secundarios pobremente drenados, hasta 600 m de altitud. En Ecuador fue colectada en áreas proximas a la localidad de Tarapoa en la provincia de Sucumbios. No se reportan usos para *I. psittacorum.*

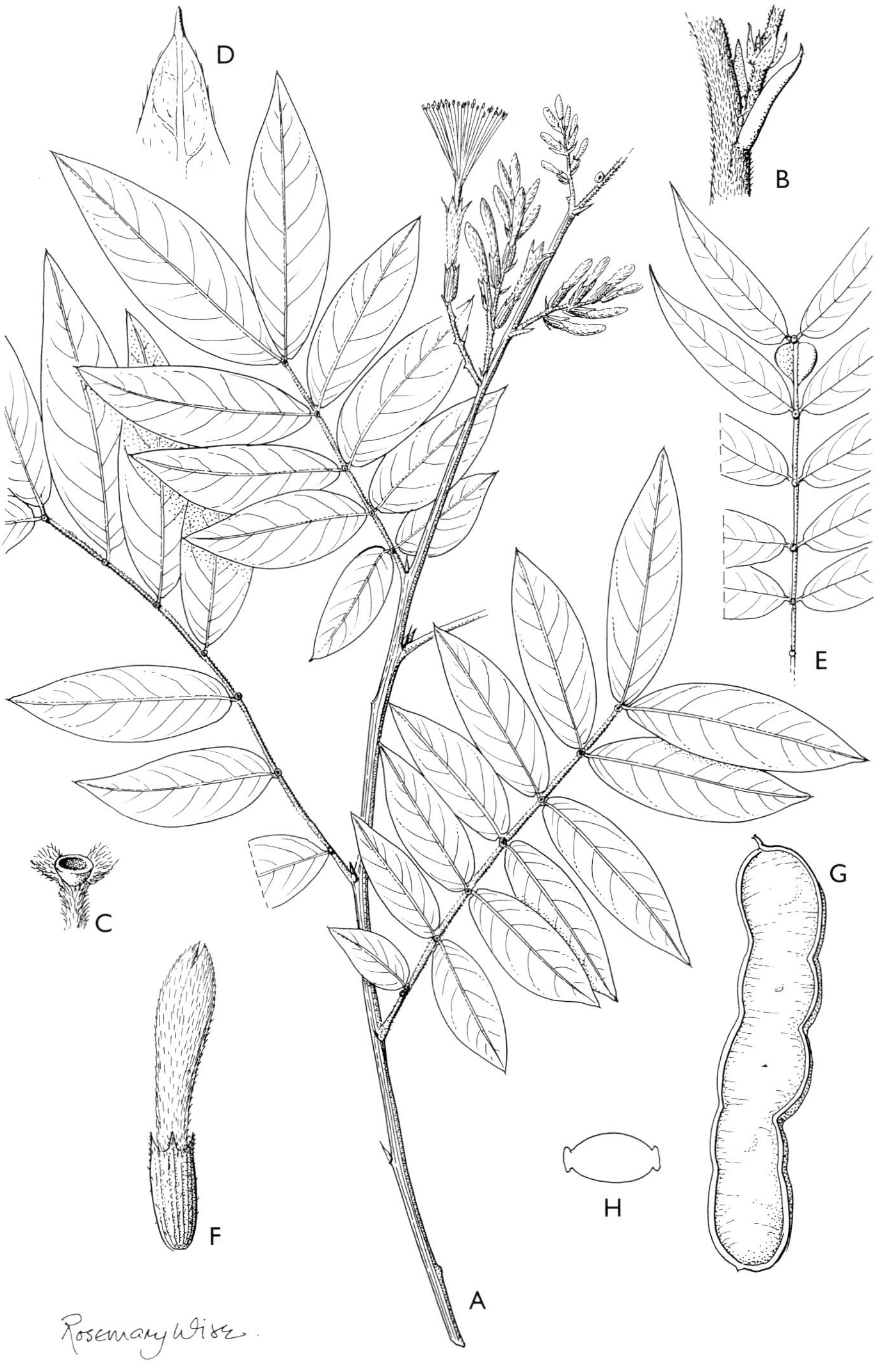

Fig. 46. *Inga psittacorum.* A, hábito × $^{2}/_{3}$; B, estípula × 2.6; C, nectario foliar × 2.6; D, ápice del folíolo × 4; E, hoja × $^{2}/_{3}$; F, botón de la flor × 3.3; G, legumbre × $^{2}/_{3}$; H, sección de la legumbre × $^{2}/_{3}$.

47. NOMBRE CIENTIFICO.
Inga multijuga Benth.

CARACTERISTICAS BOTANICAS.
Árbol de tamaño mediano, de hasta 25 m de altura y 30 cm de diámetro, con corteza pálido grisácea, el tronco algunas veces acanalado; hojas compuestas, el raquis no alado, con 5–9 pares de folíolos elípticos o en forma de lanza, folíolos más grandes 10–15 × 3–5 cm; ramitas, envés de la hoja e inflorescencias con pubescencia corta y áspera; nectarios foliares 1–1.5 mm de diámetro, poco profundos en forma de plato; inflorescencias axilares, solitarias o agrupadas, cada inflorescencia 5–10 cm de longitud, las flores dispuestas en una espiga compactada; flores 3.5–4.5 cm de longitud, poco fragantes, verdes pálidas con estambres blancos; legumbre 15–25 × 2.5–3.5 cm; péndula, verde, lisa, recta o curvada, caras del fruto con venación indistintamente transversal, sin pubescencia.

Inga multijuga está relacionada a la ampliamente distribuida *I. thibaudiana* y difiere de ésta por el tipo de pubescencia (la pubescencia sobre las hojas no está adpresa como en *I. thibaudiana*), nectarios foliares pequeños, partes florales más largas y legumbre sin pubescencia.

FENOLOGIA EN EL ECUADOR
La floración en Ecuador ocurre en julio.

DISTRIBUCION Y REQUERIMIENTOS ECOLOGICOS.
Esta especie está distribuida en América Central desde el sur de México hasta Venezuela y Ecuador. La única colección de esta especie es procedente del Parque Nacional Yasuni (Napo), en selva pluvial en tierras no perturbadas. En otros países es conocida como árbol de las riberas de los ríos, lugares pantanosos, y en Costa Rica es común en áreas próximas a la playa en la costa del Caribe. En Venezuela alcanza 600 m de altitud.

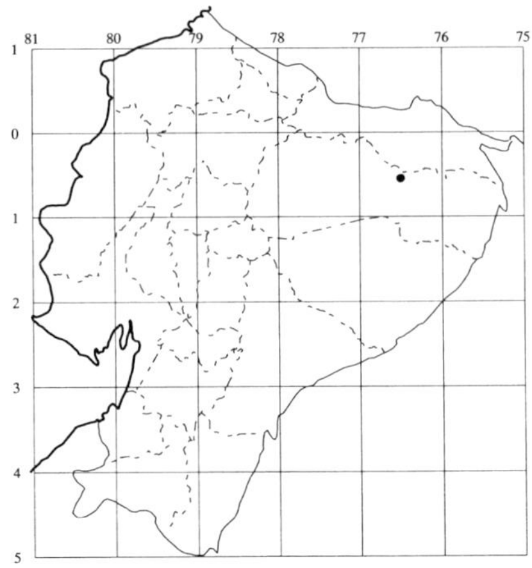

Mapa 47. *Inga multijuga* ●

La especie no tiene usos conocidos. Su tolerancia al agua salada o salobre puede ser útil para programas de reforestación cerca de las orillas del mar o ríos.

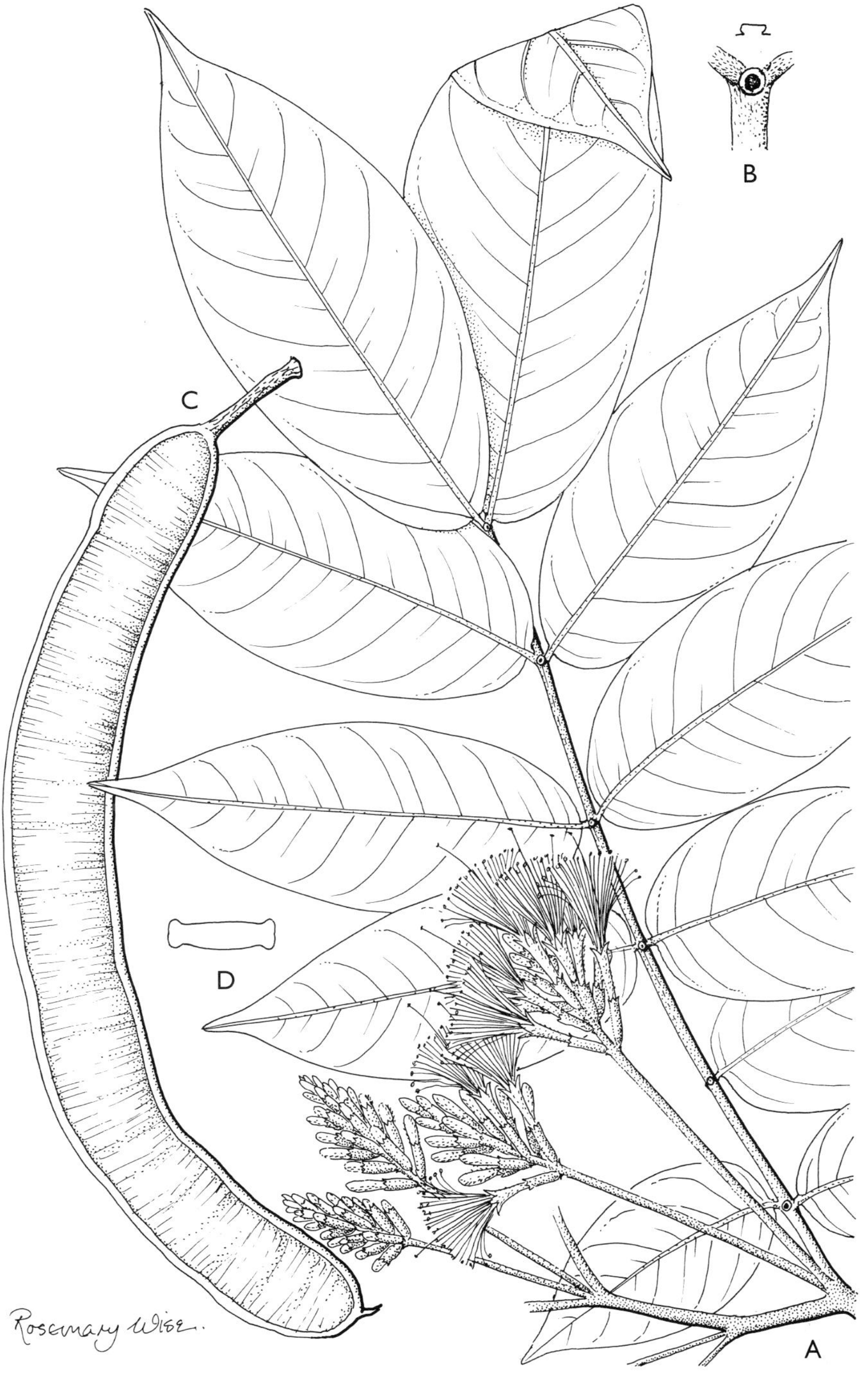

Fig. 47. *Inga multijuga.* A, hábito × ²/₃; B, nectario foliar × 2.6; C, legumbre × ²/₃; D, sección de la legumbre × ²/₃.

48. NOMBRE CIENTIFICO.
Inga thibaudiana DC.

CARACTERISTICAS BOTANICAS.
Árbol de tamaño mediano hasta 25 m de altura y 35 cm de diámetro, especímenes grandes con pequeñas raices tablares y el tronco a veces acanalado en la parte inferior; corteza externa lisa, grisácea pálida, con lenticelas algunas veces dispuestas en hileras horizontales, corteza interna rosada a roja, algunas veces exudando gotas de resina viscosa transparente; hojas compuestas, raquis no alado, con 4–6 pares de folíolos elípticos, folíolos más grandes 7.5–15 × 3–7 cm, densamente sedosos o pubescentes en el envés; nectarios foliares grandes, poco profundos, en forma de copa (1.5–3.5 mm de diámetro); inflorescencias axilares, 2–5 en cada axila, cada inflorescencia 2–8 cm de longitud, las flores dispuestas en una espiga compactada; flores 3.5–5 cm de longitud, delgadas, fuertemente fragantes, verde amarillentas con estambres verde pálidos o blancos; legumbre 8–30 × 2–2.5 cm, péndula, amarilla verdosa, aplanada, recta o ligeramente curvada, aterciopelada, pero la pubescencia se desprende con la edad.

Esta especie es muy común y fácil de reconocer por el raquis no alado, numerosos folíolos pubescentes o sedosos, nectarios foliares grandes y flores delgadas. *Inga thibaudiana* es afín a *I. psittacorum* y *I. multijuga*, y sus diferencias se discuten en estas especies.

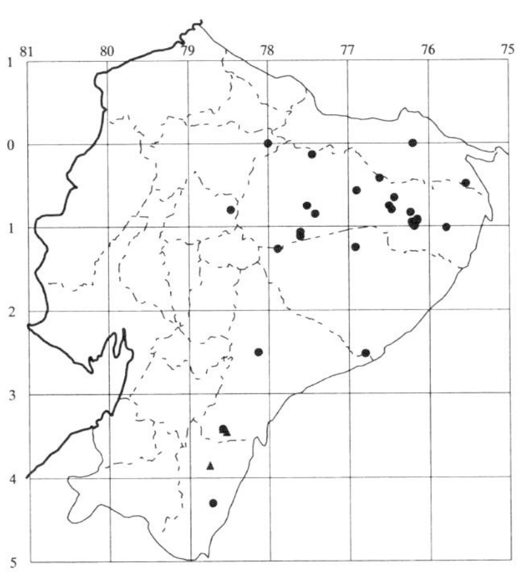

Mapa 48. *Inga thibaudiana* subsp. *thibaudiana* ●
Inga thibaudiana subsp. *peltadenia* ▲

FENOLOGIA EN EL ECUADOR
La floración en el Ecuador se registra en abril y octubre-noviembre, y la fructicación en enero y junio,

DISTRIBUCION Y REQUERIMIENTOS ECOLOGICOS.
Inga thibaudiana tiene una amplia distribución desde el sur de México, a través de Centroamérica hasta Sudamérica tropical, incluyendo la costa de Brasil. Es exigente de luz y común en vegetación perturbada, bosques secundarios y márgenes de las carreteras. Es una especie de claros en bosques siempreverdes de bajas altitudes y no estacionales, pero también se encuentra en bosques de galería en áreas más secas con un clima fuertemente estacional. Su rango altitudinal va hasta 850 m (hasta 1250 m en Venezuela). En el Ecuador está representada por dos subespecies. La subsp. *thibaudiana* está principalmente en bajas altitudes, mientras que la subsp. *peltadenia* es un árbol de bosques montanos. La subsp. *thibaudiana* es diferenciable de la subsp. *peltadenia* por su pubescencia sedosa en el envés de los folíolos; la pubescencia de la subsp. *peltadenia* es densa y extendida. La subsp. *thibaudiana* es registrada desde Napo, Pastaza, Sucumbios, Morona Santiago y Zamora-Chinchipe hasta 500 m de altitud, y la subsp. *peltadenia* ha sido colectada unicamente en Morona

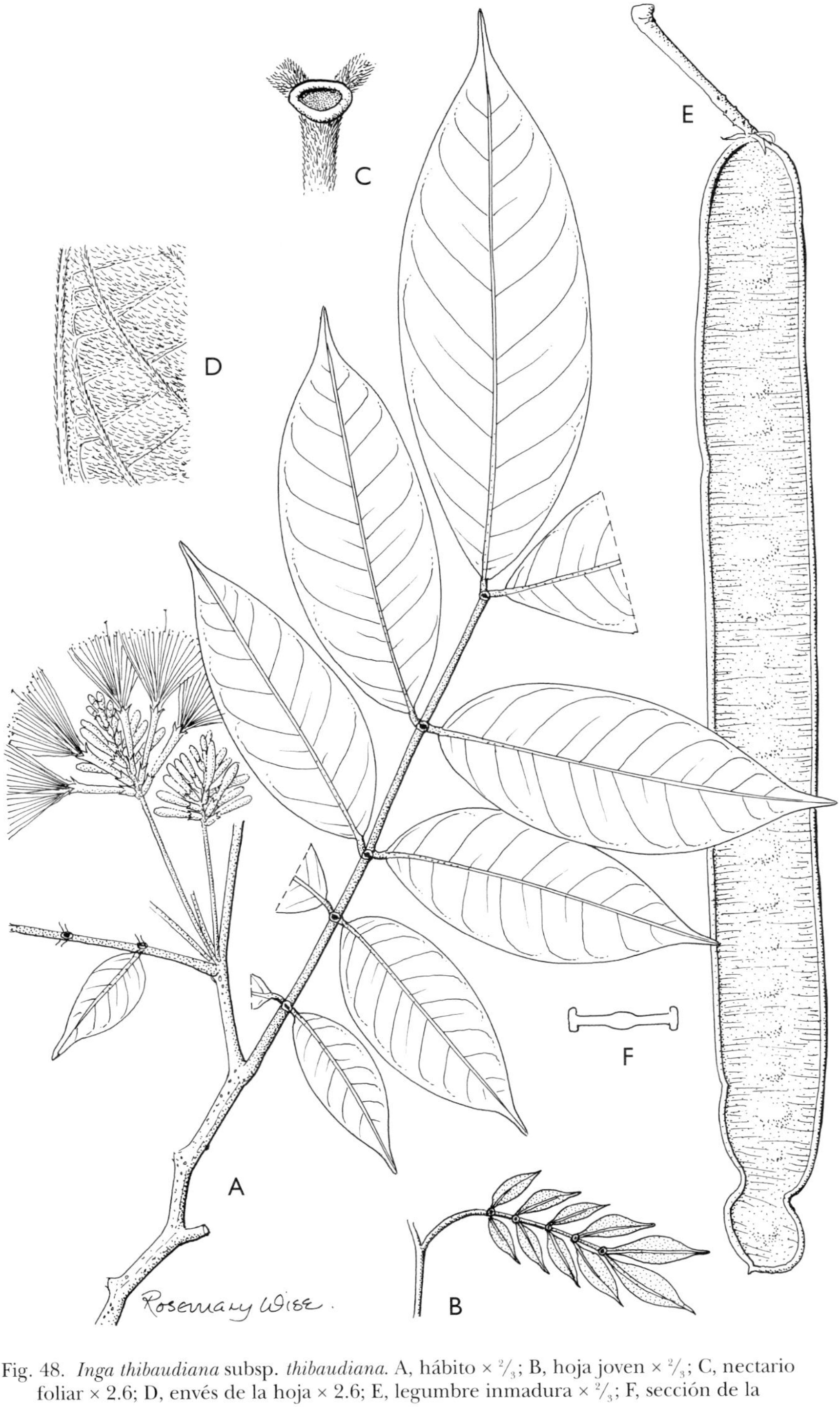

Fig. 48. *Inga thibaudiana* subsp. *thibaudiana.* A, hábito × $^2/_3$; B, hoja joven × $^2/_3$; C, nectario foliar × 2.6; D, envés de la hoja × 2.6; E, legumbre inmadura × $^2/_3$; F, sección de la legumbre inmadura × $^2/_3$.

Santiago y Zamora-Chinchipe en bosques pluviales entre 750 y 850 m de altitud.

En el Ecuador no se reporta utilización para esta especie, pero en América Central se usa como árbol de sombra para café. No obstante, por su amplia distribución, diversidad ecológica y capacidad de competir en vegetación secundaria, debe ser investigada para posibles usos en agroforestería.

49. NOMBRE CIENTIFICO.
Inga venusta Standl.

SINONIMIA.
Inga urabensis L. Uribe

CARACTERISTICAS BOTANICAS.
Árbol grande, de hasta 40 m de altura y 1 cm de diámetro, el tronco algunas veces acanalado en la parte baja; corteza lisa pálida grisácea; hojas compuestas, el raquis alado hasta de 2.5 cm de ancho, con 3–4 pares de folíolos grandes, eliptícos, 15–30 × 6–13 cm; ramitas nuevas, hojas e inflorescencias finamente pubescentes o glabras; nectarios foliares gruesos, en forma de copa; inflorescencias axilares, algunas veces agrupadas cerca del ápice de la ramita, solitarias o hasta 5 en cada axila, cada inflorescencia 3–8 cm de longitud, las flores dispuestas en una espiga compactada, flores 4–4.5 cm de longitud, amarillas o amarillo-verdosas, los estambres usualmente amarillos brillantes; el cáliz usualmente abre por un sólo corte lateral; legumbre 15–30 × 4–4.5 cm, péndula, oscura brillante, aplanada a convexa, con densas estrías transversales sobre las caras, sin pubescencia.

Inga venusta está en el mismo grupo de especies que *I. acuminata* pero es fácilmente diferenciada por sus hojas más grandes y más numerosas, flores

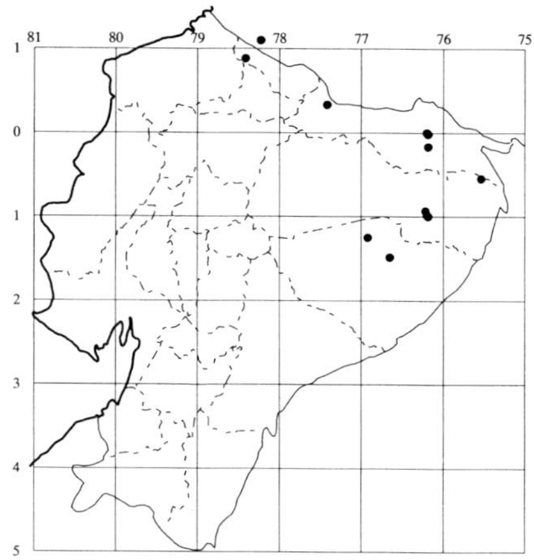

Mapa 49. *Inga venusta* ●

más grandes y legumbre coriácea más ancha. Sinembargo, la taxonomía de *I. venusta* no ha sido resuelta todavía, debido a la falta de coleciones. Algunos especímenes con hojas grandes de la Amazonia ecuatoriana están provisionalmente asignados a esta especie, aunque pueden ser distintos.

FENOLOGIA EN EL ECUADOR
La floración en el Ecuador registrada en julio a septiembre, con frutos en noviembre.

DISTRIBUCION Y REQUERIMIENTOS ECOLOGICOS.
Esta especie está distribuida desde el sur de Costa Rica hasta Colombia y Ecuador, y es un componente de bosques lluviosos de bajas altitudes y de zonas montanas en tierras no inundables, hasta 1300 m de altitud. En Ecuador ha sido registrada en ambas vertientes de los Andes en Carchi, Napo, Pastaza y Sucumbios. No existe información sobre las características del crecimiento de esta especie. En vista de su tamaño grande, se debe hacerse estudios para conocer sus características de crecimiento y usos de su madera.

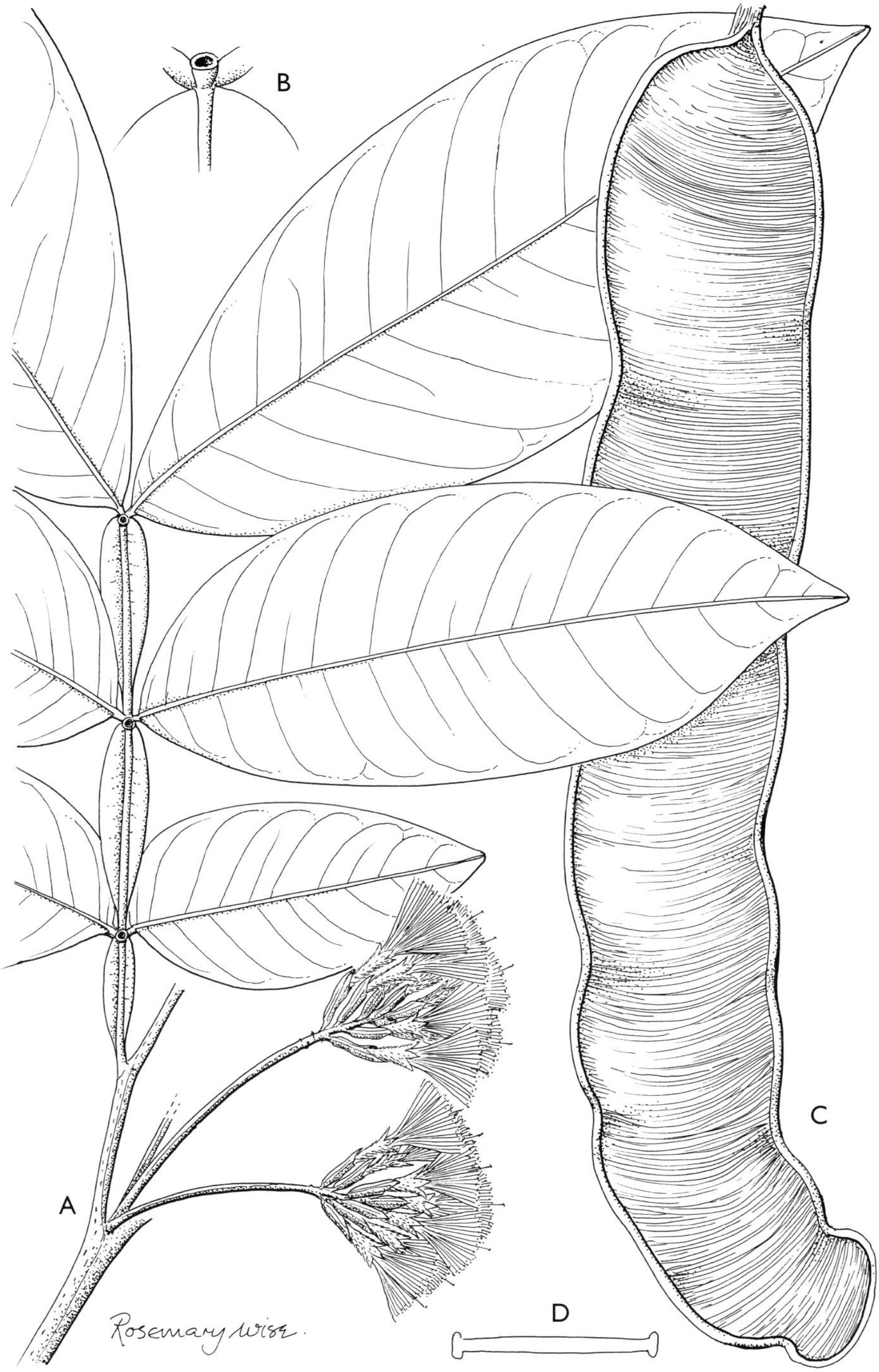

Fig. 49. *Inga venusta.* A, hábito × $^2/_3$; B, nectario foliar × 2.6; C, legumbre inmadura × $^2/_3$; D, sección de la legumbre inmadura × $^2/_3$.

50. NOMBRE CIENTIFICO.
Inga acuminata Benth.

NOMBRE COMUN.
Mimotan (Huaorani, Pastaza).

CARACTERISTICAS BOTANICAS.
Árbol pequeño, de hasta 15 m de altura y 30 cm de diámetro, algunas veces con pequeñas raíces aéreas (zancudas); tronco irregular, con corteza gris pálida; las plántulas y árboles jóvenes de esta especie se distinguen por tener folíolos muy angostos (fig. 50); hojas compuestas; raquis alado, con 2–5 pares de folíolos delgados, elípticos, folíolos más grandes 7–15 × 2–5 cm; hojas sin pubescencia; nectarios foliares en forma de copa; inflorescencias axilares, solitarias o en pares, cada inflorescencia 5–10 cm de longitud, las flores dispuestas en una espiga corta compactada, los botones florales rostrados; flores 2.2–3 cm de longitud, fragantes, verde amarillentas con estambres blancos; legumbre 6–12 × 1.3–2 cm, péndula, verde oscura brillante, aplanada a convexa, recta, hinchada sobre las semillas, sin pubescencia.

Inga acuminata es distinguible por los folíolos angostos de textura delgada, el botón floral largamente rostrado y la legumbre delgada con pared fina. Los folíolos angostos de las plantas jóvenes son diferentes a cualquier otra *Inga* conocida en Ecuador. Su identidad genérica puede ser confirmada por la presencia de nectarios entre cada par de folíolos.

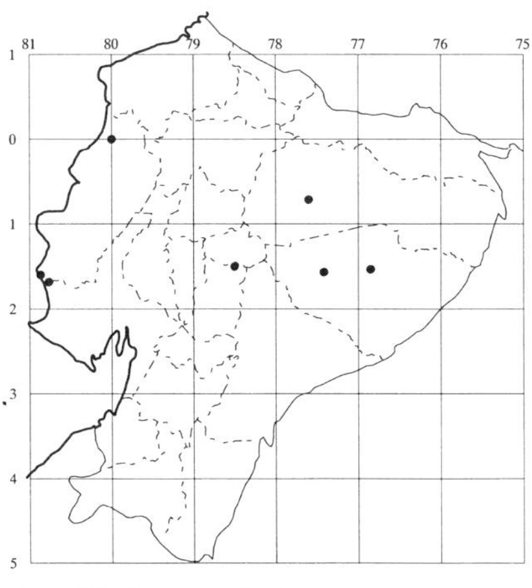

Mapa 50. *Inga acuminata* ●

FENOLOGIA EN EL ECUADOR
La floración en la Amazonia en octubre y fructificación probablemente en enero. No hay datos disponibles de la costa del Ecuador.

DISTRIBUCION Y REQUERIMIENTOS ECOLOGICOS.
Inga acuminata es una planta inconspicua y poco colectada. Hace 20 años se la consideraba restringida al Ecuador y a Trinidad, sinembargo ahora es conocida desde el sur de Centroamérica, através del norte de Sudamérica hasta Venezuela, y a lo largo de los Andes hasta Ecuador y Perú. Es un árbol pequeño de bosques lluviosos de bajas altitudes y de zonas montanas, ascendiendo a 1200 m de altitud. En Ecuador es conocida desde la costa del Pacífico y Amazonia, con registros de Manabí, Napo, Tungurahua y Pastaza.

Inga acuminata es fuente de carbón en algunas partes de su rango, aunque en el Ecuador no se ha reportado dicho potencial.

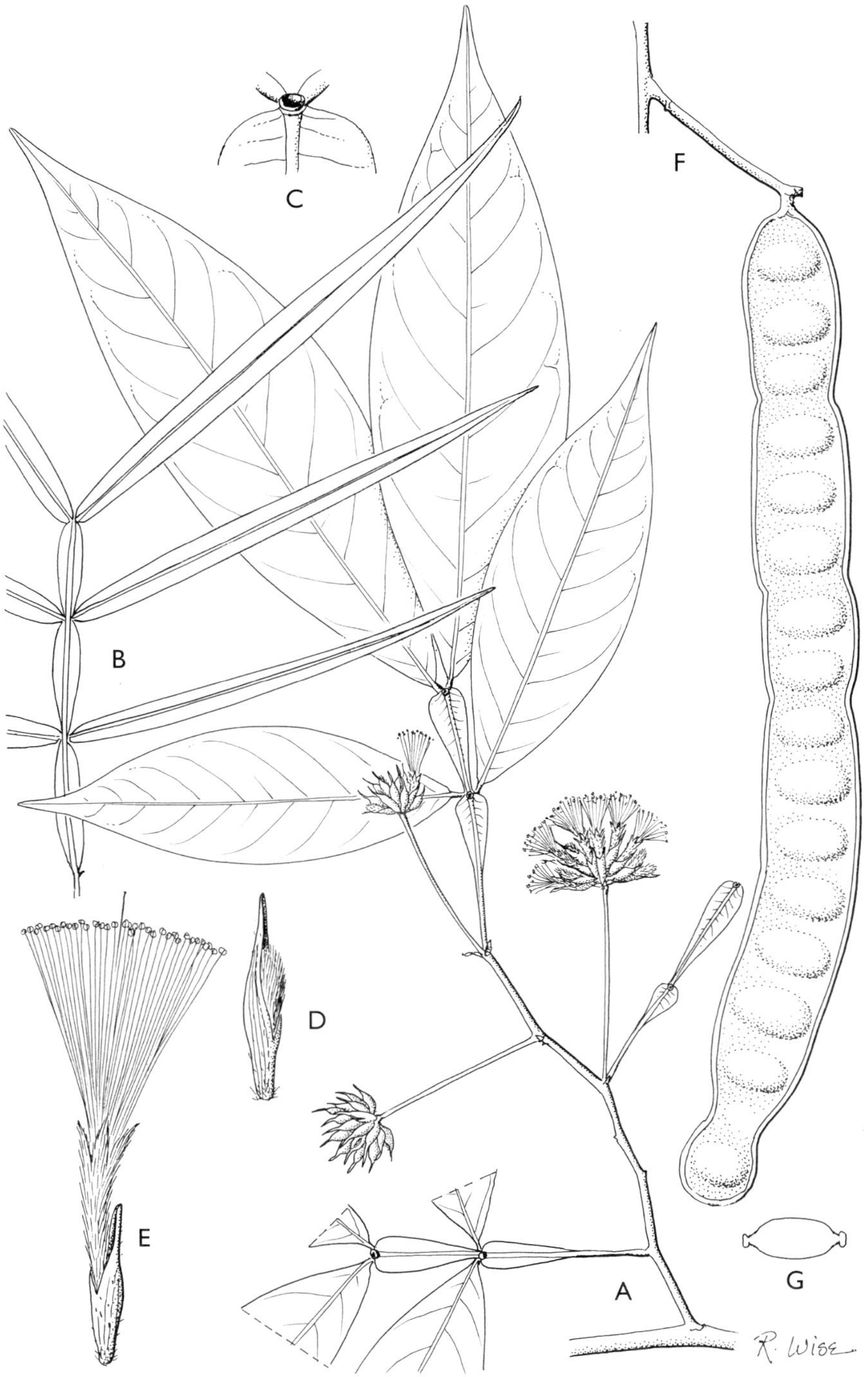

Fig. 50. *Inga acuminata*. A, hábito × $^{2}/_{3}$; B, hoja de planta joven × $^{2}/_{3}$; C, nectario foliar × 2.6; D, yema floral × 2.6; E, flor × 2.6; F, legumbre × $^{2}/_{3}$; G, sección de la legumbre × $^{2}/_{3}$.

51. NOMBRE CIENTIFICO.
Inga ciliata C. Presl subsp. **subcapitata** T.D. Penn.

NOMBRE COMUN.
Cachig (Quechua: Napo).

CARACTERISTICAS BOTANICAS.
Árbol pequeño, de hasta 15 m de altura y 20 cm de diámetro, con un fuste cilíndrico; hojas compuestas, el raquis alado, con 4–7 pares de folíolos pequeños elípticos, los folíolos más grandes 3–10 × 1–3 cm; ramitas, hojas e inflorescencias pubescentes con pelos rígidos; nectarios foliares estipitados o no (hasta 2 mm de longitud) la cabeza pequeña, en forma de copa o no expandida; inflorescencias axilares, solitarias o en pares, cada inflorescencia 2–10 cm de longitud, las flores dispuestas en una cabezuela, flores 2.5–4 cm de longitud, de color crema amarillo-verdoso, con estambres de color crema, los cuales se tornan rojizos con la edad; legumbre 7–25 × 1.5–2 cm, péndula, verde, aplanada o ligeramente convexa, con venación fina transversal, rígidamente pubescente.

Inga ciliata es una especie distinta, caracterizada por la cobertura pubescente corta y rígida, raquis alado con folíolos pequeños y flores dispuestas en cabezuelas.

FENOLOGIA EN EL ECUADOR
Floración en febrero, junio y agosto a octubre; fructificación en enero, marzo, septiembre y noviembre.

DISTRIBUCION Y REQUERIMIENTOS ECOLOGICOS.
Inga ciliata incluye dos subespecies, solamente una de las cuales está representada en Ecuador. Esta es la subsp. *subcapitata*, conocida en la Amazonia de Colombia, Ecuador, Perú y en la parte oeste del Brasil. Es un árbol del estrato inferior de bosques lluviosos de bajas altitudes y de zonas montanas de tierras no inundables, alcanzando 1250 m de altitud en Ecuador. Es muy abundante en la provincia del Napo, pero también se encuentra en Pastaza y Sucumbios.

No se registran usos para esta especie.

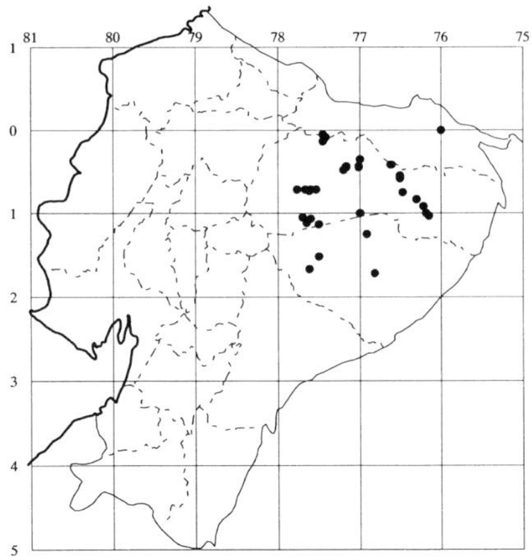

Mapa 51. *Inga ciliata* subsp. *subcapitata* ●

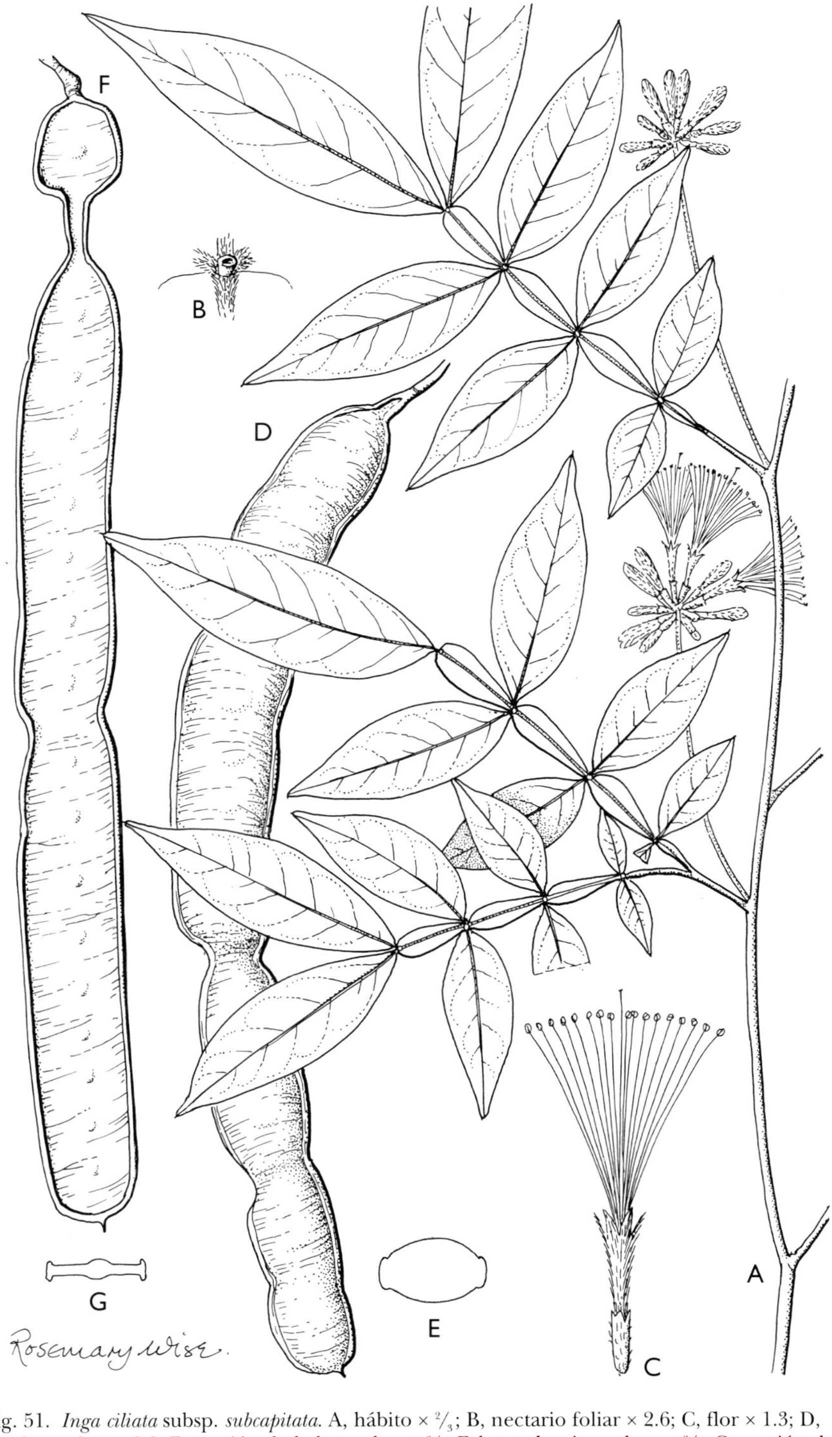

Fig. 51. *Inga ciliata* subsp. *subcapitata.* A, hábito × ²⁄₃; B, nectario foliar × 2.6; C, flor × 1.3; D, legumbre × 2.3; E, sección de la legumbre × ²⁄₃; F, legumbre inmadura × ²⁄₃; G, sección de la legumbre inmadura × ²⁄₃.

52. NOMBRE CIENTIFICO.
Inga villosissima Benth.

CARACTERISTICAS BOTANICAS.
Árbol pequeño, de 12 m de altura y 40 cm de diámetro, sin raíces tablares, con corteza lisa gris pálida; hojas compuestas, raquis alado, con 3–4 pares de folíolos elípticos, folíolos más grandes 10–16 × 6–8 cm; ramitas, raquis e inflorescencia densamente cubiertos con pubescencia lanosa morena obscura; nectarios foliares estipitados (hasta 2 mm de longitud) con una cabeza no desarrollada; inflorescencias axilares, solitarias o en pares; cada inflorescencia 4.5–6 cm de longitud, las flores dispuestas en una espiga compactada; flores 3.5–5 cm de longitud, moreno verdosas exteriormente, verde pálidas en el interior, densamente lanosas, con estambres blancos; legumbre 12–15 × 2.5–3.5 cm, morena obscura, aplanada a convexa, recta o ligeramente curvada, densamente pubescente, con pubescencia marrón obscura.

Esta especie está relacionada a *I. multicaulis* la cual se encuentra a baja altitud sobre las vertientes del Pacífico, pero la última tiene estípulas grandes (ver Fig. 53), nectarios foliares sobre el nervio central del folíolo, y una legumbre delgada.

FENOLOGIA EN EL ECUADOR.
Floración en Ecuador en agosto (Pichincha) y junio (Cotopaxi). El especimen único colectado con frutos en Pichincha, en agosto.

DISTRIBUCION Y REQUERIMIENTOS ECOLOGICOS.
Inga villosissima es una especie de gran altitud de los bosques montanos y nublados en la zona norte de los Andes, de Venezuela a Ecuador. Su rango altitudinal es entre 1000 y 2300 m, sinembargo en Ecuador esta especie ha sido colectada únicamente entre 1600 y 2000 m sobre las vertientes del Pacífico. Su distribución en Ecuador es en Pichincha (Reserva Ecológica Rio Guajalito) y en Cotopaxi. No se registran usos para esta especie, pero sería oportuno probarla en ensayos por ser una de las pocas especies que crece a gran altitud.

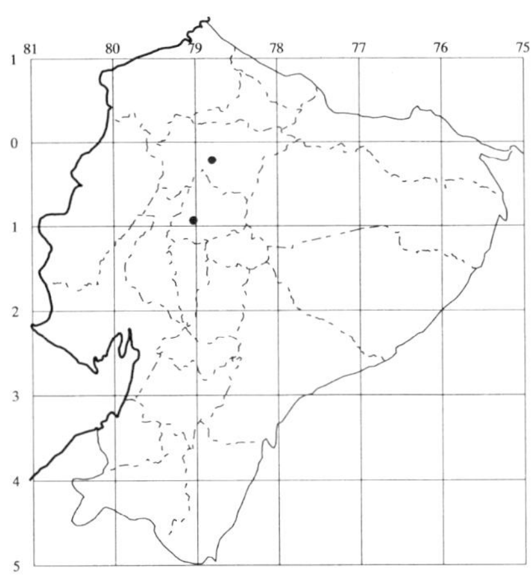

Mapa 52. *Inga villosissima* ●

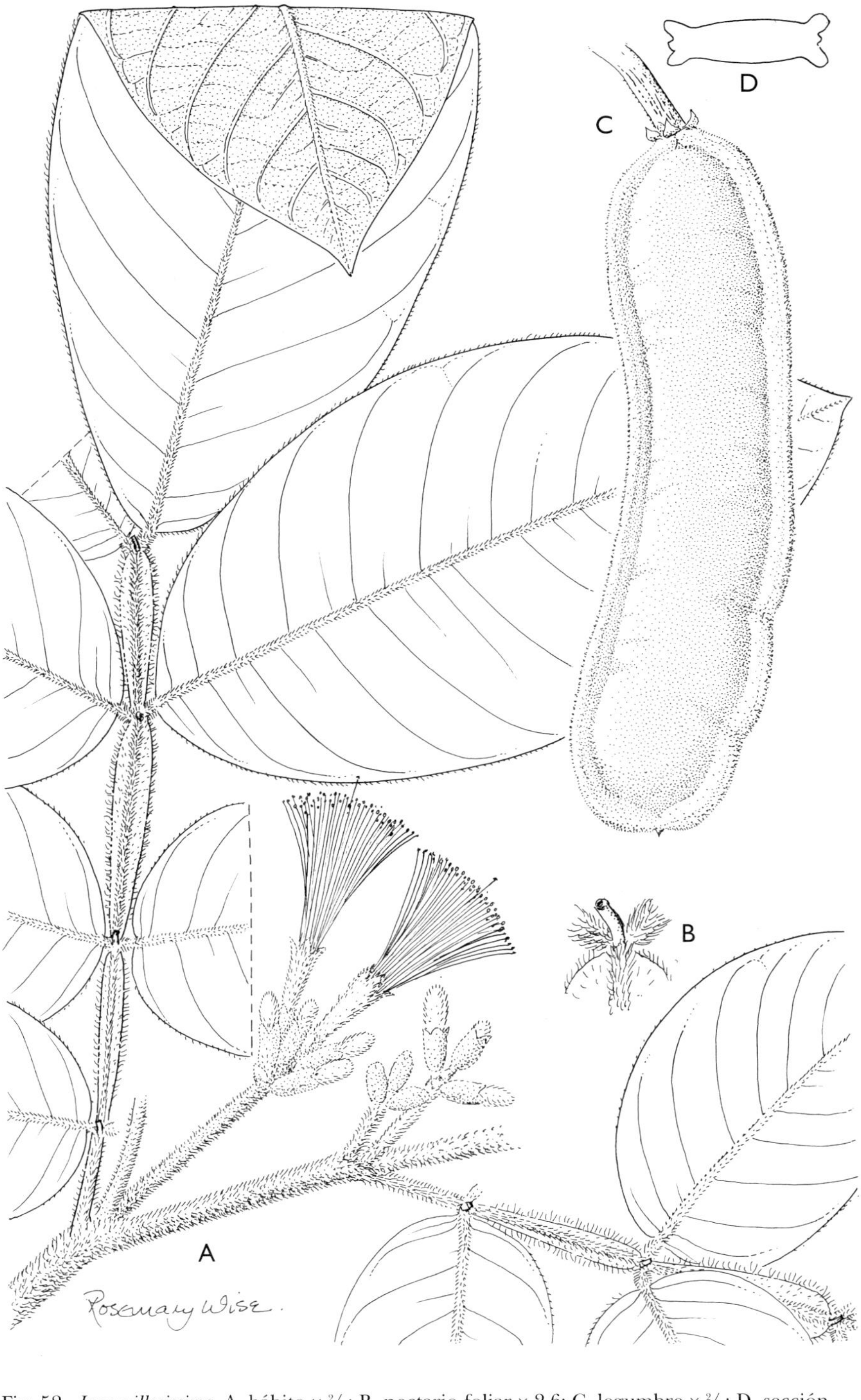

Fig. 52. *Inga villosissima.* A, hábito × $^{2}/_{3}$; B, nectario foliar × 2.6; C, legumbre × $^{2}/_{3}$; D, sección de la legumbre × $^{2}/_{3}$.

53. NOMBRE CIENTIFICO.
Inga multicaulis Benth.

SINONIMIA.
Inga rhabdotocalyx Harms
Inga balaensis Pittier

CARACTERISTICAS BOTANICAS.
Árbol pequeño, de hasta 10 m de altura y 30 cm de diámetro; sin raíces tablares, usualmente ramificando cerca de la base; hojas compuestas, subtendidas por estípulas grandes de 1–1.8 cm de longitud, raquis alado o ocasionalmente no alado, con 3–4 pares de folíolos elípticos, los folíolos más grandes 13–24 × 5–11 cm; ramitas, hojas e inflorescencias rígidamente pubescentes; nectarios foliares estipitados(hasta 2.5 mm de longitud) con una pequeña cabeza en forma de copa; los nectarios también ocurren cerca de la base del nervio principal en la haz de algunos folíolos; inflorescencias axilares y sobre ramitas viejas bajo las hojas, solitarias o en pares, cada inflorescencia 5–12 cm de longitud, las flores dispuestas en una espiga compactada; flores 4.3–5 cm de longitud, verde pálidas con estambres blancos; legumbre 13–16 × 1.5–2.5 cm, péndula, verde a verdosa oscura, aplanada o ligeramente convexa, recta, los márgenes ligeramente prominentes, rígidamente pubescente.

La especie es fácilmente identificada por su pubescencia rígida, los nectarios sobre el nervio principal de algunos folíolos y la legumbre delgada y rígidamente pubescente. Ver también *I. villosissima* para comentarios.

FENOLOGIA EN EL ECUADOR.
Floración en agosto, octubre y enero a abril; fructificación en enero, febrero, mayo y octubre.

DISTRIBUCION Y REQUERIMIENTOS ECOLOGICOS.
Inga multicaulis únicamente es conocida en la vertiente del Pacífico de los Andes ecuatorianos, en bosques lluviosos de bajas altitudes y en zonas montanas hasta 1200 m de altitud. También persiste en vegetacion secundaria a lo largo de los márgenes de las carreteras y orillas de los ríos. Su distribución conocida es hasta Bolívar, Chimborazo, Cotopaxi, Esmeraldas, Guayas, Pichincha y Los Ríos. No se tiene documentados usos para esta especie.

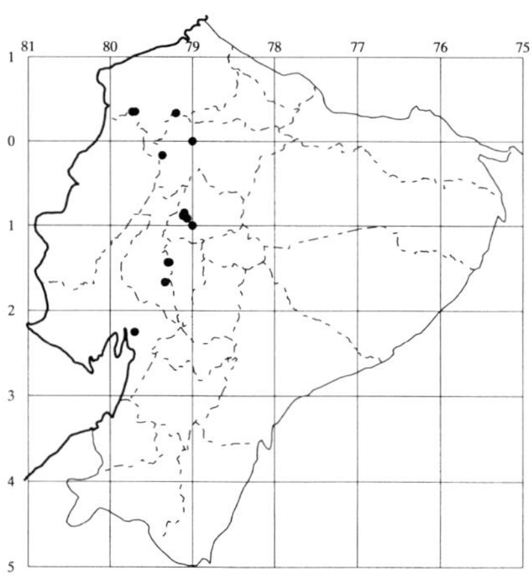

Mapa 53. *Inga multicaulis* ●

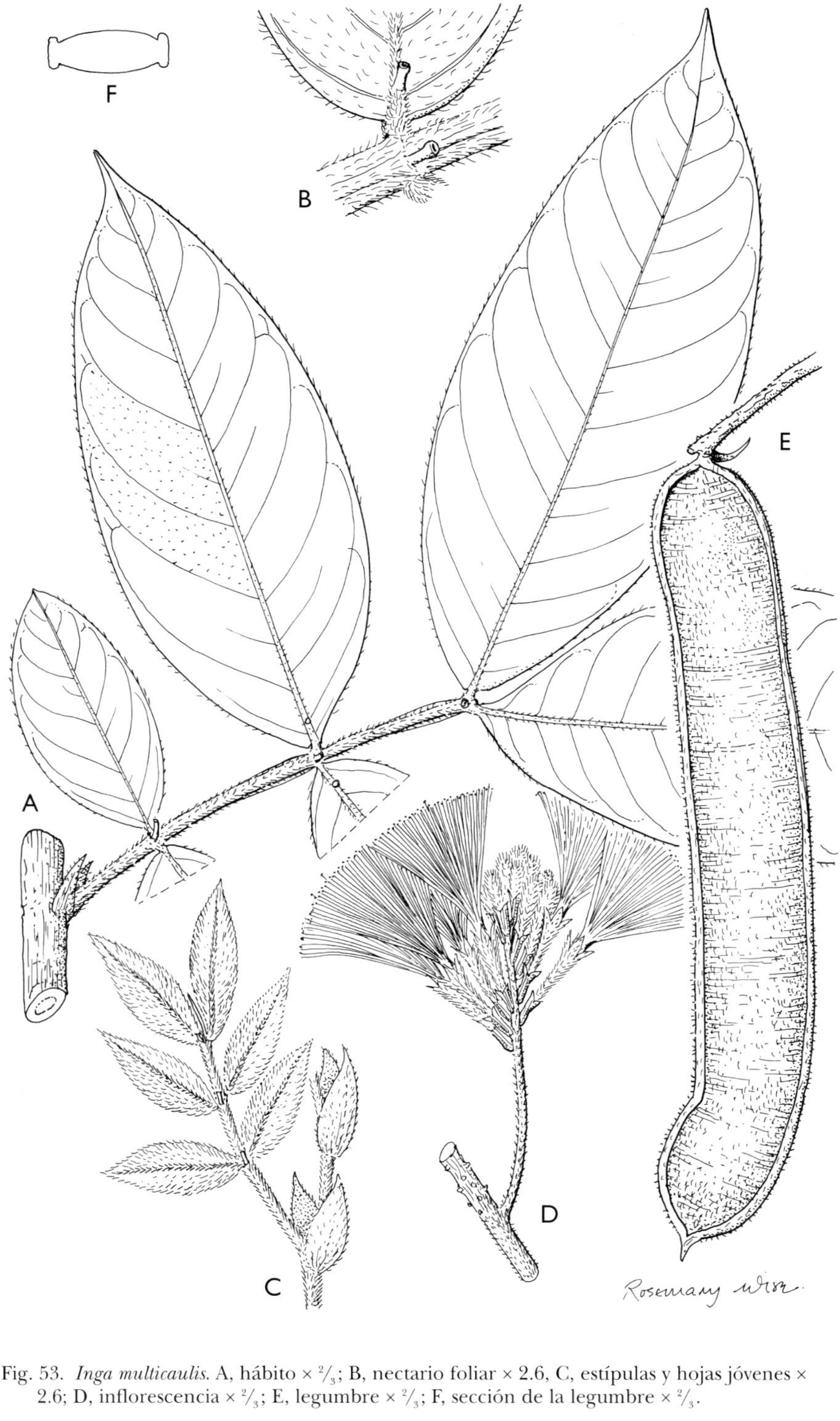

Fig. 53. *Inga multicaulis.* A, hábito × ²⁄₃; B, nectario foliar × 2.6, C, estípulas y hojas jóvenes × 2.6; D, inflorescencia × ²⁄₃; E, legumbre × ²⁄₃; F, sección de la legumbre × ²⁄₃.

54. NOMBRE CIENTIFICO.
Inga fendleriana Benth.

CARACTERISTICAS BOTANICAS.
Árbol de hasta 20 m de altura y 40 cm de diámetro, sin raíces tablares; corteza lisa, grisácea; ramas jóvenes angulares; hojas compuestas, raquis alado (hasta 1.3 cm de ancho), con 3–4 pares de folíolos anchamente elípticos, frecuentemente con el ápice ligeramente redondeado, folíolos más grandes 11–20 × 5–10 cm; ramitas, hojas e inflorescencias con pubescencia morena enredada; nectarios foliares levemente estipitados (hasta 1 mm de longitud) con una pequeña cabeza en forma de copa; inflorescencia axilar y sobre ramitas cortas cerca del ápice de la rama, cada inflorescencia de 2.5–5 cm de longitud, las flores dispuestas en una espiga compacta; flores aproximadamente 3 cm de longitud, sin fragancia, amarillo verdosas con pelos morenos, estambres blancos; legumbre 6–25 × 2.5–3.5 cm, marrón, aplanada, recta, densamente aterciopelada con pelos morenos.

Inga fendleriana es una especie distinguible por tener una cobertura densa de pelos morenos enredados, el ápice del folíolo obtuso o redondeado y legumbre ancha y aterciopelada.

FENOLOGIA EN EL ECUADOR.
Floración en mayo, octubre; fructificación en noviembre y diciembre.

DISTRIBUCION Y REQUERIMIENTOS ECOLOGICOS.
Especie típica de los bosques andinos, distribuida desde Venezuela a Bolivia, en bosques pluviales montanos y nublados entre 1000 m y 2400 m de altitud. En Ecuador es conocida en Bolívar, Cotopaxi, Loja, y Pichincha en las vertientes del Pacífico y Amazonia. Probablemente es mucho más dispersa de lo que parece por las pocas colecciones conocidas. Todas las colecciones en Ecuador están entre 1800 y 2000 m de altitud. En Bolivia esta especie es conocida como una fuente de madera para construcción y sería oportuno probar su desarrollo en proyectos de reforestación en áreas deforestadas de zonas montanas.

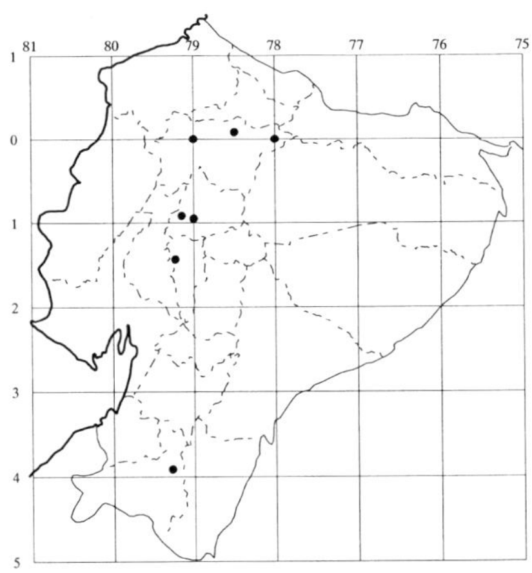

Mapa 54. *Inga fendleriana* ●

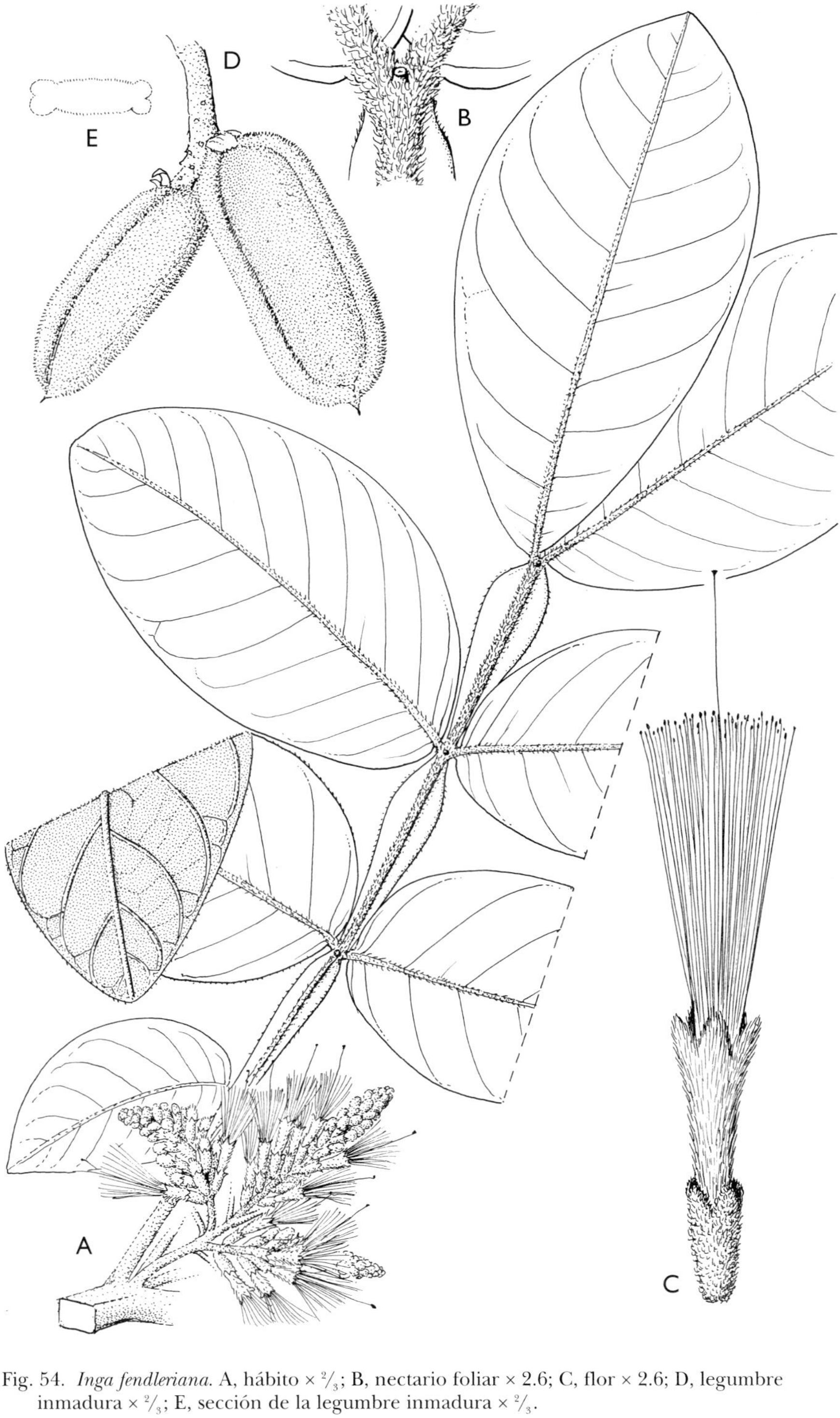

Fig. 54. *Inga fendleriana.* A, hábito × $^2/_3$; B, nectario foliar × 2.6; C, flor × 2.6; D, legumbre inmadura × $^2/_3$; E, sección de la legumbre inmadura × $^2/_3$.

55. NOMBRE CIENTIFICO.
Inga extra-nodis T.D. Penn.

CARACTERISTICAS BOTANICAS.
Árbol pequeño de hasta 8 m de altura y 30 cm de diámetro, sin raíces tablares, usualmente ramificado cerca de la base; corteza lisa, pálida, blanca o grisácea; hojas compuestas, raquis no alado, con 3–5 pares de folíolos elípticos en forma de lanza, folíolos más grandes 15–20 × 5–8.5 cm; venación de la haz usualmente impresa; ramitas, envés de los folíolos e inflorescencias con pubescencia corta y enredada; nectarios foliares estipitados (de 1.5 mm de longitud), con una pequeña cabeza en forma de copa, a menudo un nectario adicional cerca la base del nervio principal en el último par de folíolos; inflorescencias axilares, solitarias o en pares, cada inflorescencia 5.5–15 cm de longitud, las flores dispuestas en una espiga compactada; flores 4–5.5 cm de longitud, verdosas, con pelos dorados y estambres de color crema; legumbre 17–26 × 3.5–5 cm, péndula, verde con pelos densos morenos aterciopelados, aplanada, recta, con márgenes ligeramente engrosados y elevados.

Esta es una especie distinta por las hojas con raquis no alado, los nectarios foliares adicionales sobre el nervio principal en el último par de folíolos, y la venación impresa en la haz del folíolo. *Inga extra-nodis* es del grupo de especies, con *I. fendleriana*, generalmente limitadas a los bosques húmedos montanos. *Inga fendleriana* difiere en tener un raquis ampliamente alado, y en la ausencia de nectarios foliares sobre los folíolos.

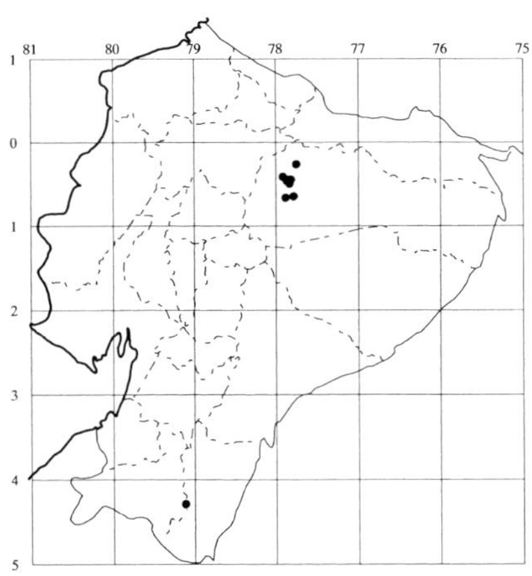

Mapa 55. *Inga extra-nodis* ●

FENOLOGIA EN EL ECUADOR.
Floración mayormente en noviembre, enero y abril y frutos colectados en abril.

DISTRIBUCION Y REQUERIMIENTOS ECOLOGICOS.
Inga extra-nodis fue recientemente descrita de colecciones a lo largo de la vía Baeza-Tena (Napo) donde se encuentra en los fragmentos del bosque húmedo montano entre 1700 m y 2000 m de altitud. Hasta muy recientemente fue conocida sólo de esta área, pero ahora otras colecciones provienen de áreas distantes cerca de Loja, dentro del mismo rango de altitud. Es persistente en áreas perturbadas, en los márgenes de las carreteras y en pasturas.

La zona altitudinal que esta especie ocupa está sujeta al problema de la deforestación, causado principalmente por conversión a pasturas para ganadería. Las pocas especies del género *Inga*, incluyendo *I. extra-nodis*, que se encuentran en regiones montanas, deberían ser cuidadosamente protegidas para su futuro uso en reforestación.

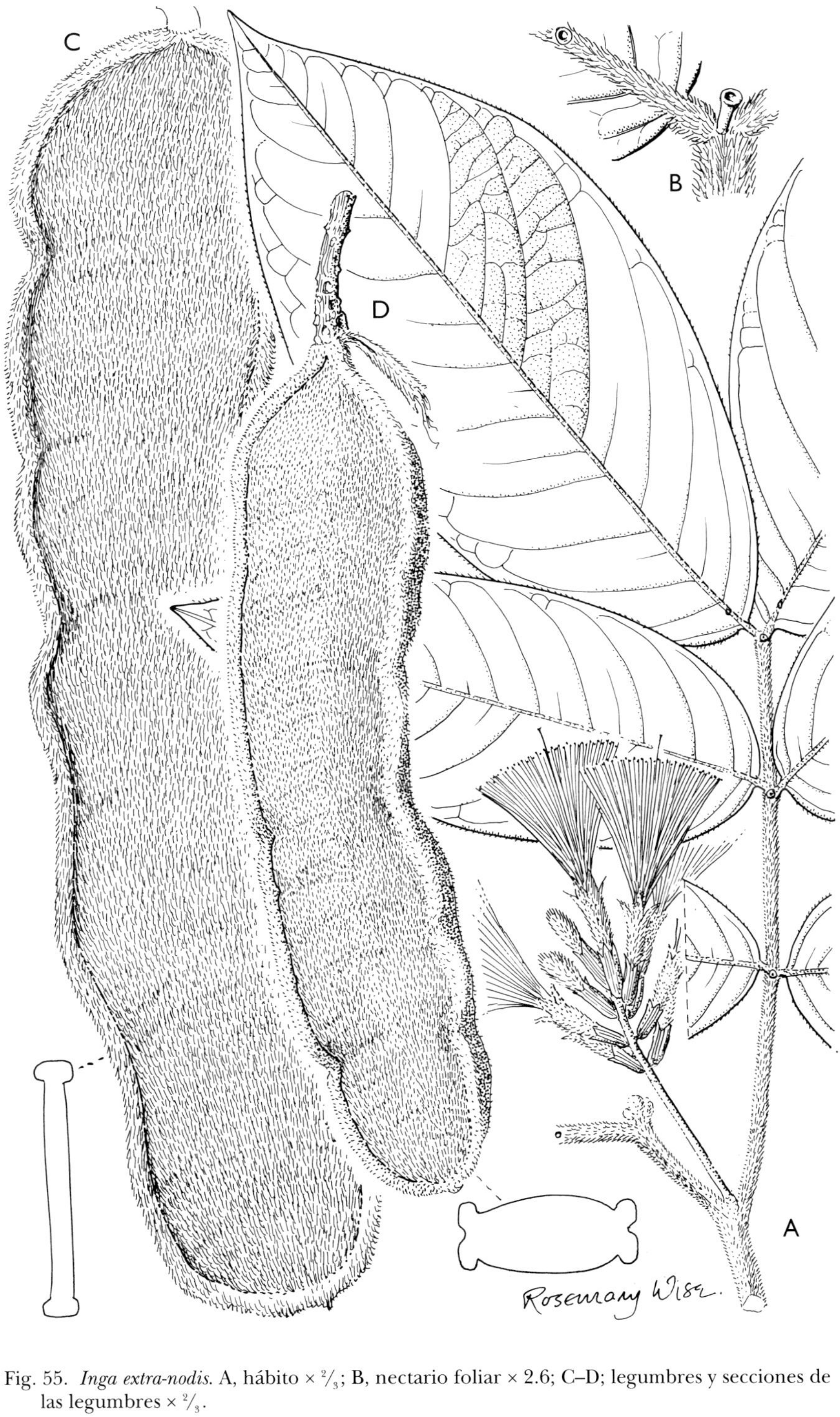

Fig. 55. *Inga extra-nodis.* A, hábito × $^{2}/_{3}$; B, nectario foliar × 2.6; C–D; legumbres y secciones de las legumbres × $^{2}/_{3}$.

56. NOMBRE CIENTIFICO.
Inga hayesii Benth.

CARACTERISTICAS BOTANICAS.
Árbol pequeño, de hasta 12 m de altura; hojas compuestas, raquis alado, con 3–4 pares de folíolos elípticos, folíolos más grandes 7–14 × 4–7.5 cm; ramitas, envés de los folíolos e inflorescencias escasamente pubescentes; nectarios foliares ligeramente estipitados o sésiles, la cabeza en forma de copa; inflorescencias axilares, algunas veces agrupadas cerca al ápice de la rama, solitarias o en pares, cada inflorescencia 2–3 cm de longitud, las flores dispuestas en una espiga compactada; flores 3.5–4.5 cm de longitud, dulcemente fragantes, blanco verdosas con estambres blancos; legumbre 8–12 × 1.8–2.3 cm, marrón amarillenta, convexa, recta, o ligeramente curvada, pubescente.

Esta especie es poco conocida y de relaciones inciertas. Está caracterizada por las inflorescencias muy cortas, cáliz estriado y legumbre pequeña.

FENOLOGIA EN EL ECUADOR.
Especímenes en floración no han sido colectados en Ecuador, sinembargo en otros países la mayor floración es mayo – julio; los únicos especímenes colectados con frutos en Ecuador fueron en octubre.

DISTRIBUCION Y REQUERIMIENTOS ECOLOGICOS.
Inga hayesii es conocida en Panamá y en la vertiente del Pacífico de Colombia y Ecuador. Es un árbol pequeño de áreas perturbadas, márgenes de carreteras y áreas deforestadas anteriormnente cubiertas por bosques lluviosos, hasta 600 m de altitud. En Ecuador es conocida únicamente de colecciones procedentes de los Ríos Patricia y Pilar, (norte de la Estación Biológica Rio Palenque). No se conocen usos para esta especie y no hay información sobre las características de crecimiento.

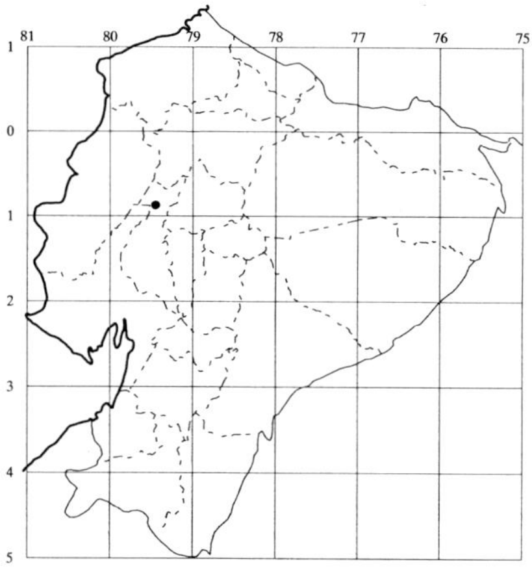

Mapa 56. *Inga hayesii* ●

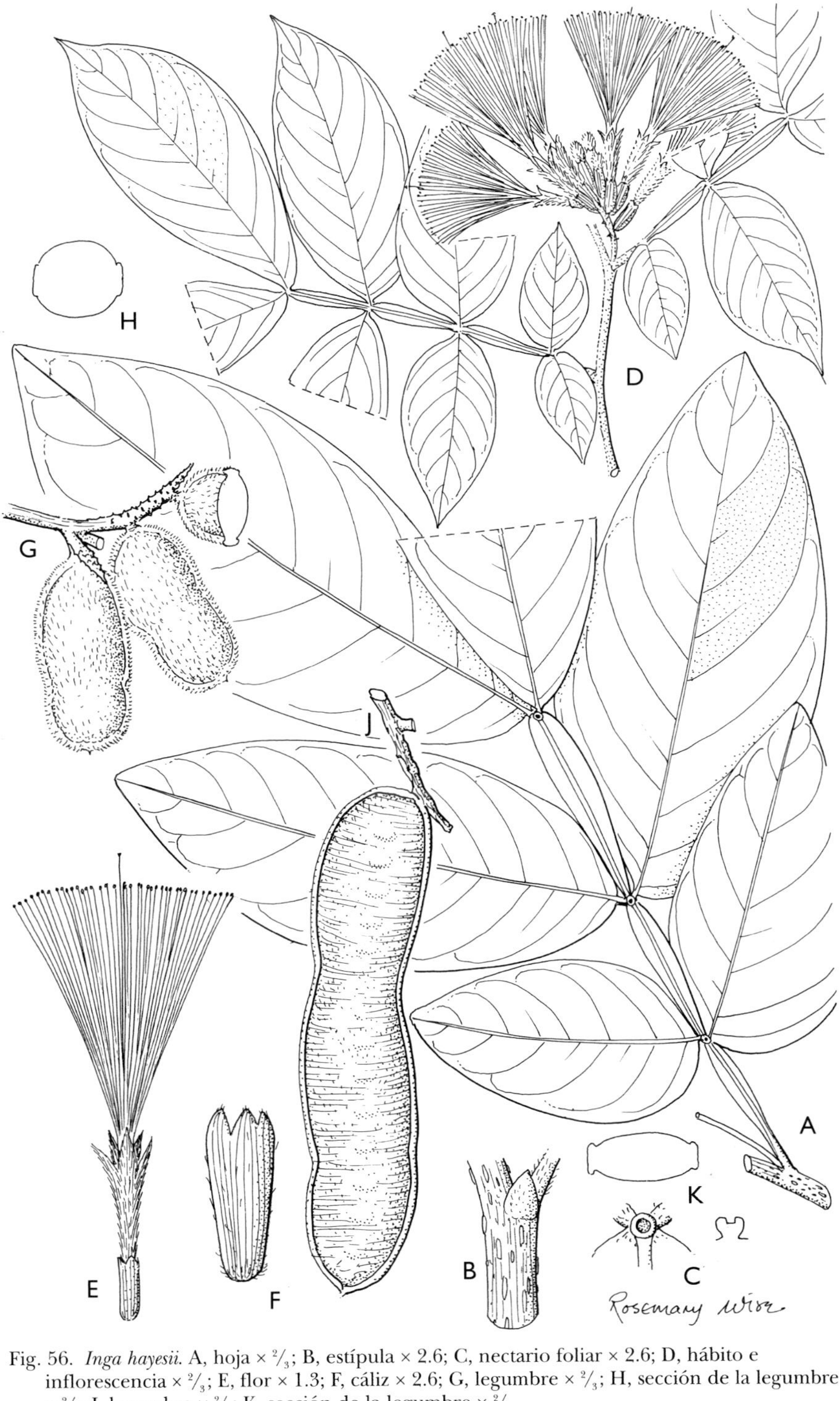

Fig. 56. *Inga hayesii.* A, hoja × $^2/_3$; B, estípula × 2.6; C, nectario foliar × 2.6; D, hábito e inflorescencia × $^2/_3$; E, flor × 1.3; F, cáliz × 2.6; G, legumbre × $^2/_3$; H, sección de la legumbre × $^2/_3$; J, legumbre × $^2/_3$; K, sección de la legumbre × $^2/_3$.

57. NOMBRE CIENTIFICO.
Inga cayennensis Sagot ex Benth.

SINONIMIA.
Inga aria J.F. Macbr.

NOMBRE COMUN.
Chichi paqui (Pastaza).

CARACTERISTICAS BOTANICAS.
Árbol mediano, de hasta 20 m de altura y 50 cm de diámetro, a veces floreciendo cuando tiene solo 2–3 m de altura; tronco cilíndrico con corteza lisa marrón, lenticelada; la corteza interna crema; hojas compuestas, el raquis alado (hasta 1.5 cm de ancho), con 3–6 pares de folíolos elípticos, folíolos más grandes 7.5–12 × 2.8–5.5 cm; ramitas jóvenes, hojas e inflorescencias con pelos enredados dorados; nectarios foliares cortamente estipitados con pequeñas cabezas en forma de copa; inflorescencias axilares o en las axilas de hojas no desarrolladas, solitarias o en pares, cada inflorescencia 3.5–9 cm de longitud, las flores dispuestas en una espiga laxa o compactada; flores 4–6 cm de longitud, poco fragantes, verdes o verdes amarillentas, con estambres blancos; legumbre 15–20 × 2–3 cm, péndula, marrón amarillenta, aplanada, recta o ligeramente curvada, con pubescencia densamente rígida o lanosa.

Inga cayennensis es fácilmente reconocida por los pequeños y numerosos folíolos, cobertura densa de pelos, raquis alado y flores largas delgadas. Las flores son a veces pediceladas (pedicelo hasta 8 mm de longitud).

FENOLOGIA EN EL ECUADOR.
Floración en mayo, julio, septiembre y octubre; fructificación durante todo el año.

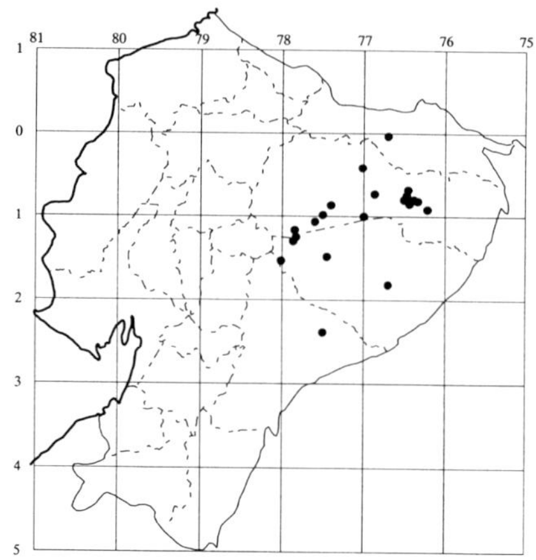

Mapa 57. *Inga cayennensis* ●

DISTRIBUCION Y REQUERIMIENTOS ECOLOGICOS.
Inga cayennensis es una especie ampliamente distribuida por toda Sudamérica desde las Guayanas hasta Perú. En el oeste de Sudamérica es un árbol de bosque húmedo de tierras bajas que a veces persiste en áreas perturbadas y márgenes de las carreteras, con un rango altitudinal de 250 a 1000 m. En Ecuador es conocida desde Morona Santiago, Napo, Pastaza y Sucumbios. No hay reportes de usos para *I. cayennensis*, pero es capaz de competir en vegetación secundaria demostrando un rápido crecimiento, el cual puede ser de interés en sistemas agroforestales.

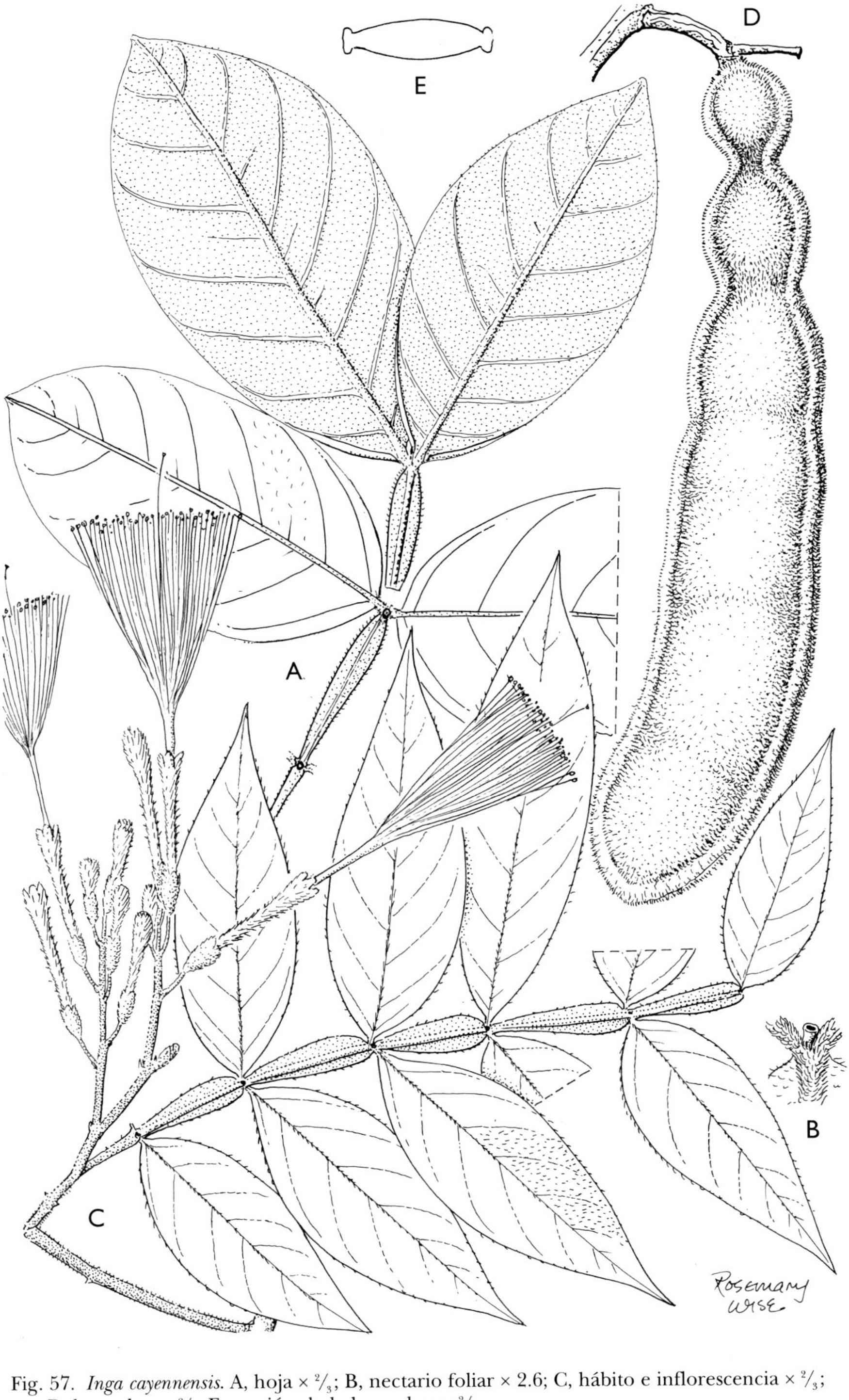

Fig. 57. *Inga cayennensis.* A, hoja × ²⁄₃; B, nectario foliar × 2.6; C, hábito e inflorescencia × ²⁄₃; D, legumbre × ²⁄₃; E, sección de la legumbre × ²⁄₃.

58. NOMBRE CIENTIFICO.
Inga poeppigiana Benth.

CARACTERISTICAS BOTANICAS.
Árbol mediano, de hasta 25 m de altura; hojas compuestas, el raquis alado, con 3–4 pares de folíolos delgados elípticos, los folíolos más grandes 10–13 × 3–5 cm; ramitas, hojas e inflorescencias con pubescencia frágil y dispersa; nectarios foliares cortamente estipitados, con una cabeza en forma de copa; inflorescencia axilar, solitaria, cada inflorescencia 2.5–8 cm de longitud, flores dispuestas en una espiga laxa y subtendidas por escamas persistentes; flores delgadas, 5.5–7 cm de longitud, de color blanquecino; legumbre 15–30 × 1.8–2.2 cm, verde o verde amarillenta, convexa, recta, curvada o torcida, con pubescencia densa y rígida.

Inga poeppigiana está bien caracterizada por la inflorescencia con pedúnculo corto, el raquis largo con escamas persistentes subtendiendo las flores y la legumbre rígidamente pubescente.

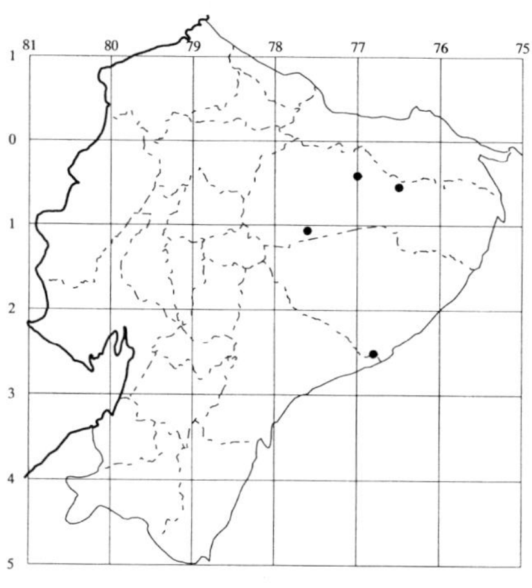

Mapa 58. *Inga poeppigiana* ●

FENOLOGIA EN EL ECUADOR.
Floración en agosto; frutos en diciembre.

DISTRIBUCION Y REQUERIMIENTOS ECOLOGICOS.
Inga poeppigiana tiene una distribución que es comúnmente encontrada en *Inga*, exténdiendose desde las Guayanas, a través de la Amazonia a Ecuador y Perú. Por toda esta área es una especie de bosques lluviosos de tierras no inundables, y ocasionalmente persiste en vegetación secundaria. La especie no está registrada más arriba de 250 m de altitud. En Ecuador, los registros de esta especie están limitados a las provincias de Napo y Pastaza No se conocen usos para *I. poeppigiana*.

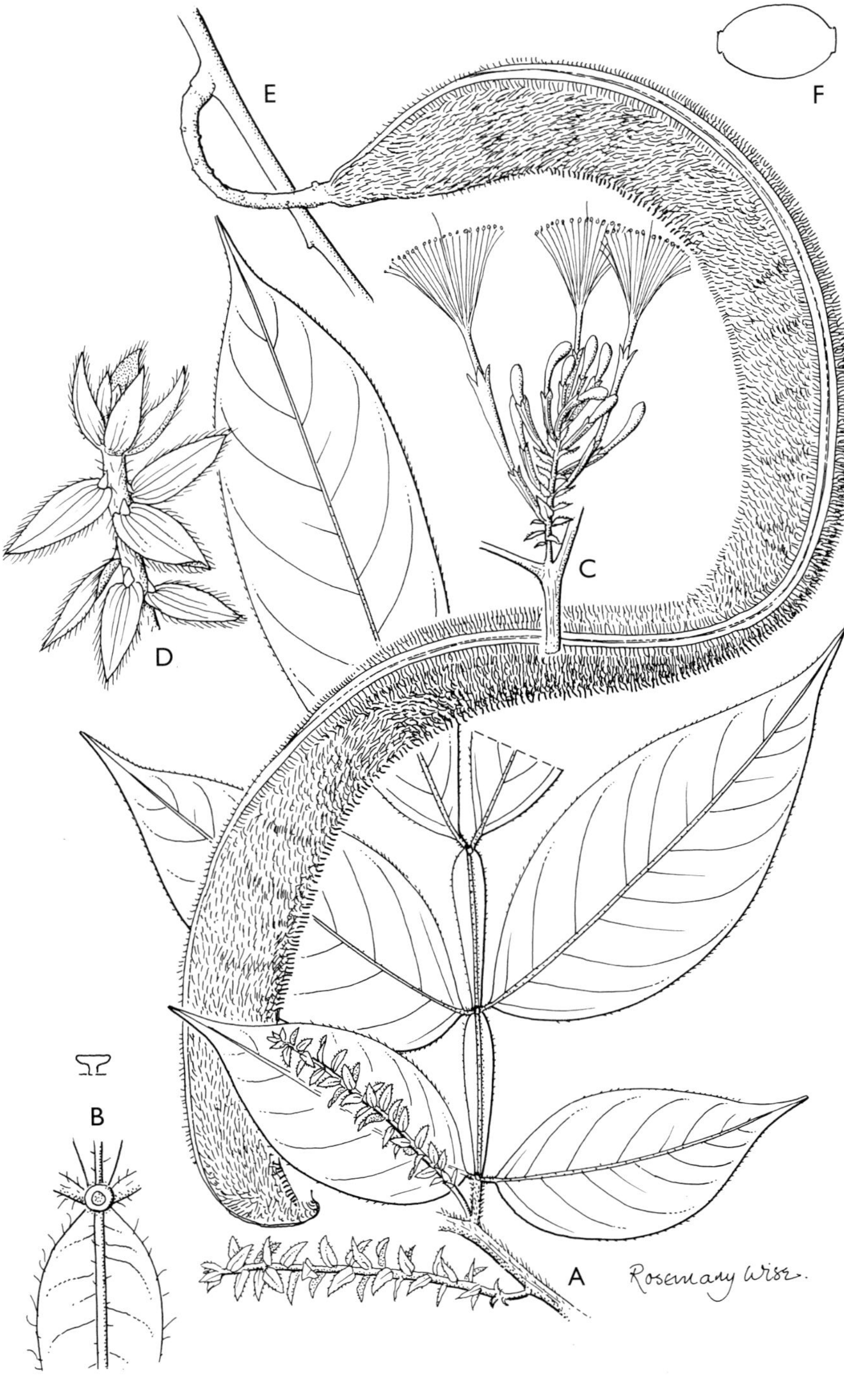

Fig. 58. *Inga poeppigiana.* A, hábito × $^{2}/_{3}$; B, nectario foliar × 2.6; C, inflorescencia × $^{2}/_{3}$; D, escamas florales persistentes × 2.6; E, legumbre × $^{2}/_{3}$; F, sección de la legumbre × $^{2}/_{3}$.

59. NOMBRE CIENTIFICO.
Inga velutina Willd.

CARACTERISTICAS BOTANICAS.
Árbol mediano, hasta de 20 m de altura y 35 cm de diámetro con un fuste cilíndrico; corteza externa lisa, marrón grisácea, corteza interna 2–3 mm de espesor y rojiza; hojas compuestas, raquis alado (hasta 3–5 cm de ancho), con 3–5 pares de folíolos anchamente elípticos, folíolos más grandes 13–23 × 8–12 cm; ramitas, hojas e inflorescencias con indumento aterciopelado o densamente enredado; nectarios foliares cortamente estipitados con un pequeña cabeza en forma de copa; inflorescencias axilares, solitarias o agrupadas, cada inflorescencia 3.5–12 cm de longitud, las flores dispuestas en una espiga laxa; flores 6.5–9.5 cm de longitud, sin fragancia, crema verdosas con estambres blancos; legumbre 20–30 × 2.5–8 cm, verde con pelos rígidos de color moreno, péndula, aplanada, recta o algunas veces torcida en espiral.

Inga velutina está relacionada a *I. grandiflora* de Brasil, pero difiere de ésta en las hojas con pecíolos cortos y en el tipo de nervadura. Está también relacionada con *I. pruriens,* pero la última difiere en tener los nectarios foliares sobre algunos de los folíolos y en el cáliz más corto.

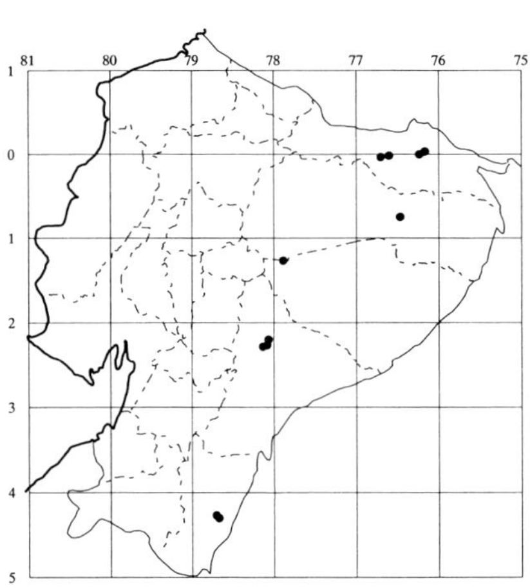

Mapa 59. *Inga velutina* ●

FENOLOGIA EN EL ECUADOR.
Floración en Ecuador en noviembre y marzo; fructificación en abril y octubre.

DISTRIBUCION Y REQUERIMIENTOS ECOLOGICOS.
Inga velutina está distribuida desde la Amazonia brasileña hasta los países Andinos como Colombia, Ecuador y Perú. Frecuentemente está establecida en vegetación secundaria derivada de bosques lluviosos de bajas altitudes o de zonas montanas, y aparentemente prefiere sitios periódicamente inundados y orillas de los ríos. En Ecuador ha sido registrada entre 350 m y 1200 m de altitud, en las provincias de Morona Santiago, Napo, Pastaza, Sucumbios y Zamora-Chinchipe. Las colecciones de Ecuador corresponden en su totalidad a vegetación secundaria.

Inga velutina es utilizada en fincas por su follaje denso y coriáceo, y produce abundante hojarasca.

Su buen desarrollo en áreas disturbadas y vegetación secundaria, indica una posible utilización en áreas anteriormente cubiertas por bosque montano.

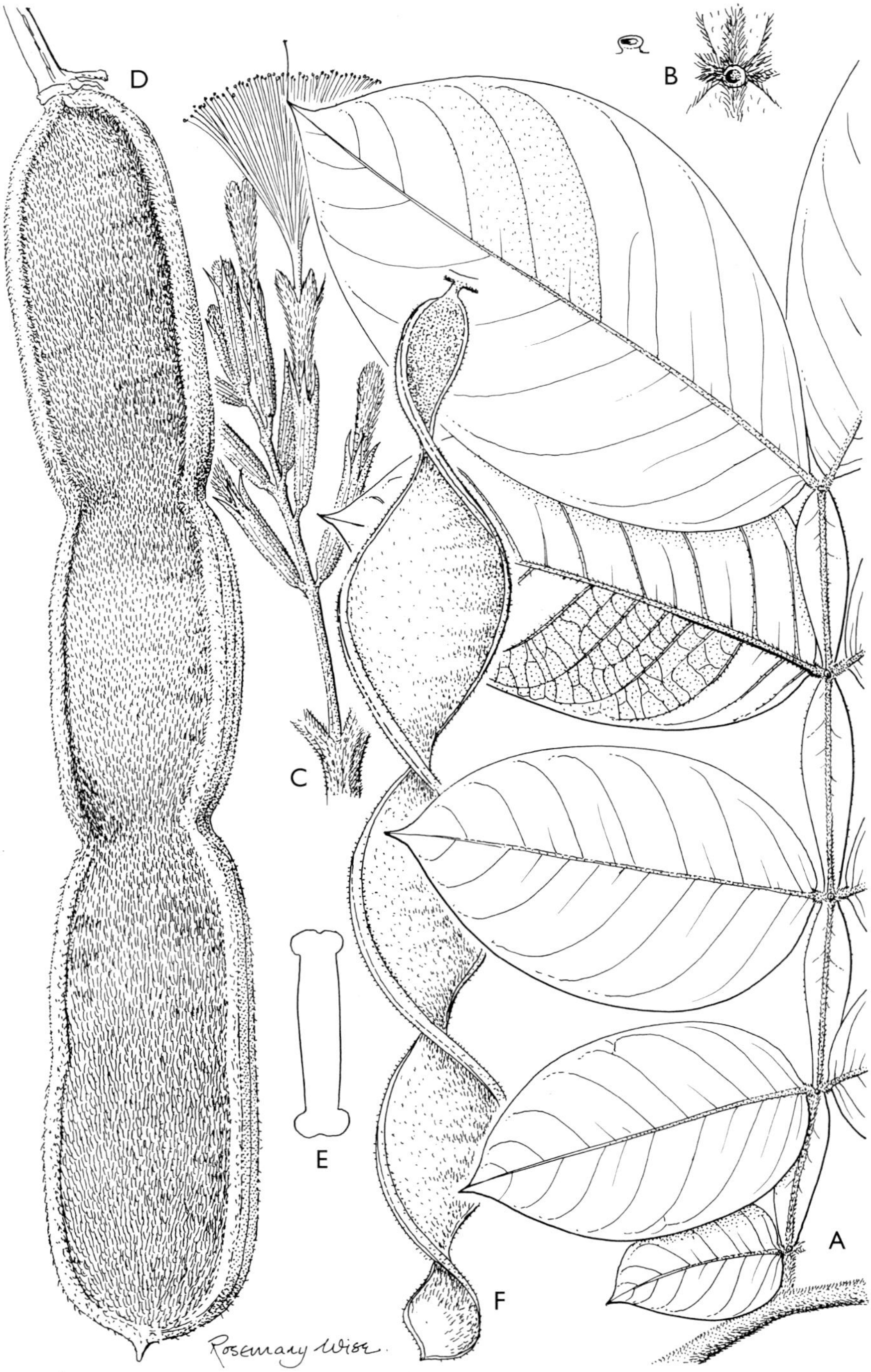

Fig. 59. *Inga velutina.* A, hoja × 2/3; B, nectario foliar × 2.6; C, inflorescencia × 2/3; D, legumbre × 2/3; E, sección de la legumbre × 2/3; F, legumbre × 2/3.

60. NOMBRE CIENTIFICO.
Inga pruriens Poepp. & Endl.

NOMBRE COMUN.
Iwaong (Napo).

CARACTERISTICAS BOTANICAS.
Árbol de hasta 35 m de altura, sin raíces tablares, con fuste cilíndrico y corteza pálida, ligeramente fisurada; hojas compuestas, raquis alado (hasta 3 cm de ancho), con 3–4 pares de folíolos anchamente elípticos, folíolos más grandes 18–30 × 10–15 cm; ramitas, hojas e inflorescencias con cobertura de escasos pelos rígidos; nectarios foliares poco profundos, en forma de copa, también presentes sobre el nervio central de algunos folíolos (ver Fig. 60); inflorescencias axilares o abajo de las hojas, solitarias o agrupadas, cada inflorescencia 2.5–8 cm de longitud, las flores dispuestas en una espiga compactada; flores 7–9 cm de longitud, sin fragancia, verde amarillentas con estambres blancos; legumbre 15–30 × 2.5–3.5 cm, morena amarillenta, aplanada a ligeramente convexa, recta o curvada, densamente cubierta con pelos rígidos, morenos oscuros.

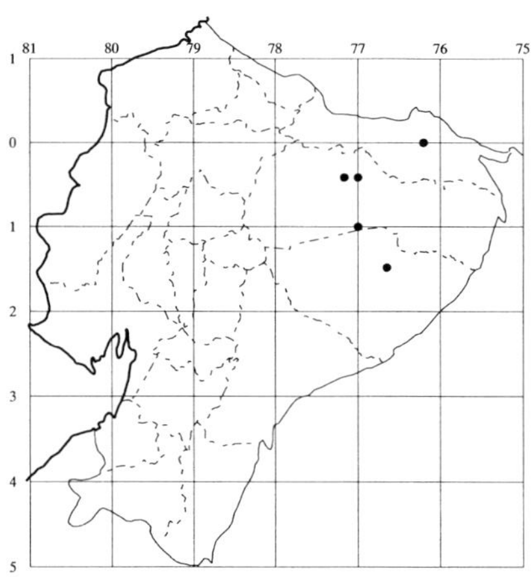

Mapa 60. *Inga pruriens* ●

Inga pruriens es distinguible entre el grupo de especies con flores grandes por la presencia de nectarios foliares sobre la superficie superior de algunos folíolos, además sobre el raquis; sinembargo en Ecuador esta característica se conoce en *I. carinata* de la costa del Pacífico. *Inga pruriens* también se distingue en los pelos rígidos moreno-oscuros sobre las partes jóvenes y la legumbre, y en la inflorescencia corta y compactada.

FENOLOGIA EN EL ECUADOR.
Floración en Ecuador en septiembre; fructificación en marzo y abril.

DISTRIBUCION Y REQUERIMIENTOS ECOLOGICOS.
Inga pruriens está distribuida en la Amazonia de Brasil y Amazonia de Ecuador y Perú. Es un árbol de bosque húmedo (usualmente no perturbado) de tierras no inundables, por lo general, alrededor de 250 m de altitud, sinembargo (como en Perú) se encuentra a 700 m de altitud. La distribución en Ecuador incluye las provincias de Napo, Pastaza y Sucumbios. Esta especie no tiene usos conocidos, pero valdría la pena estudiar las propiedades de su madera, porque alcanza diámetros bastante grandes.

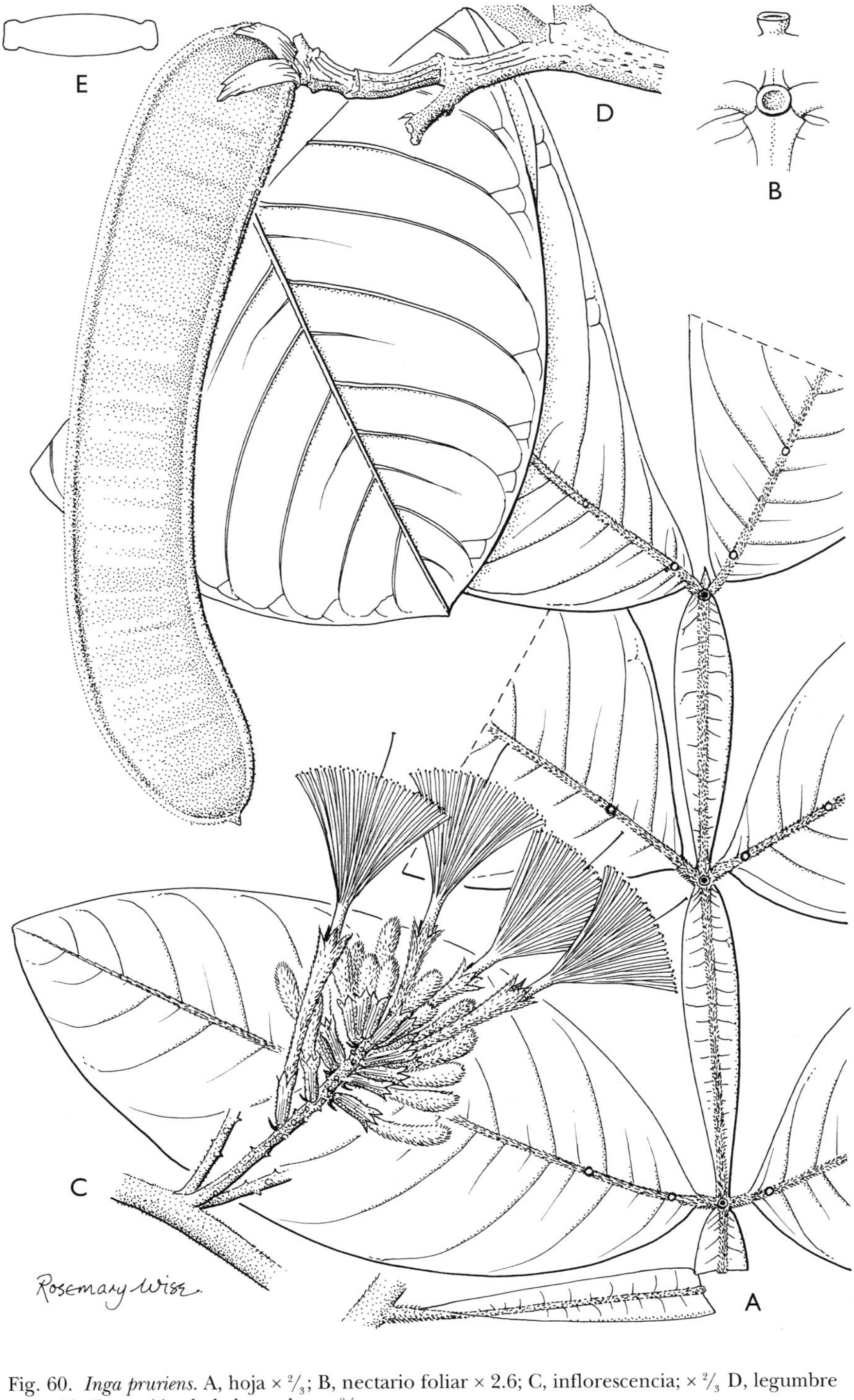

Fig. 60. *Inga pruriens.* A, hoja × $^2/_3$; B, nectario foliar × 2.6; C, inflorescencia; × $^2/_3$ D, legumbre × $^2/_3$; E, sección de la legumbre × $^2/_3$.

61. NOMBRE CIENTIFICO.
Inga stipulacea G. Don

CARACTERISTICAS BOTANICAS.
Árbol pequeño, de hasta 15 m de altura y 20 cm de diámetro, con corteza lisa marrón, con numerosas lenticelas; el follaje joven muestra un color rojizo; hojas subtendidas por estípulas grandes, 1.5–5 cm de longitud; hojas compuestas, raquis no alado, con 3–6 pares de folíolos elípticos, folíolos más grandes 12–24 × 4–9 cm; ramitas, hojas e inflorescencias con pelos largos, rígidos, moreno-oscuros; nectarios foliares en forma de copa; inflorescencias axilares solitarias, cada inflorescencia 7–20 cm de largo, las flores dispuestas en una espiga compactada; flores subtendidas por escamas recurvadas persistentes, 6–9 cm de longitud, sin fragancia, verde pálidas con estambres blancos; legumbre 20–40 × 3–4 cm, péndula, ligeramente convexa, recta o algunas veces ligeramente torcida, densamente cubierta de pelos largos, rígidos, moreno oscuros (se dice que los pelos pueden ser irritantes).

Inga stipulacea es muy distinta entre las especies de *Inga* con grandes flores, porque tiene raquis no alado, cobertura de pelos largos, rígidos, de color moreno oscuro, estípulas grandes y brácteas florales persistentes. La especie es, sinembargo, muy variable en el tamaño de las hojas, estípulas y flores.

FENOLOGIA EN EL ECUADOR.
Floración en Ecuador registrada en marzo, septiembre, frutos en septiembre.

DISTRIBUCION Y REQUERIMIENTOS ECOLOGICOS.
Inga stipulacea tiene una distribución desde la Amazonia Central de Brasil a Ecuador, Peru y Bolivia. Es un componente de bosques lluviosos de bajas altitudes, de terrenos no inundables o periódicamente inundables. En Ecuador es conocida sólo en las provincias de Napo, Pastaza y Sucumbios donde hay registros en bosques primarios y vegetación perturbada, hacia 500 m de altitud. No existe información disponible sobre las características de esta especie.

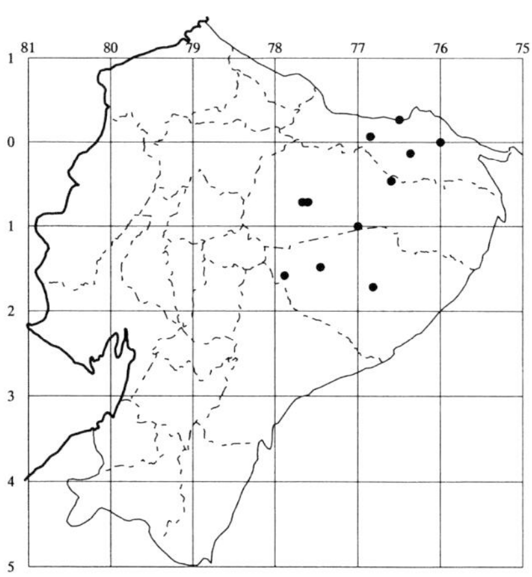

Mapa 61. *Inga stipulacea* ●

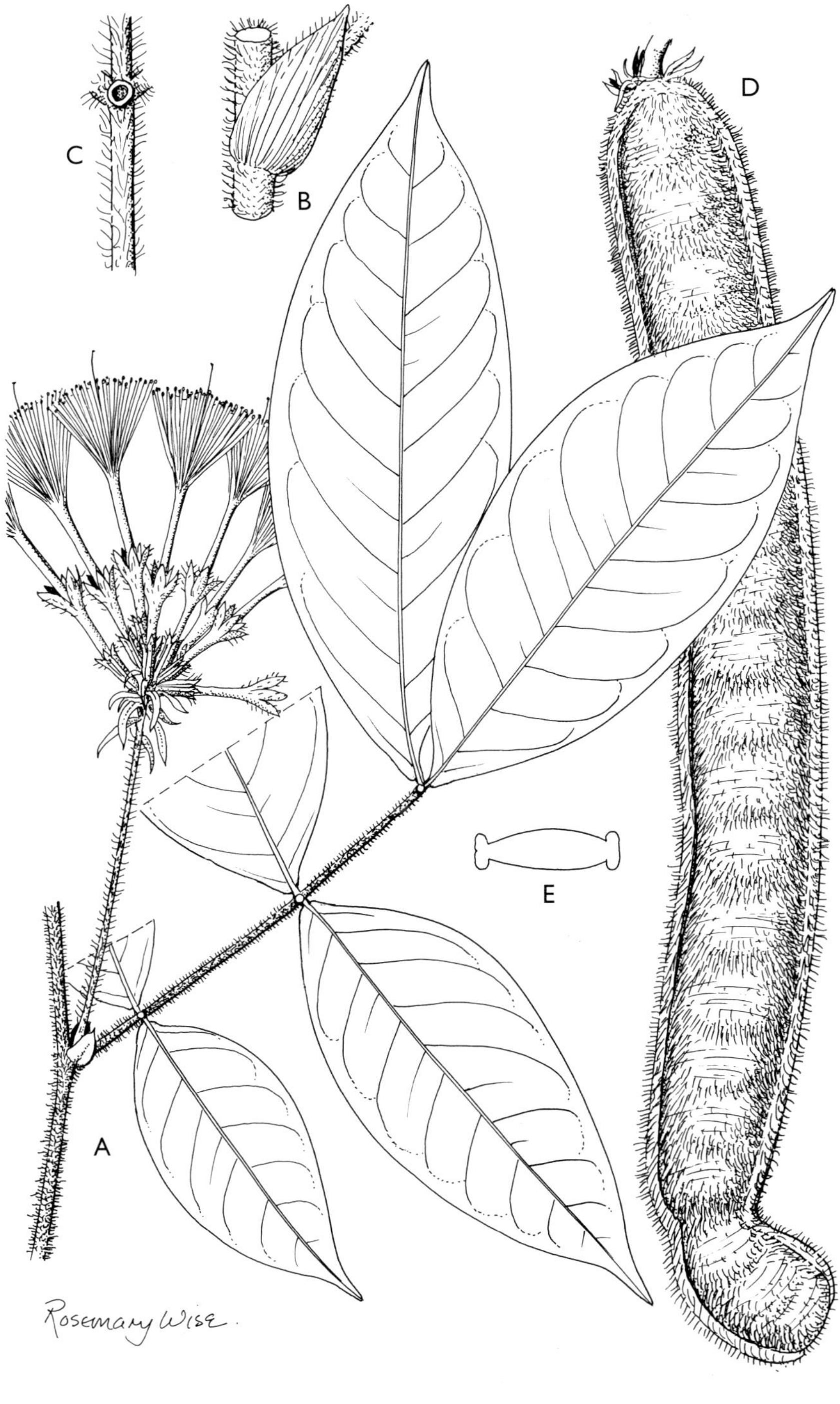

Fig. 61. *Inga stipulacea.* A, hábito × $^2/_3$; B, estípula × $^2/_3$; C, nectario foliar × 2.6; D, legumbre × $^2/_3$; E, sección de la legumbre × $^2/_3$.

62. NOMBRE CIENTIFICO.
Inga balsapambensis T.D. Penn.

CARACTERISTICAS BOTANICAS.
Árbol pequeño, de hasta 10 m de altura y 25 cm de diámetro, con corteza lisa o finamente agrietada verticalmente, de color gris oscuro; hojas compuestas, el follaje nuevo muestra un color rojizo-moreno; raquis alado, con 3–4 pares de folíolos elípticos, los folíolos más grandes 12–17 × 5–9.5 cm; ramitas, envés de los folíolos e inflorescencias densamente pubescentes con pelos enredados; nectarios foliares estipitados (2–4 mm de longitud), con una pequeña cabeza no desarrollada; inflorescencias axilares y agrupadas cerca del ápice en las axilas de hojas no desarrolladas, cada inflorescencia de 5–10 cm de longitud; las flores agrupadas en una espiga compactada; botones florales redondeados; flores 5.5–6.5 cm de largo, dulcemente fragantes, de color moreno verde en la cara exterior, verde pálido en la cara interior, con estambres blancos; legumbre 35–40 × 1.5–2 cm, de color moreno verdoso, péndula, más o menos cilíndrica, recta o irregularmente ondulada, las caras parcialmente cubiertas por márgenes fuertemente expandidos, el margen surcado longitudinalmente, indumento de pelos cortos y densos.

Esta especie tiene la legumbre cilíndrica torcida semejante a *I. edulis* e *I. oerstediana*, pero se diferencia en los nectarios foliares estipitados con una cabeza no expandida, y en las flores muy grandes.

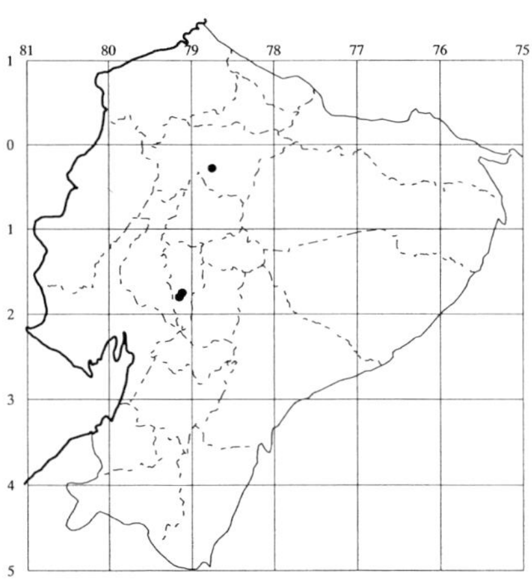

Mapa 62. *Inga balsapambensis* ●

FENOLOGIA EN EL ECUADOR.
Floración de octubre a noviembre; frutos inmaduros en noviembre.

DISTRIBUCION Y REQUERIMIENTOS ECOLOGICOS.
Esta especie ha sido recientemente descrita y es conocida sólo en las vertientes del Pacífico de los Andes ecuatorianos. Ha sido colectada en Bolívar y Pichincha, entre 1550 m y 1770 m en remanentes de bosques pluviales montanos sujetos a días siempre nebulosos. Es importante aprender más sobre las características del crecimiento de esta rara especie, que parece estar limitada a reducidas zonas de la vertiente del Pacífico intensamente deforestadas. Al parecer es capaz de persistir en vegetación secundaria después de eliminar la cobertura boscosa.

Fig. 62. *Inga balsapambensis.* A, hábito × $^{2}/_{3}$; B, estípula × 2.6; C, nectario foliar × 2.6; D, botón floral × $^{2}/_{3}$; E, legumbre × $^{2}/_{3}$; F, sección de la legumbre × $^{2}/_{3}$.

63. NOMBRE CIENTIFICO.
Inga ornata Kunth

CARACTERISTICAS BOTANICAS.
Árbol pequeño, de hasta 12 m de altura y 35 cm de diámetro, con corteza lisa grisácea; hojas compuestas, el raquis alado, con 5–9 pares de folíolos delgados, elípticos; folíolos más grandes 7–14 × 2–4 cm; ramitas, hojas e inflorescencias con pelos cortos, densos y enredados; nectarios foliares levemente cupuliformes; inflorescences axilares solitarias o en pares, cada inflorescencia de 4–10 cm de longitud, las flores dispuestas en una espiga compactada; flores de 5–7 cm de longitud con cáliz y corola ancha, sin fragancia, verde pálidas con estambres blancos; legumbre 15–30 × 1–1.5 cm, moreno-grisácea, cilíndrica, recta o espiralmente torcida, longitudinalmente estriada, con una fina cobertura de pelos cortos.

Inga ornata pertenece al grupo de especies incluyendo la ampliamente distribuida *I. vera*, pero difiere de la última en la pubescencia densa de pelos enredados, el botón floral más grueso y globoso y por sus flores pediceladas.

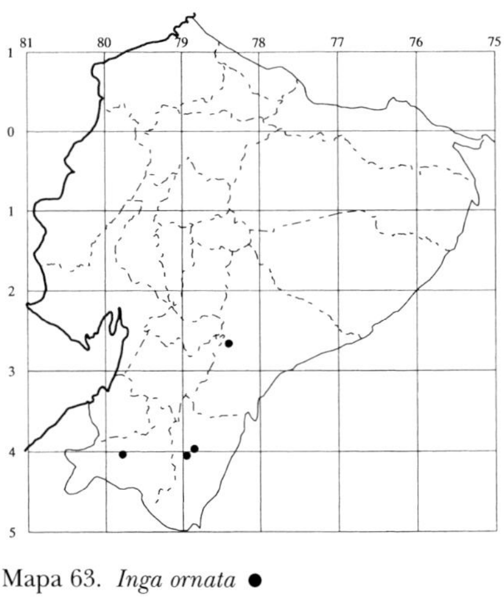

Mapa 63. *Inga ornata* ●

FENOLOGIA EN EL ECUADOR.
Floración en Ecuador en noviembre; fructificación en enero.

DISTRIBUCION Y REQUERIMIENTOS ECOLOGICOS.
Inga ornata es conocida únicamente en los Andes de Colombia, Ecuador y Perú, usualmente entre 800 m y 2200 m de altitud. Se encuentra generalmente en las orillas de los ríos, en áreas con bosque seco. En Ecuador está registrada solamente en el sur del país, en las provincias de Loja, Morona Santiago y Zamora-Chinchipe, en donde es protegida por su fruto comestible.

Es pariente cercana de *I. vera*, la cual es una de las especies más utilizadas en el género. *Inga ornata* debería ser investigada para reforestación, particularmente en áreas secas con mediana altitud.

Fig. 63. *Inga ornata.* A, hábito × ²⁄₃; B, estípula × 1.3; C, nectario foliar × 2.6; D, hoja × ²⁄₃; E, legumbre × ²⁄₃; F, sección de la legumbre × ²⁄₃.

64. NOMBRE CIENTIFICO.
Inga vera Willd.

SINONIMIA.
Inga spuria Humb. & Bonpl. ex Willd.
Inga affinis DC.

CARACTERISTICAS BOTANICAS.
Árbol de mediano tamaño, hasta 25 m de altura y 40 cm de diámetro, los árboles grandes algunas veces con el tronco acanalado en la base; corteza lisa grisácea, con lenticelas; corteza interna rojiza; hojas compuestas, el raquis alado, con 4–8 pares de folíolos delgados en forma de lanza, folíolos más grandes 5–13 × 1.5–3.5 cm; ramitas, hojas e inflorescencias cortamente pubescentes; nectarios foliares circulares o aplanados; inflorescencias axilares, solitarias o en grupos, cada inflorescencia 2.5–10 cm de longitud, las flores dispuestas en una espiga compactada o laxa, flores 3.5–7 cm de longitud, poco fragantes, verde amarillentas, con estambres blancos; legumbre 5–15 × 1.3–2 cm, de color marrón amarillento, cilíndrica o cuadrangular, recta o ligeramente curvada, los márgenes ampliamente expandidos y longitudinalmente surcados, cortamente pubescente.

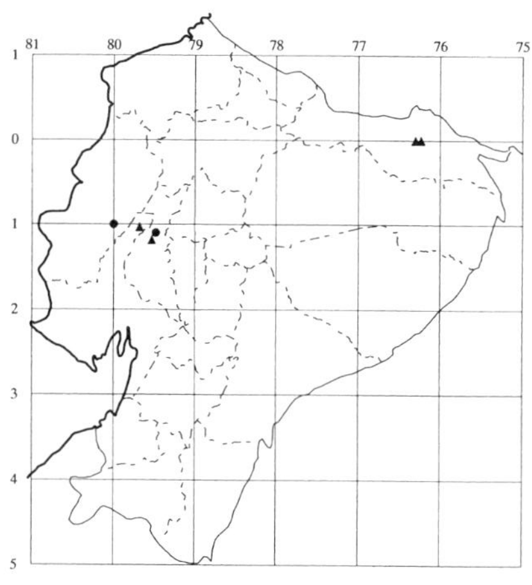

Mapa 64. *Inga vera* subsp. *vera* ● *Inga vera* subsp. *affinis* ▲

Inga vera está cercanamente relacionada a *I. edulis* e *I. oerstediana.* Esta se diferencia de las dos por los nectarios foliares circulares (los nectarios de *I. edulis* e *I. oerstediana* son transversalmente comprimidos), sus folíolos pequeños y legumbre pequeña.

FENOLOGIA EN EL ECUADOR.
Floración en Ecuador en septiembre, noviembre y enero; fructificación en mayo y agosto.

DISTRIBUCION Y REQUERIMIENTOS ECOLOGICOS.
Inga vera ocupa el rango completo del género, que es toda la zona tropical de México, América Central, Sudamérica y las islas del Caribe. Está representada en Ecuador por dos subespecies: 1) subsp. *vera* distribuida en América Central y extendiéndose hacia el sur del Ecuador; 2) subsp. *affinis* limitada a Sudamérica tropical. La subespecie *vera*, caracterizada por el cáliz más largo, se encuentra ´ únicamente en la costa del Ecuador, en áreas de bosque seco y orillas de ríos, especialmente en las provincias de Guayas y Los Ríos.

La subespecie *affinis*, que tiene un cáliz más corto, se encuentra en las regiones de la costa y Amazonía, como Guayas, Los Ríos y Sucumbios. Es un árbol de orillas de los ríos, pero también se encuentra en áreas de bosque seco o de bosque húmedo.

Inga vera es ampliamente usada para sombra de café a través de Centroamérica, especialmente en áreas con un clima fuertemente estacional. Allí es popular porque es capaz de establecerse bajo condiciones desfavorables. Posee una amplia copa de hojas pequeñas la cual brinda una sombra ligera, y es excelente provedora de leña. Sinembargo, esta especie no ha sido

Fig. 64. *Inga vera* subsp. *affinis*. A, hábito × $^2/_3$; B, nectario foliar × 2.6; C, legumbres × $^2/_3$.

investigada en el Ecuador, pero sería oportuno incentivar su cultivo para futuras evaluaciones. Puede ser usada particularmente como una fuente productora de leña en la región seca de la costa.

65. NOMBRE CIENTIFICO.
Inga chocoensis Killip ex T.S. Elias

CARACTERISTICAS BOTANICAS.
Árbol mediano, de hasta 20 m de altura y 30 cm de diámetro, con corteza lisa, de color gris pálido; hojas compuestas, raquis alado (hasta 1.7 cm de ancho), con 2 pares de folíolos grandes, anchamente elípticos, folíolos más grandes 18–23 × 12–14 cm; ramitas, envés del folíolo e inflorescencias con pubescencia cortamente enredada; nectarios foliares cortamente estipitados o no, con cabeza no desarrollada, con una apertura pequeña; nectarios también presentes cerca la base del nervio principal sobre algunos folíolos; inflorescencias axilares, a veces agrupadas cerca del ápice de la rama, solitarias o en pares, cada inflorescencia 3–10 cm de longitud, las flores dispuestas en una espiga compactada; flores de 4.5–5 cm de longitud, de color verde pálido con estambres blancos, cambiando a naranja con la edad; legumbre aproximadamente 20 × 2–3.2 cm, marrón, cilíndrica o irregular en sección, espiralmente torcida o fuertemente enrollada, las caras completamente cubiertas por los márgenes, los cuales están extendidos y longitudinalmente surcados, la legumbre con pubescencia cortamente enredada.

Esta especie está relacionada a *I. carinata*, la cual tiene nectarios sobre el nervio principal de algunos folíolos, y las legumbres similares. *Inga chocoensis* difiere de *I. carinata* por las grandes y conspicuas estípulas, los pocos folíolos y la legumbre sin quillas.

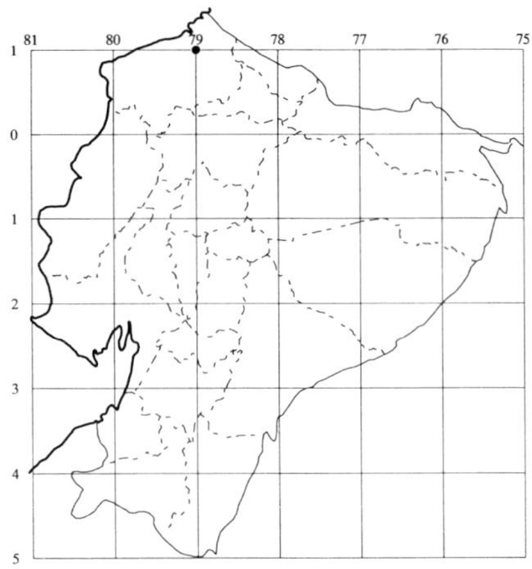

Mapa 65. *Inga chocoensis* ●

FENOLOGIA EN EL ECUADOR.
No hay registros de especímenes con flores en el Ecuador, sinembargo en otras partes hay flores desde noviembre a abril; fructificación en Ecuador en octubre.

DISTRIBUCION Y REQUERIMIENTOS ECOLOGICOS.
Esta especie se extiende desde Nicaragua hasta el noroeste de Ecuador; es un componente de bosques lluviosos de altitudes menores a 500 m, y es frecuentemente persistente en vegetación secundaria. En Ecuador ha sido colectada unicamente en áreas próximas a Borbón en Esmeraldas, en bosques húmedos. No se dispone de información sobre las características de crecimiento en Ecuador, pero conociendo el comportamiento en Costa Rica, donde es un árbol muy agresivo en vegetación secundaria, puede recomendársele para sombra o producción de abono verde en las planicies húmedas de la costa ecuatoriana.

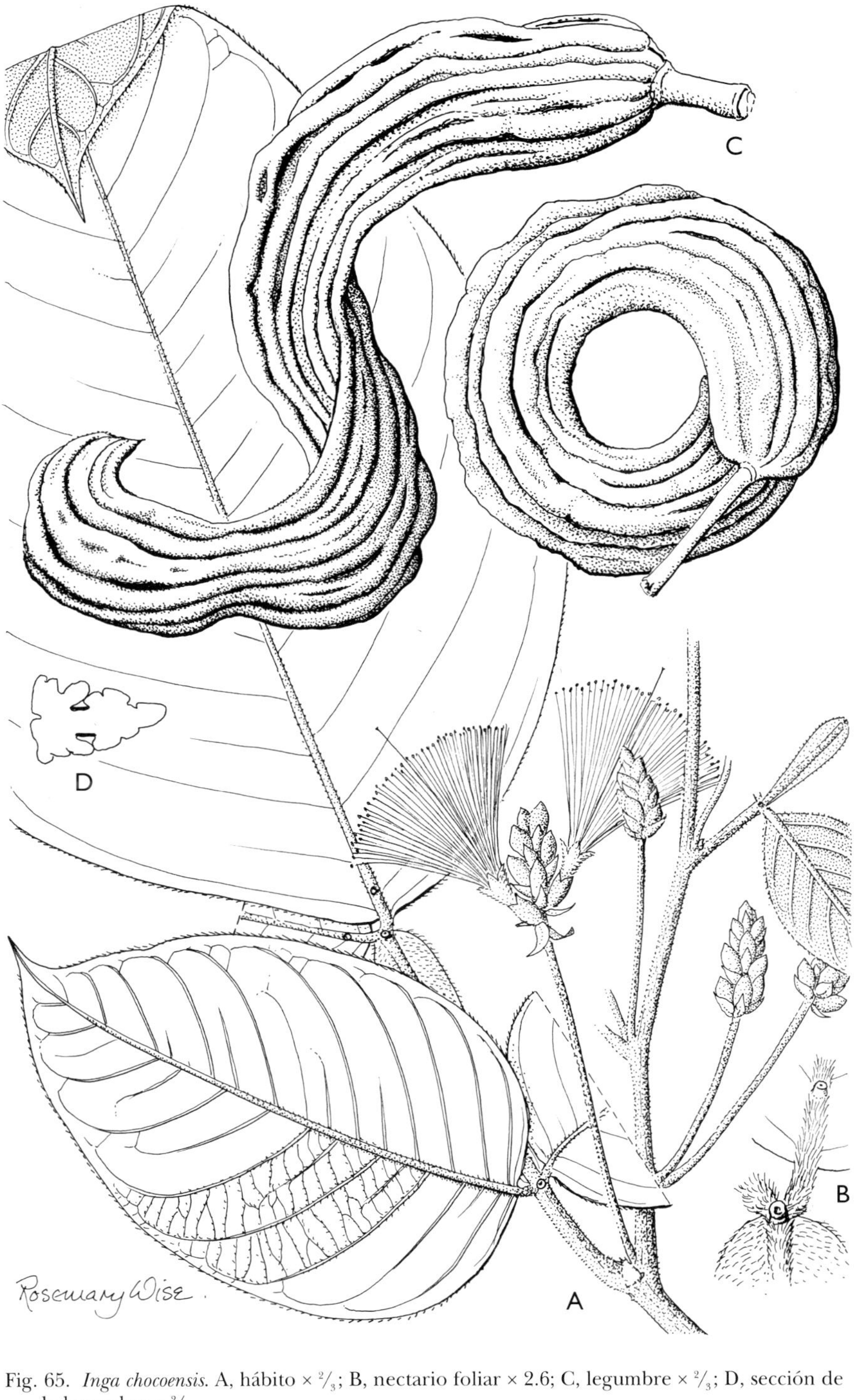

Fig. 65. *Inga chocoensis.* A, hábito × $^2/_3$; B, nectario foliar × 2.6; C, legumbre × $^2/_3$; D, sección de la legumbre × $^2/_3$.

66. NOMBRE CIENTIFICO.
Inga carinata T.D. Penn.

NOMBRE COMUN.
Guaba de mico (Pichincha).

CARACTERISTICAS BOTANICAS.
Árbol de 25 m de altura y 35 cm de diámetro, sin raíces tablares, con fuste cilíndrico, algunas veces con presencia de anillos horizontales, corteza lisa, blanca grisácea, la corteza interna 3–4 mm de espesor, crema, usualmente con un olor a ajo; hojas compuestas, subtendidas por anchas estípulas de 1.3–2 cm de longitud, el raquis alado (hasta 1.3 cm de ancho) con 2–3 pares de folíolos grandes, anchamente elípticos, los folíolos más grandes de 20–30 × 10–15 cm; ramitas, envés del folíolo e inflorescencia cortamente pubescentes; nectarios foliares cortamente estipitados, con cabeza en forma de copa, un nectario foliar adicional presente cerca de la base del nervio principal sobre algunos folíolos; inflorescencias axilares, algunas veces agrupadas cerca del ápice de la ramita, cada inflorescencia 4–12 cm de longitud, las flores dispuestas en una espiga compactada; flores 4.5–5 cm de longitud, de color verde pálido, con estambres blancos; legumbre 12–35 × 2–3 cm, de color verde amarillento, convexa, recta o curvada, las caras completamente cubiertas por las márgenes longitudinalmente surcadas; uno o los dos márgenes claramente quillados o alados; semillas a menudo rosadas o púrpuras.

Esta especie está relacionada a *I. chocoensis* y sus diferencias son discutidas bajo esta última. La legumbre de esta especie es muy variable en tamaño el en desarrollo de las quillas sobre el margen.

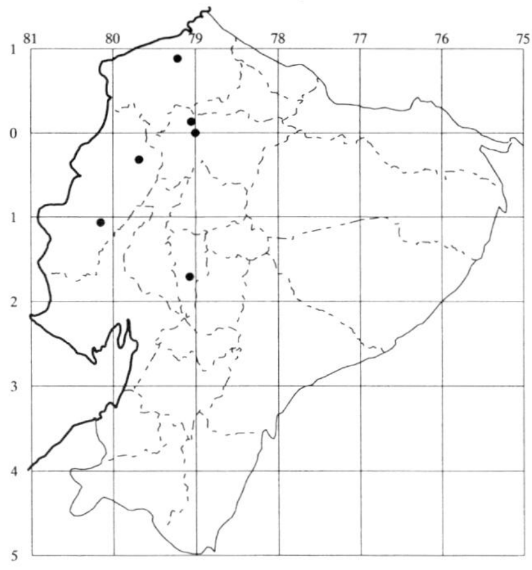

Mapa 66. *Inga carinata* ●

FENOLOGIA EN EL ECUADOR.
Floración en octubre y enero; legumbres maduras colectadas en octubre.

DISTRIBUCION Y REQUERIMIENTOS ECOLOGICOS.
Inga carinata es un árbol de bosque de baja altitud y de zonas montanas sobre las vertientes del Pacífico en los Andes ecuatorianos (Esmeraldas, Los Ríos, Manabí, Pichincha). No ha sido colectada afuera del país. Es una especie de claros que requiere mayor cantidad de luz. Tiene buen crecimiento en vegetación secundaria, márgenes de las carreteras y en pasturas. Se encuentra ocasionalmente como un árbol de sombra de café en la región de El Carmen y Flavio Alfaro, Pichincha, y al parecer tiene muchas características de *I. oerstediana.* No se dispone de información sobre sus características de crecimiento, y sería util conducir esfuerzos para su cultivo. Es particularmente común en bosques húmedos alrededor de 600–700 m de altitud en Pichincha.

Fig. 66. *Inga carinata.* A, hábito × $^{2}/_{3}$; B, nectario foliar × 2.6; C, nectario foliar sobre el nervio principal del folíolo × 2.6; D–F, legumbre y sección de la legumbre × $^{2}/_{3}$.

67. NOMBRE CIENTIFICO.
Inga oerstediana Benth.

SINONIMIA.
Inga edulis var. *minutula* Schery
Inga minutula (Schery) T.S. Elias

CARACTERISTICAS BOTANICAS.
Árbol grande, de hasta 30 m de altura y 55 cm de diámetro, raíces tablares, con el fuste cilíndrico o en algunos casos acanalado en la base; corteza externa lisa, color grisáceo pálido, con lenticelas, la corteza interna de color crema pálido; hojas compuestas, el raquis alado, con 3–4 pares de folíolos anchamente elípticos, los folíolos más grandes de 11–20 × 5–10 cm; ramitas apicales, hojas e inflorescencias con pubescencia de pelos cortos; nectarios foliares con la abertura transversalmente comprimida; inflorescencias axilares, a menudo agrupadas cerca del ápice en las axilas de hojas no desarrolladas, cada inflorescencia de 4–10 cm de longitud con las flores dispuestas en una espiga congesta; flores de 2.5–3.5 cm de longitud, suavemente fragantes, color marrón amarillento a verde amarillento con estambres blancos; legumbre de 20–30 × 1–1.5 cm , péndula, color marrón verdusco o marrón amarillento, cilíndrica a cuadrangular, recta o ligeramente curvada, con costillas longitudinales y pubescencia de pelos cortos.

Esta especie es muy afín a la ampliamente cultivada *I. edulis.* Difiere de ella en los folíolos con menor número de venas secundarias, la pubescencia de pelos más bien erectos (en *I. edulis* están apretados a la superficie de las hojas), las escamas más cortas subtendiendo las flores y la legumbre más corta.

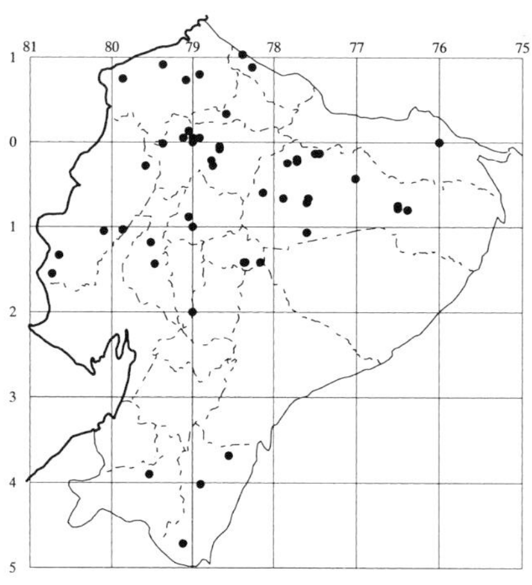

Mapa 67. *Inga oerstediana* ●

FENOLOGIA EN EL ECUADOR.
Floración mayormente en octubre a enero y abril a junio; fructificación en octubre, noviembre, enero, abril y mayo.

DISTRIBUCION Y REQUERIMIENTOS ECOLOGICOS.
Ampliamente distribuida desde el Sur de México a través de Centroamérica y el Oeste de Sudamérica hasta Bolivia. Crece en un amplio rango de hábitats, incluyendo bosques estacionalmente secos, bosques pluviales de llanura y bosques montanos. En la vertiente amazónica de los Andes se le encuentra usualmente arriba de los 1000 m, pero en la costa ecuatoriana crece al nivel del mar. Esta es un especie de *Inga* de amplia distribución en el Ecuador, con registros de Cotopaxi, Esmeraldas, Guayas, Imbabura, Los Ríos, Manabí, Morona Santiago, Tungurahua, Pichincha, Zamora-Chinchipe, Napo y Sucumbios. Comunmente está cultivada como un árbol de sombra para café en toda América Central; en Colombia y Perú es también una especie útil para leña. Es extremadamente agresiva y de crecimiento rápido, con hojas muy grandes, las cuales dan una sombra

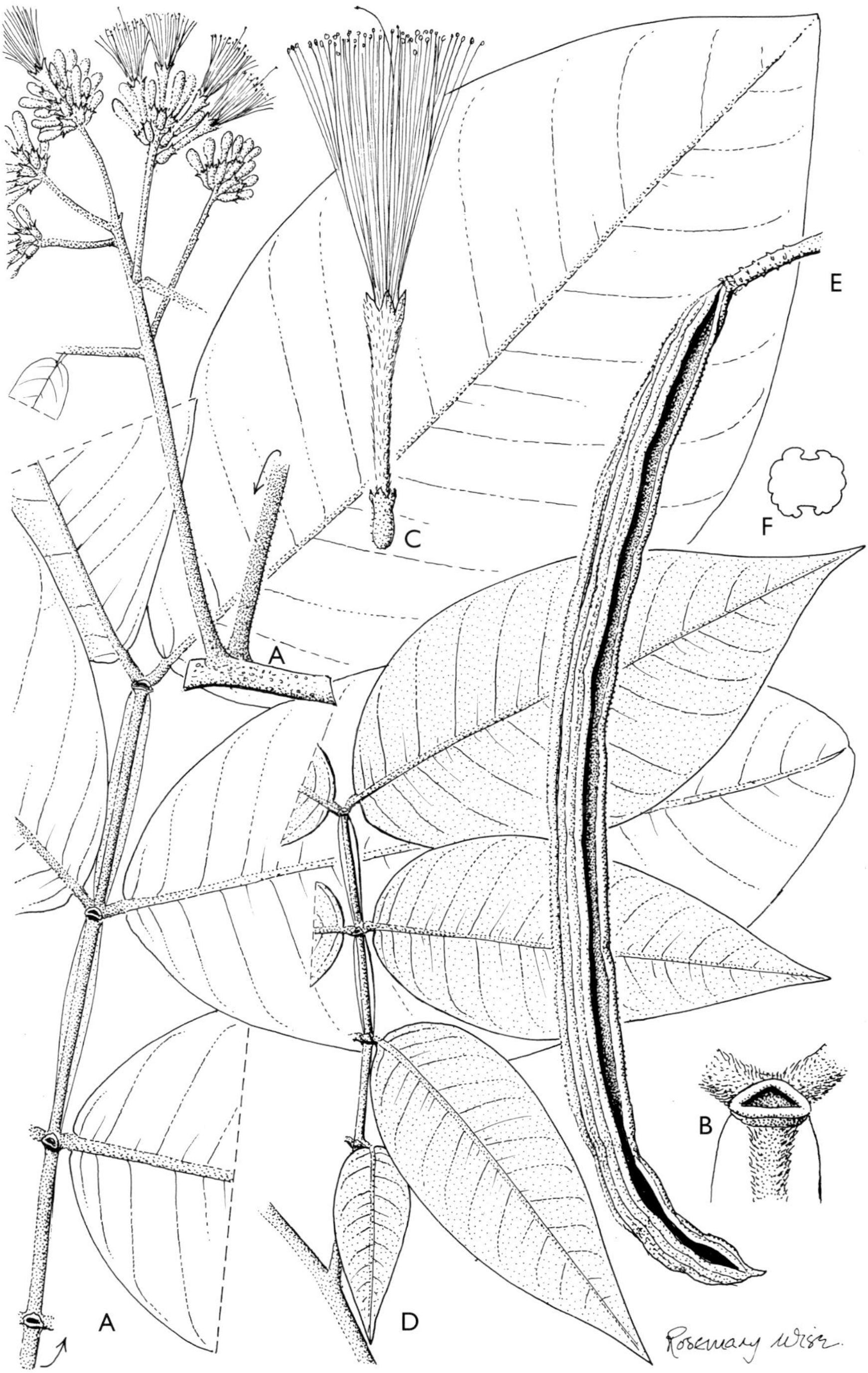

Fig. 67. *Inga oerstediana.* A, hoja e inflorescencia × 2/3; B, nectario foliar × 2.6; C, flor × 2; D, hoja × 2/3; E, legumbre × 2/3; F, sección de la legumbre × 2/3.

amplia y al caer forman una capa gruesa de hojarasca de lenta descomposición, que inhibe el crecimiento de malezas. En pruebas reciente efectuadas en Honduras y en la costa de Ecuador, esta especie ha mostrado una alta tasa de producción de biomasa y un crecimiento impresionante.

68. NOMBRE CIENTIFICO.
Inga edulis Mart.

SINONIMIA.
Inga conferta Benth.

NOMBRE COMUN.
Guaba (Napo); guaba de bejuco (Los Ríos).

CARACTERISTICAS BOTANICAS.
Árbol grande, de hasta 40 m de alto y 65 cm de diámetro, los individuos de gran tamaño con raíces tablares de hasta 1 m de altura y el fuste acanalado en la base por varios metros; corteza externa lisa, color grisáceo pálido, a veces con anillos horizontales, la corteza interna de color rosado o marrón pálido, de 3–5 mm de espesor; hojas compuestas, el raquis alado con 4–6 pares de folíolos elípticos, los más grandes de 10–20 × 4–8 cm, la cara inferior de las hojas con pubescencia de pelos apretados a la superficie; nectarios foliares con una abertura transversalmente comprimida; inflorescencias axilares, a veces agrupadas cerca del extremo de la ramita en las axilas de hojas no desarrolladas, cada inflorescencia de 2–10 cm de longitud con las flores dispuestas en una espiga congesta y subtendida por escamas de 4–8 mm de longitud; flores de 2.5–5 cm de longitud, suavemente fragantes, color verde amarillento con estambres blancos; legumbre de 30–100 cm de longitud (en plantas cultivadas a menudo más grandes), 2–5 cm de diámetro, color verde grisáceo, cilíndrica, recta o revirada en espiral, con prominencias longitudinales y pubescencia de pelos cortos.

Las diferencias entre *I. edulis* y la especie cercana *I. oerstediana* se discuten en esta última.

FENOLOGIA EN EL ECUADOR.
La floración en el Ecuador ocurre mayormente de julio a noviembre; tiene frutos maduros de noviembre a febrero.

DISTRIBUCION Y REQUERIMIENTOS ECOLOGICOS.
La distribución silvestre de *I. edulis* se extiende desde Colombia a través de la mayor parte de Sudamérica tropical al este de los Andes hasta la costa de Brasil, en altitudes hasta de 700 m. Es una especie de los claros en bosques pluviales de llanura en tierras no inundables, ocasionalmente reportada en las riberas de los ríos; persiste en la vegetación secundaria.

Esta especie es nativa en la Amazonia ecuatoriana (provincias de Morona-Santiago y Napo), y es ampliamente cultivada en las regiones bajas del Pacífico y Amazonía.

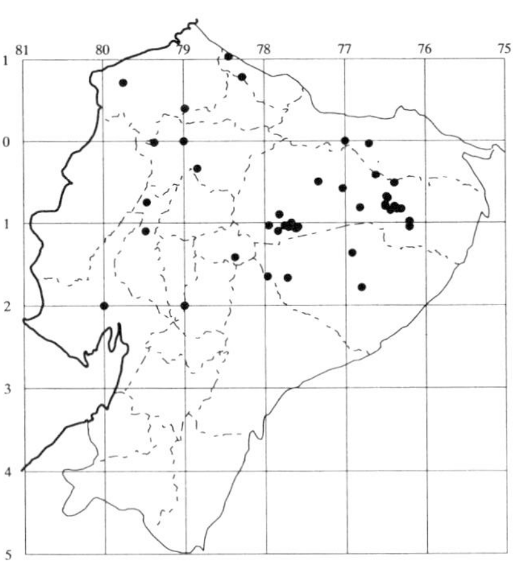

Mapa 68. *Inga edulis* ●

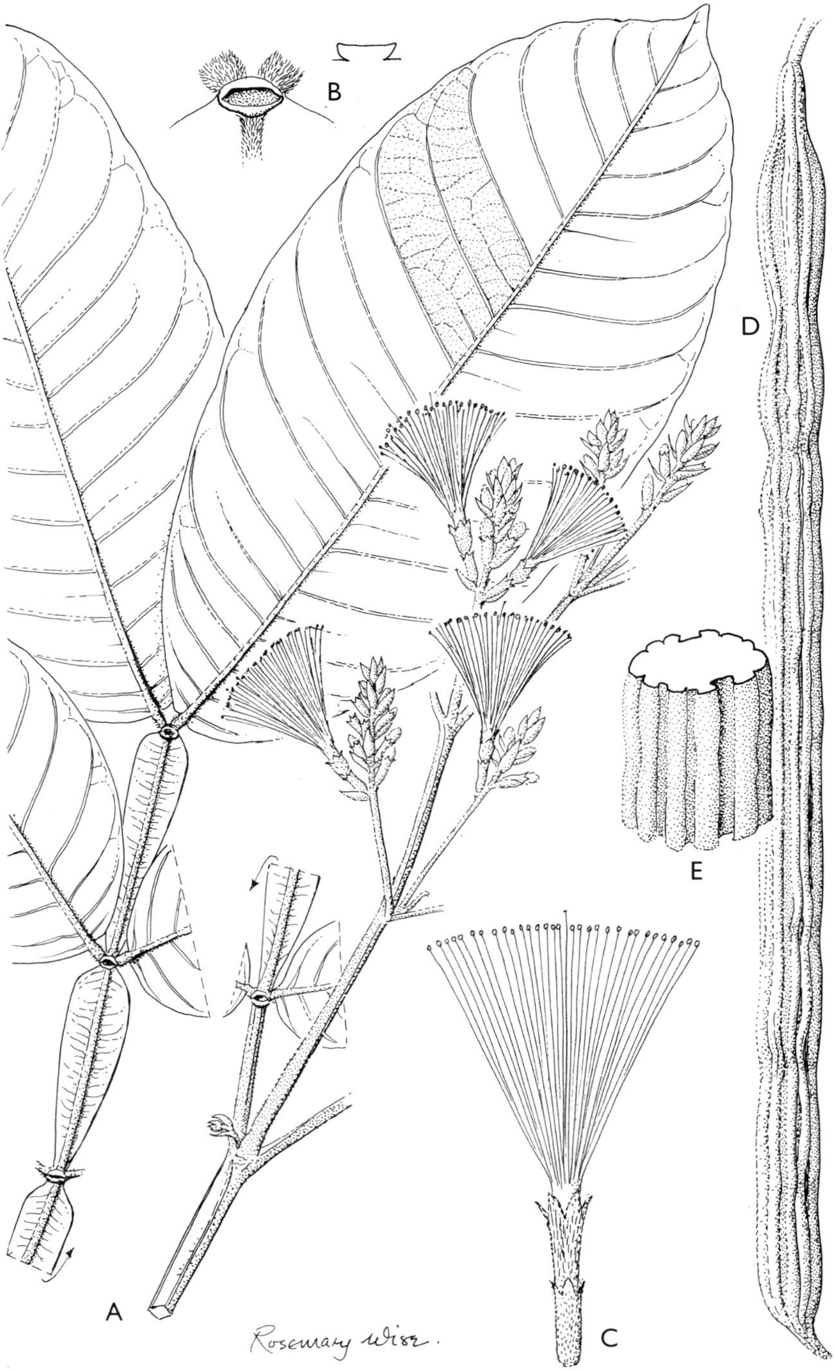

Fig. 68. *Inga edulis.* A, hábito e inflorescencia × ²⁄₃; B, nectario foliar × 2.6; C, flor × 1.3; D, legumbre × ²⁄₃; E, sección de la legumbre × ²⁄₃.

Inga edulis ha sido cultivada desde largo tiempo atrás por sus frutos comestibles, y es un árbol frecuente en casas y chacras. Las dimensiones y calidad del fruto son variables, y en plantas cultivadas suelen apreciarse frutos de gran tamaño. Ocasionalmente se reportan legumbres de más de 1 m de largo. Aparte del fruto comestible, esta especie tiene varias otras cualidades que la hacen de enorme interés en agroforestería. Es muy tolerante a suelos ácidos y empobrecidos, aun con drenaje insuficiente, y posee rápido crecimiento. En parcelas experimentales de Perú, Ecuador y Costa Rica ha superado en ritmos de crecimiento a todas las otras especies ensayadas. Bajo cultivo en jardines ramifica desde abajo y forma una copa extendida, pero en condiciones de plantación forma un fuste único de 15–20 cm de diámetro y 15 m de alto a los 3 años de plantada; tiene un potencial evidente para leña. La especie prospera asimismo en suelos compactados de pasturas antiguas, erradicando las malezas, y en tal sentido tiene un gran potencial para la recuperación de zonas degradadas.

69. NOMBRE CIENTIFICO.
Inga insignis Kunth

SINONIMIA.
Inga ornifolia Kunth
Inga pachycarpa Benth.

NOMBRE COMUN.
Guaba, guagua (Azuay y Cuenca).

CARACTERISTICAS BOTANICAS.
Árbol pequeño, de hasta 10 m de altura y 35 cm de diámetro, usualmente ramificado cerca de la base; corteza lisa de color gris; la copa es densa, a veces más ancha que alta, de follaje verde brillante; el follaje joven muestra un color rojizo; hojas compuestas, raquis alado (hasta 2 cm de ancho), con 4–6 pares de folíolos elípticos, folíolos más grandes 10–14 × 4–6 cm; ramitas, envés del folíolo e inflorescencias con pelos cortos enredados, aunque a veces las hojas no tienen pelos; nectarios foliares estipitados (1–2 mm de longitud) con cabeza en forma de copa o no expandida; inflorescencias axilares, solitarias o en pares; cada inflorescencia de 6–10 cm de longitud, las flores dispuestas en una espiga compactada; flores 3.5–4.5 cm de longitud, poco fragantes, de color verde amarillento, con estambres blancos; legumbre 14–18 × 2–2.5 cm, verde o marrón verdosa, cuadrangular, recta o ligeramente curvada, los márgenes longitudinalmente surcados, con pelos enredados.

Inga insignis es una especie distinta por su legumbre corta cuadrangular con márgenes surcados. Cuando florece es similar a *I. ornata*, pero el fruto grande y cilíndrico de la última es completamente diferente.

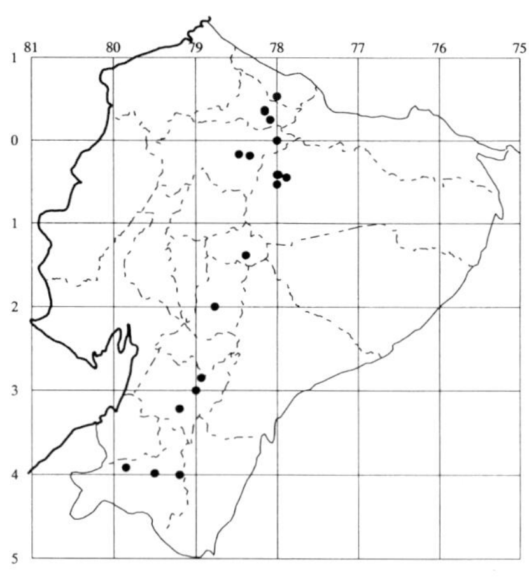

Mapa 69. *Inga insignis* ●

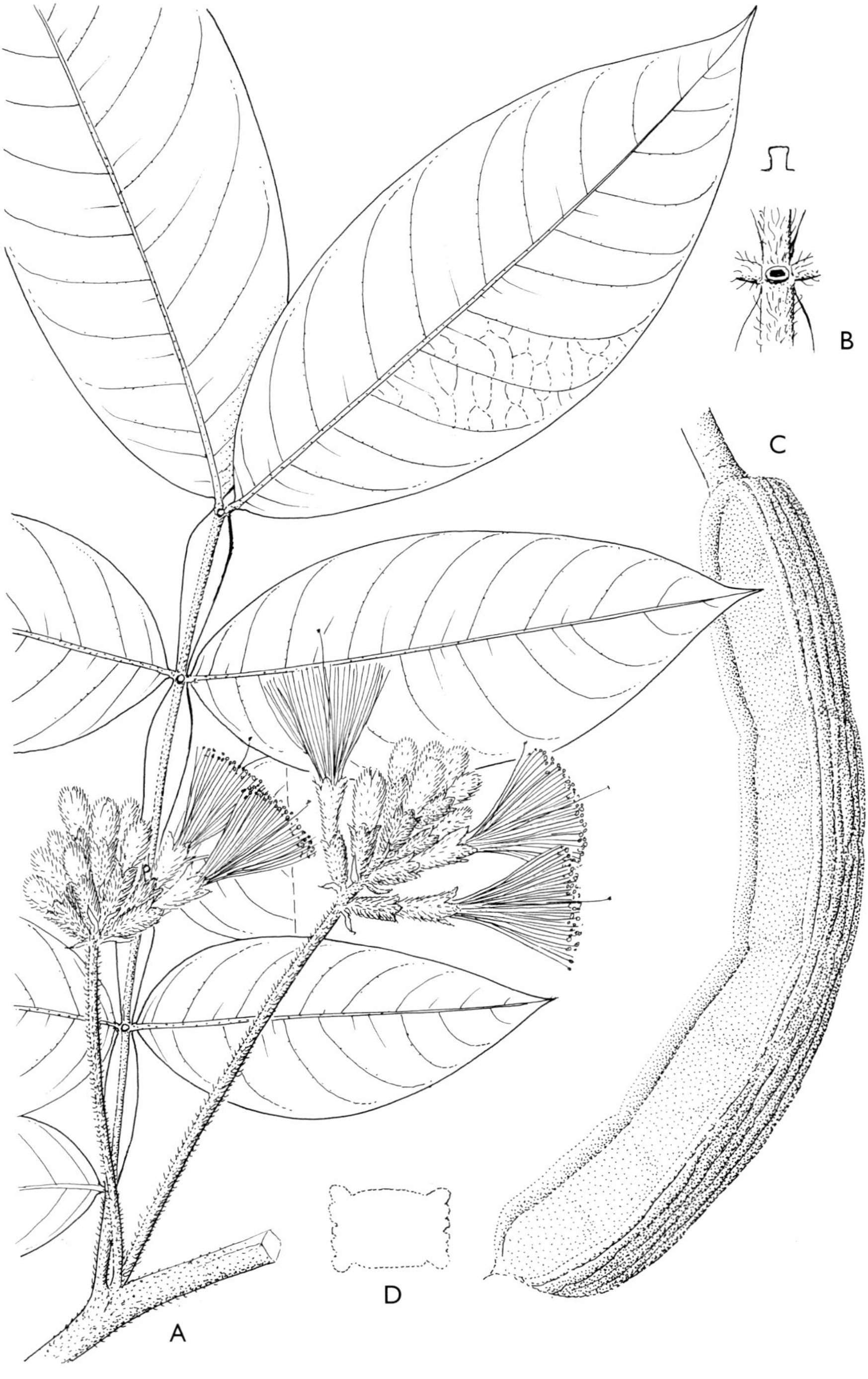

Fig. 69. *Inga insignis.* A, hábito × $^2/_3$; B, nectario foliar × 2.6; C, legumbre × $^2/_3$; D, sección de la legumbre × $^2/_3$.

FENOLOGIA EN EL ECUADOR.
En el Ecuador tiene dos períodos marcados de floración, de abril a junio y octubre a enero, y fructificación mayormente en octubre–noviembre, y enero a abril.

DISTRIBUCION Y REQUERIMIENTOS ECOLOGICOS.
Esta especie es conocida en Colombia, Ecuador y al norte del Perú, generalmente de plantas cultivadas, entre 1000 m y 3000 m de altitud. Hay registros de *I. insignis* a través de la sierra de Ecuador, en las provincias de Azuay, Chimborazo, Cuenca, El Oro, Loja, Napo, Pichincha y Tungurahua. La distribución nativa es dudosa, pero en tiempos pasados probablemente era componente de los bosques originales altos montanos que existieron a esas altitudes.

El fruto de esta especie es popular en los mercados de la sierra de Ecuador y es cultivado ampliamente en huertos (por ejemplo en la localidad de Pifo, al este de Quito). También crece como ornamental y es árbol común en las calles de Quito, donde florece y fructifica bajo condiciones templadas con un rango de temperatura de 8°C – 25°C y tolera épocas largas sin lluvia.

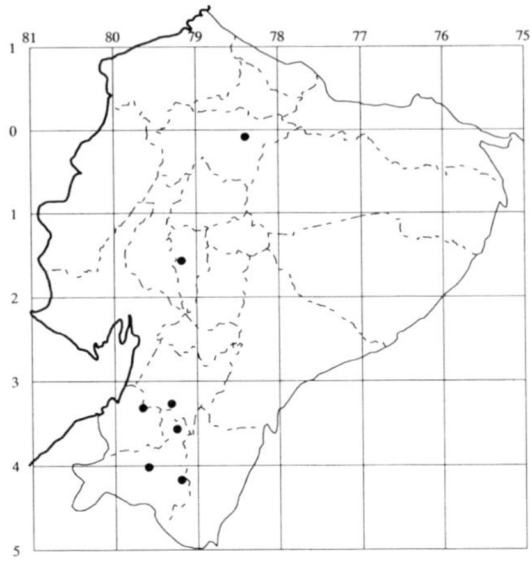

Mapa 70. *Inga feuillei* ●

70. NOMBRE CIENTIFICO.
Inga feuillei DC.

NOMBRE COMUN.
Guaba (Loja).

CARACTERISTICAS BOTANICAS.
Árbol pequeño, de hasta 15 m de altura y 40 cm de diámetro con corteza lisa grisácea y una copa ancha extendida en forma de sombrilla; hojas compuestas, el raquis alado, con 4–5 pares de folíolos elípticos, los folíolos más grandes 7–11 × 2–5 cm; ramitas, hojas e inflorescencias cortamente pubescentes; nectarios foliares estipitados (hasta 1 mm de largo), la cabeza no expandida o en forma de copa; inflorescencias axilares, solitarias o en pares, cada inflorescencia de 6–15 cm de longitud, las flores dispuestas en una espiga compactada; flores de 3.5–4 cm de longitud, con ligera fragancia dulce, crema verdosas con estambres blancos; legumbre 25–40 × 5–6 cm, verde, péndula, cuadrangular con caras convexas, recta, con márgenes elevados, densamente pubescente con pelos cortos o sin pelos.

Inga feuillei está cercamente relacionada y posiblemente sea sólo una forma cultivada de *I. striata*. Difiere de ésta unicamente en la cobertura densa de pelos sobre las partes florales, en el pedúnculo de la inflorescencia larga y en su legumbre muy grande.

FENOLOGIA EN EL ECUADOR.
Floración en Ecuador en noviembre, con frutos de noviembre a abril.

DISTRIBUCION Y REQUERIMIENTOS ECOLOGICOS.
Esta especie es conocida únicamente en cultivos en los países

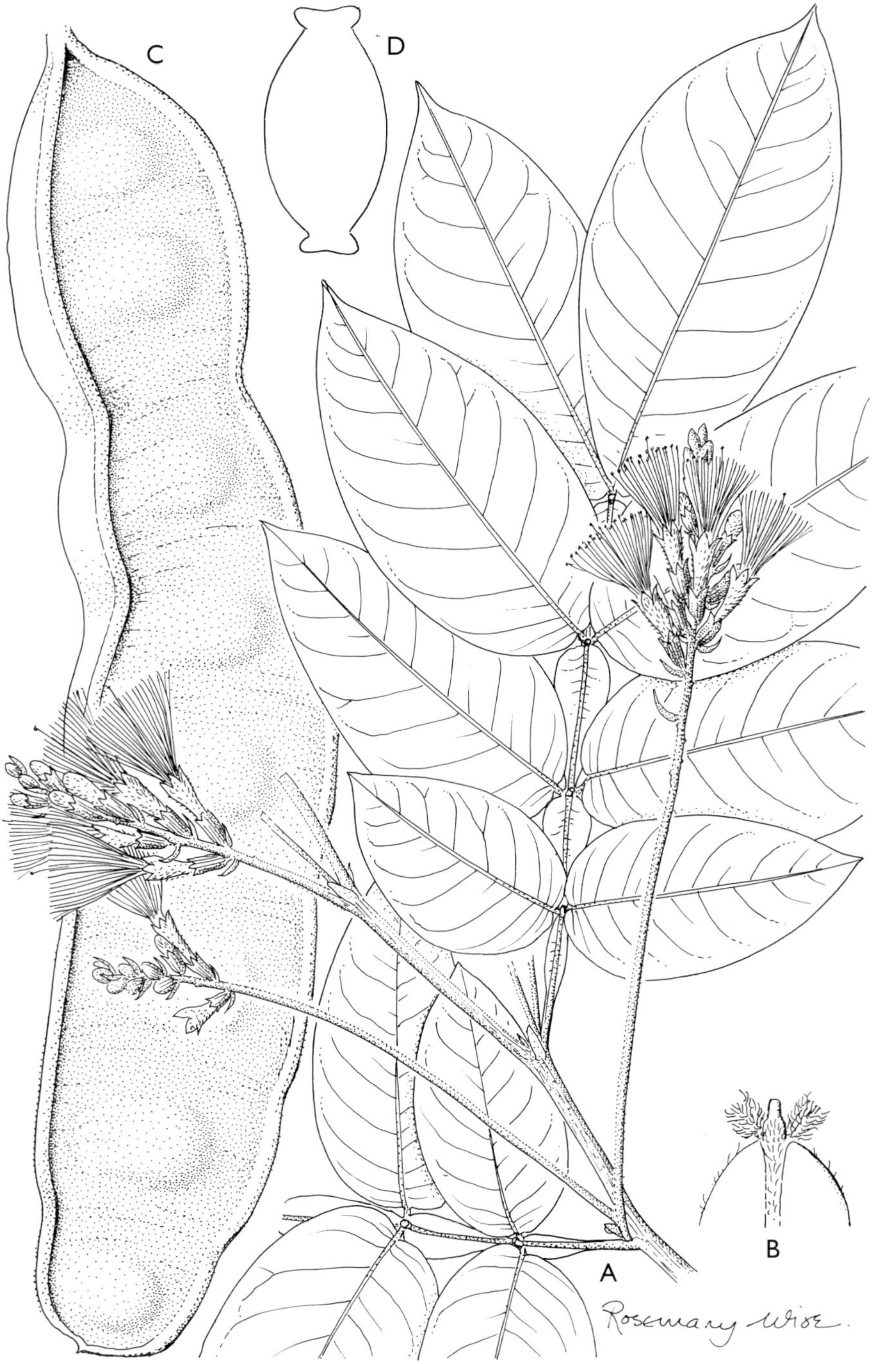

Fig. 70. *Inga feuillei.* A, hábito × $^2/_3$; B, nectario foliar × 2.6; C, legumbre × $^2/_3$; D, sección de la legumbre × $^2/_3$.

andinos, de Colombia al norte de Chile, y crece sobre un amplio rango altitudinal desde el nivel del mar hasta 2700 m. En Ecuador, esta especie tiene registros de las provincias de Bolívar, El Oro, Loja y Pichincha. Es usualmente cultivada entre 1000 m y 2500 m de altitud, pero ocasionalmente se encuentra cerca del nivel del mar. El fruto es muy popular e importante producto del comercio local en cierta época del año.

71. NOMBRE CIENTIFICO.
Inga sapindoides Willd.

SINONIMIA.
Inga pavoniana G. Don
Inga eggersii Harms

NOMBRE COMUN.
Cachic (Quichua: Napo), guaba de cajón (Los Ríos).

CARACTERISTICAS BOTANICAS.
Árbol mediano, de hasta 25 m de altura y 45 cm de diámetro, con fuste cilíndrico, corteza externa pálida con lenticelas; corteza interna hasta 1 cm de grosor, de color crema; hojas compuestas, el raquis usualmente alado, con 3 pares de folíolos elípticos, folíolos más grandes 10–20 × 5–10 cm; ramitas, envés del folíolo e inflorescencias pubescentes; nectarios foliares cortamente estipitados con una cabeza aplanada en forma de copa; inflorescencias axilares, solitarias o agrupadas, cada inflorescencia de 3–10 cm de largo, las flores dispuestas en una espiga compactada; flores de 5–8 cm de longitud, fragantes, verde amarillentas con estambres de color crema pálido; las flores son visitadas por colibríes; legumbre 10–25 × 2–4.5 cm, verde pálida, erecta, aplanada a cuadrangular con la edad, recta o ligeramente curvada, sin pubescencia, los márgenes conspicuamente alados.

Inga sapindoides está relacionada a *I. striata* y se puede confundir con ésta cuando sus distribuciones coinciden. Generalmente *I. striata* puede ser diferenciable por sus más numerosos y pequeños folíolos, las flores más cortas y la legumbre más estrecha.

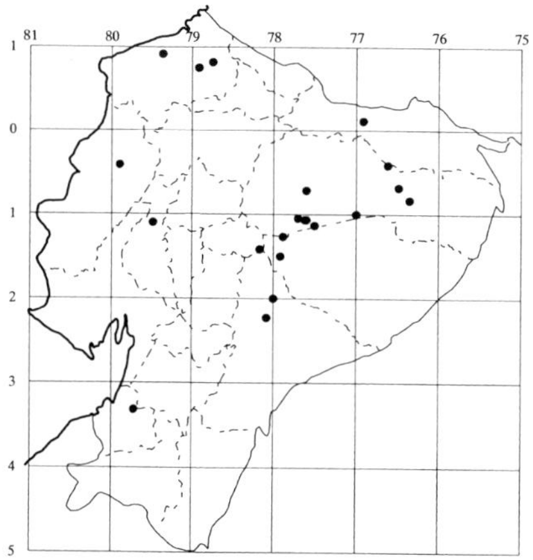

Mapa 71. *Inga sapindoides* ●

FENOLOGIA EN EL ECUADOR.
Floración en Ecuador mayormente de julio a noviembre; fructificación distribuida durante todo el año pero la época de máxima fructificación es al fin de año.

DISTRIBUCION Y REQUERIMIENTOS ECOLOGICOS.
Especie ampliamente distribuida, extendiéndose desde el sur de México, a través de Centroamérica hacía el norte y oeste de Sudamérica hasta el sur de Perú. Crece en los claros en bosques de bajas altitudes y de zonas montanas hasta 1300 m de altitud, y persiste en vegetación secundaria y en los márgenes de las carreteras. *Inga sapindoides* está distribuida en Ecuador con registros

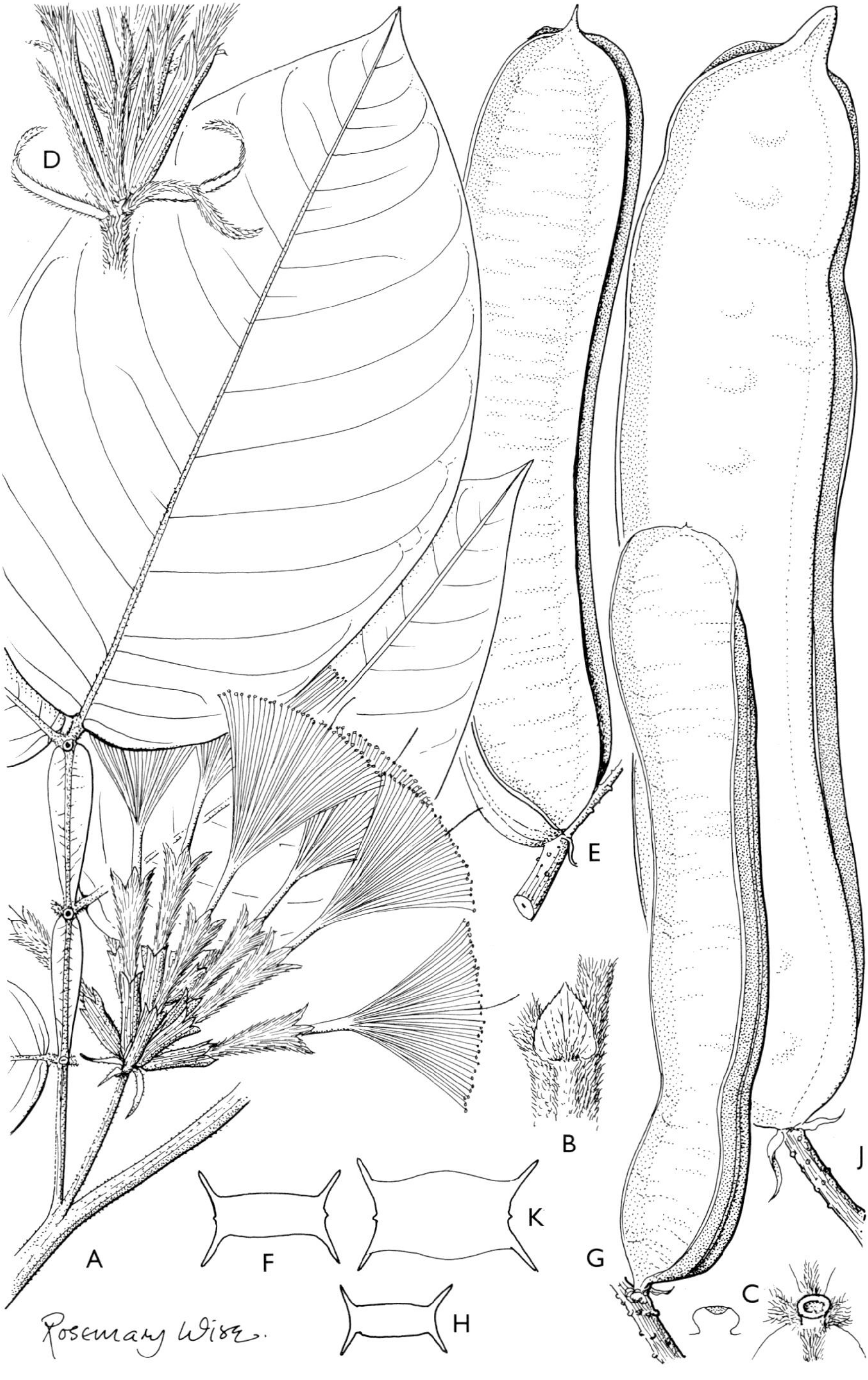

Fig. 71. *Inga sapindoides.* A, hábito × ²⁄₃; B, estípula × 1.3; C, nectario foliar × 2.6; D, brácteas florales × 1.3; E–K, legumbres y sección de la legumbre × ²⁄₃.

de El Oro, Esmeraldas, Imbabura, Los Ríos, Manabí, Morona Santiago, Napo, Pastaza y Sucumbios.

En América Central *I. sapindoides* es comúnmente utilizada para sombra de café y cacao por su crecimiento relativamente rápido, su copa ancha aplanada y sus hojas grandes. Produce una capa gruesa de hojarasca brindando un buen control de malezas y una regulada proporción de nutrientes. *Inga sapindoides* no puede tolerar inundaciones.

72. NOMBRE CIENTIFICO.
Inga striata Benth.

NOMBRE COMUN.
Pacay (Napo).

CARACTERISTICAS BOTANICAS.
Árbol de hasta 20 m de altura y 35 cm de diámetro, sin raíces tablares; corteza lisa, de color pálido grisáceo, con lenticelas; hojas compuestas, el raquis alado, con 4–5 pares de folíolos elípticos, los folíolos grandes 8–15 × 2.5–6 cm; ramitas, envés del folíolo e inflorescencia usualmente con pubescencia escasa; nectarios foliares cortamente estipitados o no, la cabeza en forma de copa; inflorescencias axilares, a veces agrupadas en el ápice de las ramitas, cada inflorescencia 3–10 cm de longitud, las flores dispuestas en una espiga compactada; flores aproximadamente 4 cm de largo, fragantes, verde pálidas o amarillentas, con estambres blancos; legumbre 10–25 × 1–2 cm, verde pálida a amarillenta, erecta, aplanada al inicio y cuadrangular cuando madura, los márgenes con alas prominentes, recta, pubescente o no.

Esta especie está cercamente relacionada a *I. sapindoides* y también a *I. feuillei*, y posiblemente es

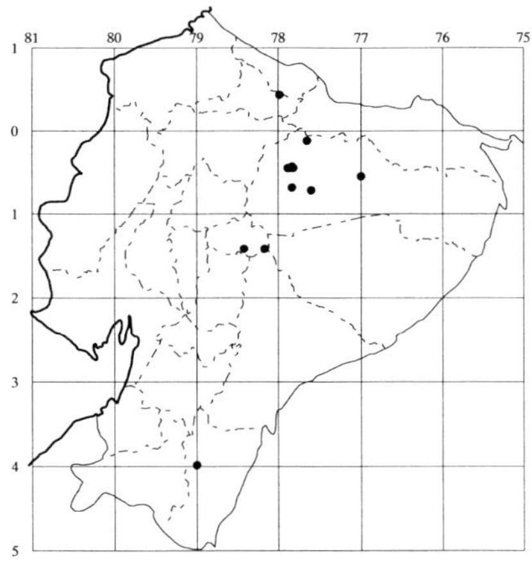

Mapa 72. *Inga striata* ●

solamente una forma de la última especie. Ver abajo *I. sapindoides* para más comentarios.

FENOLOGIA EN EL ECUADOR.
Floración en Ecuador en septiembre, noviembre y enero; fructificación en enero y abril.

DISTRIBUCION Y REQUERIMIENTOS ECOLOGICOS.
Esta es una especie con una amplia distribución desde los países andinos a través de la Amazonia a las Guayanas y costa de Brasil. Es frecuente en los bosques lluviosos en zonas montanas y vegetación secundaria, usualmente entre 1200 m y 2000 m de altitud. En Ecuador se encuentra únicamente en la vertiente Amazónica de los Andes, donde tiene registros de Napo, Tungurahua y Zamora-Chinchipe. Mayormente los registros son de remanentes de bosques montanos o pasturas.

En otros países (como el sureste de Brasil) es usada como un árbol de sombra para café, pero en Ecuador se conoce sólo por su fruto comestible.

Fig. 72. *Inga striata.* A, hábito × $^{2}/_{3}$; B, estípula × 2.6; C, hoja × $^{2}/_{3}$; D, nectario foliar × 2.6; E, estípula y bráctea floral × 1.3; F, legumbre × $^{2}/_{3}$; G, sección de la legumbre × $^{2}/_{3}$; H, legumbre × $^{2}/_{3}$.

73. NOMBRE CIENTIFICO.
Inga macrophylla Humb. & Bonpl. ex Willd.

SINONIMIA.
Inga alatocarpa T.S. Elias

NOMBRE COMUN.
Guabo (Imbabura), guaba (Esmeraldas).

CARACTERISTICAS BOTANICAS.
Árbol mediano, hasta 25 m de altura y 45 cm de diámetro; árboles grandes con raíces tablares pequeñas y cóncavas, la parte baja del tronco algunas veces acanalada; corteza lisa, gris pálida, algunas veces con anillos de lenticelas; la corteza interna es marrón amarillenta; hojas compuestas, subtendidas por estípulas grandes, el raquis anchamente alado (hasta 2 cm de ancho), con 3–4 pares de folíolos elípticos, los folíolos grandes 15–25 × 6–10 cm; ramitas, envés del folíolo e inflorescencias con o sin pubescencia dispersa; nectarios foliares a veces estipitados, la cabeza en forma de copa o no desarrollada; inflorescencias axilares, a veces agrupadas alrededor del ápice de la rama, cada inflorescencia de 4–15 cm de longitud, las flores dispuestas en una espiga compactada y subtendida por escamas grandes; flores 6–10.5 cm de longitud, fuertemente fragantes, de color crema verdoso, con estambres blancos; legumbre 20–45 × 2.5–4.5 cm, verde amarillenta, erecta cuando joven, cuadrangular, con márgenes alados, recta o ligeramente curvada, con o sin pubescencia.

Inga macrophylla es similar a *I. sapindoides* en la estructura de la legumbre, pero difiere en las grandes escamas florales prominentes, las cuales subtienden a las flores, y en los detalles de la estructura floral, como en su corola densamente pubescente.

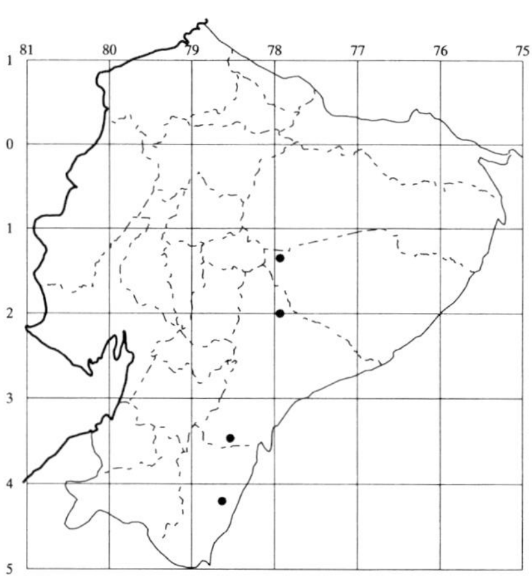

Mapa 73. *Inga macrophylla* ●

FENOLOGIA EN EL ECUADOR.
Floración registrada entre mayo – junio y noviembre y fructificación en abril y mayo.

DISTRIBUCION Y REQUERIMIENTOS ECOLOGICOS.
Se encuentra en todos los países andinos de Sudamérica tropical hasta la boca del río Amazonas. Normalmente conforma al bosque secundario y áreas disturbadas por el hombre, frecuentemente en sitios de mal drenaje. En los Andes se encuentra hasta 1100 m de altura. En el Ecuador ha sido registrada en los dos flancos de la cordillera andina, pero los registros de las vertientes del Pacífico probablemente provienen de plantas cultivadas. En la Amazonia ecuatoriana es conocida de las provincias de Morona Santiago Pastaza, y Zamora-Chinchipe principalmente en bosque secundario. En toda la región amazónica de tierras bajas es una especie importante y popular por su fruto, el cual alcanza un tamaño impresionante, con las semillas envueltas por una pulpa dulce y agradable.

Fig. 73. *Inga macrophylla*. A, hábito × $^{2}/_{3}$; B, nectario foliar × 2; C, inflorescencia × $^{2}/_{3}$; D, legumbre × $^{2}/_{3}$; E, sección de la legumbre × $^{2}/_{3}$.

74. NOMBRE CIENTIFICO.
Inga sarayacuensis T.D. Penn.

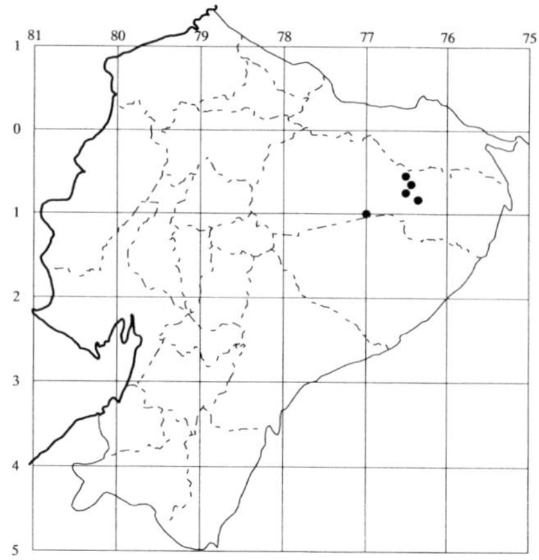

Mapa 74. *Inga sarayacuensis* ●

CARACTERISTICAS BOTANICAS.
Árbol mediano, de hasta 20 m de altura y 30 cm de diámetro; hojas compuestas, raquis no alado, con 1–2 pares de folíolos elípticos, folíolos más grandes 10–20 × 4–9 cm; ramitas, hojas e inflorescencias sin pubescencia; nectarios foliares aplanados o en forma de almohada con una pequeña apertura; inflorescencias axilares, solitarias, cada inflorescencia 0.3–1.2 cm de longitud, las flores dispuestas en una umbela de pocas flores; las flores con pedicelos de 3–6 mm de longitud; flores 9.5–12.5 cm de longitud, color verde o crema blanquecino con estambres blancos; legumbre no conocida.

Esta especie es muy distinta, aparentemente sin relaciones cercanas en Ecuador. El tamaño de la flor es excepcional y únicamente se parece a *I. poeppigiana*, pero la última difiere por el raquis alado, pubescencia y flores subtendidas por escamas persistentes.

FENOLOGIA EN EL ECUADOR.
Floración registrada en enero y agosto.

DISTRIBUCION Y REQUERIMIENTOS ECOLOGICOS.
Inga sarayacuensis fue recientemente descrita en colecciones procedentes de la Amazonia ecuatoriana, y su distribución es conocida únicamente en Napo y Pastaza, donde es un árbol del estrato medio en colinas no inundadas en bosques lluviosos de las zonas bajas.

Esta planta puede tener potencial ornamental.

Fig. 74. *Inga sarayacuensis.* A, hábito × $^2/_3$; B, estípula × 2; C, nectario foliar × 2.6; D, eje de la inflorescencia × 2.

75. NOMBRE CIENTIFICO.
Inga jaunechensis A.H. Gentry

SINONIMIA.
Inga hedgerae G.P. Lewis

NOMBRE COMUN.
Guaba de chala, guaba de mico.

CARACTERISTICAS BOTANICAS.
Árbol pequeño, de hasta 10 m de altura y 20 cm de diámetro, con corteza lisa con lenticelas y una copa irregular; hojas compuestas, subtendidas por estípulas grandes en forma de lanza, de 2.5–4 cm de longitud, el raquis cortamente alado o no alado, con 2–3 pares de folíolos grandes, elípticos, folíolos más grandes 20–30 × 9–12.5 cm, ramitas, envés de folíolo e inflorescencia rígida y escasamente pubescente; nectarios foliares aplanados o poco profundos, en forma de plato; inflorescencias axilares, solitarias; cada inflorescencia 8–12 cm de longitud, las flores dispuestas en una espiga densa; flores 4–4.5 cm de longitud, verdosas, con estambres blancos; legumbre 10–13 × 2.5–3.7 cm, verde, aplanada, recta o curvada, las caras con venación transversal fina, escasamente pubescente.

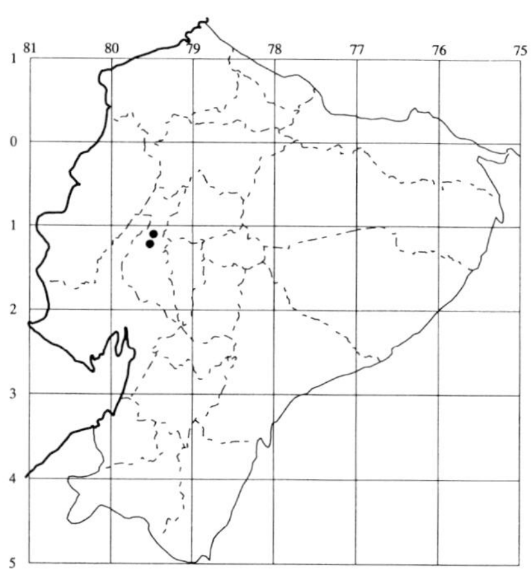

Mapa 75. *Inga jaunechensis* ●

Inga jaunechensis es una especie distinta por su indumento rígido, estípulas grandes, el raquis de la hoja que frecuentemente varía entre alado y no alado en el mismo individuo (especialmente en ejemplares juveniles) y la inflorescencia compactada. En el Ecuador no se encuentra cercanamente relacionada a otras especies. La más cercana es posiblemente la especie panameña *I. portobellensis.*

FENOLOGIA EN EL ECUADOR.
Floración desde septiembre a octubre; frutos maduros colectados en julio y agosto.

DISTRIBUCION Y REQUERIMIENTOS ECOLOGICOS.
La distribución conocida de *I. jaunechensis* se limita a la provincia de Los Ríos, donde se encuentra en bosque de tierra baja, caracterizado por una sequía larga (mayo a diciembre) moderada por condiciones nubosas y temperaturas relativamente bajas (raramente superiores a 25°C). Muchos de los árboles en este bosque son deciduos durante la sequía.

La zona en que se encuentra *I. jaunechensis* está ahora bajo cultivos de café y cacao. El árbol de sombra más común en esas plantaciones es *I. oerstediana*, pero todavía se pueden encontrar algunos ejemplares de *I. jaunechensis.* Habrá que hacer esfuerzos para cultivar esta especie, porque probablemente el único fragmento de bosque que contiene esta especie es la reserva amenazada de Jauneche.

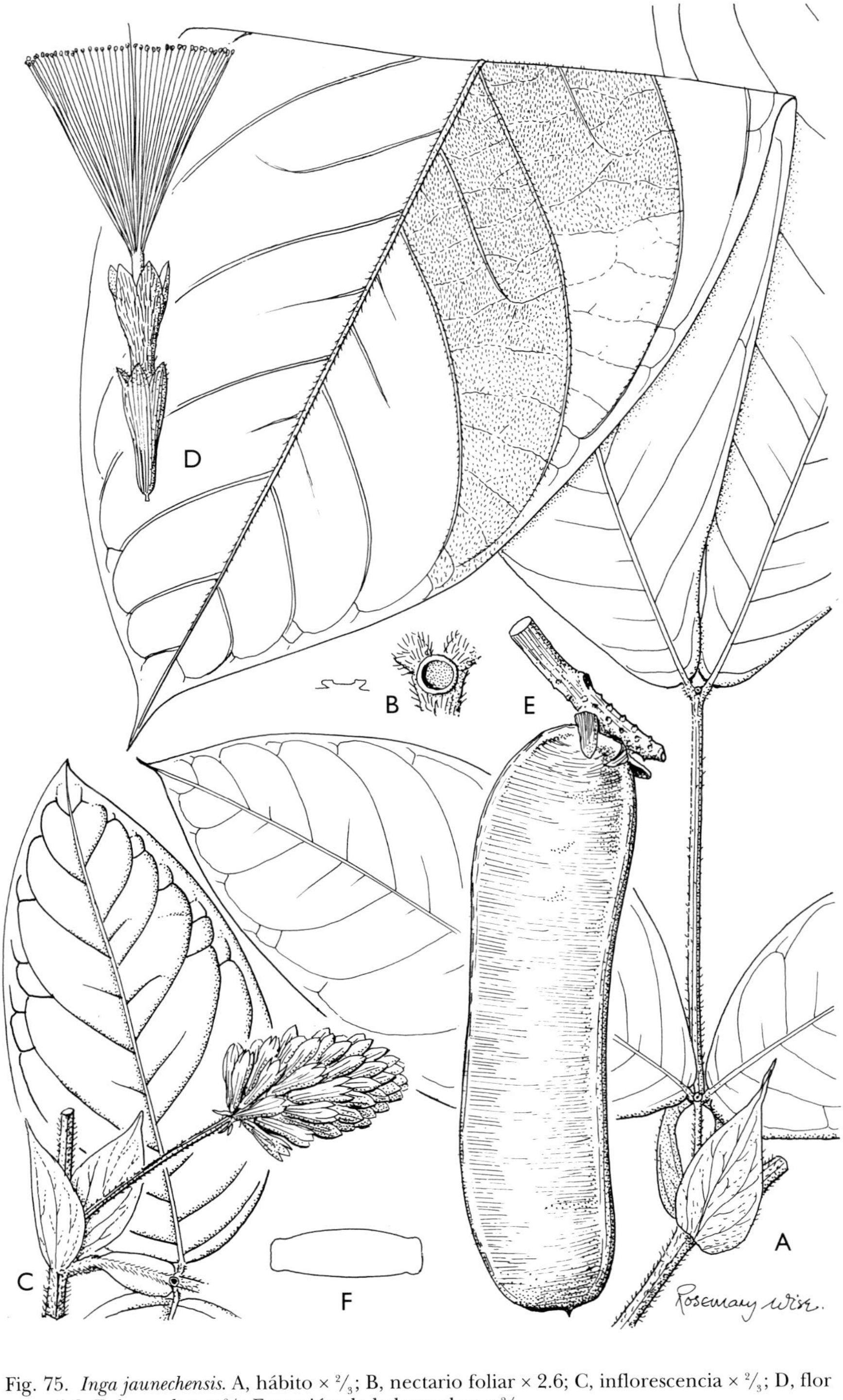

Fig. 75. *Inga jaunechensis.* A, hábito × ²⁄₃; B, nectario foliar × 2.6; C, inflorescencia × ²⁄₃; D, flor × 1.3; E, legumbre × ²⁄₃; F, sección de la legumbre × ²⁄₃.

LISTA DE COLECCIONES REVISADAS

Acosta Solis, 5688 (54); 6396 (30); 6780 (20); 8869, 11635 (69); 12637 (71); 12737 (67); 12791 (73); 12952, 13368 (69)
Alvarado, 262 (34); 264 (51)
Alvarez & Castro, 634 (20)
Alvarez *et al.*, 1243 (20)
André, 3615 (34)
Asanza & Barfod, 41115 (38)
Asanza *et al.*, 35015 (44)
Asplund, 9297 (33b)
Aulestia, 41 (7); 73 (38); 338 (18); 340 (51); 1226 (30); 1484 (16); 1675 (36); 1843 (74); 2135 (19); 2140 (48a); 2158 (9); 2166 (74); 2265 (9); 2294, 2298, 2305, 2330 (10); 2392 (74); 2402 (10); 2462 (19); 2515 (10); 2545 (43); 2583 (7); 2605 (19); 2627 (10); 2637, 2648, 2948 (74); 2955 (19); 2958 (74)
Aulestia & Ahue, 2833 (10); 2847 (11); 2869 (9); 2929 (31); 2938 (26)
Aulestia & Andi, 753 (68); 954 (57)
Aulestia & Audi, 575 (67)
Aulestia & Dik, 2351 (10)
Aulestia & Gonti, 1973 (43); 1913 (10); 1949 (43); 1951, 2029 (48a)
Aulestia & Grefa, 210 (74); 251 (47); 278 (5)
Aulestia & Ima, 1540 (42); 1548 (31); 1549 (41); 1550 (43)
Aulestia C & M, 1071 (44); 1086 (13)
Aulestia *et al.*, 477 (67); 1091 (29); 1202 (67); 1306 (27); 1330 (19); 1356 (29); 1360 (42); 1431 (27); 1476 (19); 1487 (5); 1488 (40)

Balslev & Madson, 10298 (5)
Balslev *et al.*, 97241 (10); 97304 (33b); 97398 (45); 97400 (28); 97466 (8); 97493 (7)
Barclay, 378 (68); 659 (50)
Bensman, 212 (14); 340 (21)
Brandbyge & Asanza, 30385B (71)
Brandbyge et al., 30176 (33b); 30231, 30237 (31); 33571 (25); 33996, 33996 (38); 36126, 36126 (49)
Burchell, 20 (68)

Camp, 2304 (69); 3228 (44)
Cazalet & Pennington, 5031 (53); 5062 (67); 7777 (68)
Ceron, 158 (68); 291 (37); 632 (41); 825 (43); 1754 (57); 2975 (34); 3394 (41); 3635 (39); 3654 (33b); 5957 (57); 6015 (71); 6264 (31); 6271 (16); 6361 (41); 6374 (29); 7232 (1); 7368 (21); 7402 (10); 7405 (1); 7408 (17)
Ceron & Ayala, 9771 (32); 9775 (61); 9951 (13); 9956 (5)
Ceron & Factos, 7549 (51); 7552 (17)
Ceron & Montesdeoca, 8065 (29); 8070 (31); 8082 (71); 8126 (29); 8127 (43); 8213 (58); 8235 (41)
Ceron & Salazar, 11940 (68); 11966 (34)
Ceron & Villavicencio, 2790 (20); 2807 (54)
Ceron C & M, 3112 (5)
Ceron *et al.*, 451 (39); 2199 (29); 4356 (31); 8093 (41); 8245 (43); 8265 (29); 8278 (5); 8285 (41); 8299 (67); 8304 (43); 8310 (29); 8324, 8347 (37); 8387 (48a); 8419, 8419 (5); 8453 (48a); 8468 (27); 8682 (29); 8690 (43); 8705, 8707, 8741 (31); 8752 (29); 8757 (31); 8786 (29); 8803 (32); 8809 (41); 8833 (29); 8873 (21); 8875 (26); 8878 (32); 9756 (46)
Clark, 186 (30)
Clark & Lintz, 161 (53)
Coelho F, 99 (14)
Croat, 59071 (1); 73256 (39)

Davis & Yost, 953 (17); 976 (60); 1058 (40)

Delgado, 12 (44)
Dik, 84 (59); 85 (57); 122 (39); 155 (57); 162 (10); 177 (51); 255 (67); 317 (10); 319 (22); 487 (67); 532 (71); 554 (34); 660 (48a); 717 (43); 722 (48a); 844 (9); 1036 (57); 1046 (17); 1194, 1217 (9); 1234 (16); 1415, 1451 (10); 1476 (27); 1513 (5); 1518 (40); 1522 (16); 1532 (21); 1431A (10)
Dik & Ahue, 1534 (51); 1552 (49); 1553 (23)
Dik & Andi, 902 (41); 917 (43); 940 (74); 946 (42); 965 (71); 968 (16); 992 (74); 1011 (9); 1018 (11)
Dik & Aulestia, 1438 (19)
Dik & Enomenga, 1076 (9); 1094 (12); 1119 (43);1128 (51); 1143 (7)
Dodson, 5206 (66); 5463 (13); 5839, 6197 (53); 14324A (1)
Dodson & Gentry, 9805 (33b); 9857, 10111 (75); 12254 (53)
Dodson & Thien, sn (69)
Dodson C & H, 6829 (13)
Dodson C & P, 15924 (33b)
Dodson C H & P M, 11524 (35)
Dodson et al., 7984 (75); 8669 (56)

Eggers, 14611 (39); 14616 (64a); 14648 (53); 15075 (71); 15204 (75); 15464 (41); 15719 (35); 15825 (50)
Elleman, 66816 (70)
Espinoza, 4 (10); 321 (29); 337 (61); 121a (57)
Espinoza & Coba, 513 (43); 519 (31); 544 (6); 612 (25)
Eynden van den & Cueva, 445 (69); 447 (33b)

Gentry, 9520 (1); 30989 (67); 31009 (13)
Gentry & Miller, 54911 (5); 54940 (49); 55000 (67)
Gentry *et al.,* 72591 (39)
Grijalva, 676 (5); 735 (27); 774 (29); 777 (10)
Grijalva & Grefa, 73 (11); 89 (41); 119 (68)
Grijalva *et al.,* 133 (33a); 135 (5); 220 (14); 285, 289 (29); 290, 382 (31)
Grubb *et al.,* 152 (71); 1547 (61); 1559 (5); 1591, 1684 (39)
Gudiño, 227 (33a); 529 (39); 674 (43); 676 (21); 717 (41); 748 (29); 1379 (50); 1695 (29)
Gudiño & Andi, 2026 (6); 2067 (12); 2088 (31)
Gudiño & Grefa, 1777 (51)
Gudiño & Neill, 1742 (36)
Gudiño & Papa, 1879 (29)
Gudiño & Santi, 1347 (34)
Gudiño *et al.,* 897 (9); 1030 (50); 1671 (29); 1761 (26); 1766 (14); 1822 (39); 1855 (26); 2115, 2175 (33a); 2180 (6); 2201 (71); 2215 (48a); 2231 (15); 2239, 2249 (2); 2258 (68); 2286 (41); 2311 (11); 2316 (39)

Harling *et al.,* 9068 (54)
Hartweg, 966 (69)
Hedger, 1 (68); 3 (64a); 4, 5 (71); 6 (44); 7, 85-1 (75)
Hepper, 6428 (31)
Hitchcock, 20284 (67)
Holm-Nielsen & Jeppesen, 777 (51)
Holm-Nielsen *et al.*, 19803, 19897, 20046 (38); 20149 (5); 21185, 21235 (11); 21393, 21394, 21427 (38); 21611 (33b); 21672 (31); 22051 (33b); 22217, 21411A (33b); 22546 (42)
Holmgren, 740 (69)
Hopkins, 423 (38)
Hudson, 809 (57)
Humbles, 6008 (5)
Hurtado, 632 (50); 662 (34); 746 (50); 836 (17); 855 (50); 2992 (41)
Hurtado & Alvarado, 249 (71), 285 (72); 323 (71); 359 (51); 959 (27); 980 (51); 2143 (17); 2473 (29); 2547 (27)
Hurtado & Neill, 1484 (49); 1519 (7)
Hurtado & Panchi, 2413 (31)
Hurtado & Ruiz, 1785 (39); 1786 (61)

Hurtado *et al.*, 187 (5); 1307 (31); 1358 (51); 1374 (29); 1940 (27); 1940 (34)

Isern, 1236 (61); 1251 (64b); 1266 (38); 1563 (31); 1564 (39)

Jameson, 485, 489 (69)
Jaramillo, 5647, 5647 (33b); 6890 (38); 9068 (39); 9244 (69)
Jaramillo & Coello, 3570 (21)
Jaramillo & Zak, 8044 (52); 8140 (20); 8150 (30); 8175 (52)
Jaramillo *et al.*, 12246 (1)
Josse, 600, 613 (35); 672 (67)
Josse & Valencia, 766, 778, 779, 780 (35); 782 (41); 783, 784 (35)

Lawesson, 43550 (33b)
Lawesson *et al.*, 43393 (38); 44372 (14)
Little, 6153 (30); 6198 (67); 6231 (68); 6277 (3); 6277 (48a); 6278 (73); 6302 (48a); 6388 (31); 6392 (39); 6445 (67); 6493 (41); 6515 (64a); 6521 (1); 6595 (67); 6644 (49); 6666 (37); 6673, 6675 (11); 6737 (1); 6738 (39); 21352 (24)
Little & Dixon, 21023 (65)
Lojtnant & Molau, 13476 (42); 13526 (38)
Lugo, 5406, 5468, 5689 (74)

MacBryde, 240 (69); 1517 (33b)
MacBryde & Dwyer, 1285 (61)
MacBryde & MacBryde, 686 (35)
Madison *et al.*, 4896 (33a); 5468 (40)
Mexia, 7160 (28)

Neill, 6538 (68); 6545 (39); 7154 (5); 7170 (17); 7517 (21); 7547, 7823 (5); 7963 (14); 8530, 9006 (21); 9027 (22); 9189 (21); 9819 (31); 9821, 9824 (29); 10210 (31); 10230 (38); 10378 (18); 10403 (5)
Neill & Alvarado, 9023 (51); 9025 (29); 9035 (14); 9041 (22)
Neill & Gudiño, 9757 (25); 9758 (31); 9760 (27); 10112 (31)
Neill & Hurtado, 8746 (48a)
Neill & Manning, 7992 (33b)
Neill & Palacios, 6562 (33b); 6617 (21); 6627 (28); 7094 (33b); 7120 (31); 9706 (73); 9709 (33b)
Neill & Rojas, 9911 (38); 9977 (9); 9992 (5); 10012 (21); 10028 (33b)
Neill & Rubio, 8990 (31); 9001 (14)
Neill *et al.*, 6182 (33a); 6211 (11); 6318 (68); 6366 (32); 6399 (19); 6899 (39); 6903 (31); 6905 (39); 7183 (26); 7207 (21); 7220 (33b); 7289 (58); 7300 (10); 7365 (5); 7960 (51); 8138 (55); 8247 (48a); 8362 (41); 8517 (27); 8890 (51); 8898 (7); 9273 (37); 10198 (31); 10253 (69)

Ollgaard & Balslev, 9101 (61)
Ollgaard *et al.*, 34628 (27); 34820 (33a); 34823, 35000 (33b); 35015 (44); 35046, 35047 (25); 35053 (5)
Onore, 881 (32)
Ortiz & Montesdeoca, 22 (41)
Ortiz *et al.*, 378 (34)

Palacios, 1329 (51); 1444 (16); 1753 (26); 1843 (41); 1856 (14); 1876 (21); 1940 (71); 1943 (43); 1960 (68); 2477 (57); 2619 (39); 2657 (13); 2709, 2726 (29); 2745, 2773 (71); 3120 (21); 3140 (14); 3492 (29); 3510 (48a); 3574 (42); 4059 (61); 4088, 4178 (29); 4192 (42); 4257 (29); 4259 (21); 4276 (32); 4775 (25); 4783 (5); 4810 (60); 4812 (32); 5367 (1); 5946 (31); 5994 (40); 6131, 6272 (72); 6627 (28); 7097, 7478 (37); 7490 (16); 7503 (21); 7507 (1); 8179 (39); 10179 (61); 10400 (32); 10509 (51); 11455 (53)
Palacios & Freire, 8810 (29)
Palacios & Iguago, 4455 (41); 4569 (51); 4673 (31)
Palacios & Neill, 584 (31); 627 (1); 700 (49); 959 (51); 1543 (33a)
Palacios & Rubio, 7364 (72); 9979 (35)

Palacios & Tirado, 11108 (44); 11127 (24); 11229 (34); 11245 (33b); 11257 (34)
Palacios *et al.*, 87 (61); 97 (31); 314 (27); 371 (32); 381 (5); 390 (43); 425 (1); 465 (27); 479 (17); 853 (33b); 877 (48a); 886 (22); 1010 (51); 1157 (60); 1165 (37); 3412 (10); 4918 (19); 7645 (42); 7719 (39); 7721 (48a); 7723, 7731 (39); 7998 (31); 8021 (5); 8643 (59); 8701 (48a); 8802 (43); 8826 (46); 8841 (9); 8880 (33b); 9027 (64b); 9029 (59); 9060 (38); 9560 (55); 10424 (48a); 10431 (19); 10459 (5); 10466 (29); 10473 (68); 10474 (41); 10482 (5); 13517 (30); 13538 (53); 13559 (33b)
Pearsall, 1276 (68)
Penland & Summers, 965 (69)
Pennington, 10618 (41); 13792 (67); 13793 (41); 13794 (30); 13795 (41); 14919, 14919 (72)
Pennington & Freire, 13742 (54); 13743 (53); 13744 (34); 13745 (68); 13746, 13747 (44); 13749 (67); 13750 (71); 13751 (41); 13752 (62); 13753 (67); 13754, 13755 (53); 13756 (39); 13757 (54); 13758 (33b); 13759 (39); 13760 (53); 13764 (72); 13765 (5); 13766 (69); 13767 (67); 13768 (31); 13769 (34); 13770 (33b); 13773 (71); 13774 (14); 13775 (51); 13776 (22); 13778 (29); 13779 (68); 13780 (21); 13782 (68); 13783 (39); 13784 (57); 13785 (33b); 13786 (71); 13787 (26); 13788 (71); 13789 (39); 13790 (68); 13791, 13803 (69); 13804 (72); 13805, 13807 (55); 13808 (12); 13809 (5); 13810 (21); 13811 (32); 13812 (68); 13813 (39); 13814 (28); 13815 (26); 13816 (5); 13817 (71); 13818, 13819 (69); 13820 (66); 13822 (41); 13823 (44); 13824 (67); 13825 (66); 13826 (67); 13827 (64b); 13828 (39); 13829 (53); 13830 (67); 13831 (52); 13832 (67); 13833 (30)
Pennington & Montenegro, 13741 (69)
Pennington & Revelo, 15039 (32); 15040 (39)
Pennington & Tenorio, 10744 (33b)
Pennington & Tirado, 13870 (55); 13876 (69); 13877 (72); 13879, 13880 (27); 13881 (28); 13882 (5); 13883 (32); 13884 (26); 13885 (59); 13886 (34); 13887 (44); 13888 (33b); 13889 (67); 13890 (55)
Pennington & Vargas, 13691, 13692 (67); 13693 (34); 13695, 13696 (67); 13697 (62); 13698 (68); 13699 (72); 13700 (5); 13701 (34); 13702 (68); 13703, 13704 (67); 13705 (33b); 13706 (44); 13707 (31); 13708 (67); 13709 (72); 13710 (34); 13711 (44); 13712, 13713 (33b); 13714 (31); 13868 (70); 13869, 13870 (69); 13872 (67); 13873 (34); 13874 (68); 13875 (44); 13891 (72); 13892 (55); 13893 (31); 13895 (32); 13896, 13897 (40); 13898, 13899, 13900 (29); 13902 (27); 13903 (40); 13904 (59); 13905 (48a); 13906, 13907 (28); 13908 (44); 13909 (57); 13910 (73); 13911 (42); 13912 (59); 13913 (44); 13914 (42)
Pennington & Zambrano, 15037 (33b)
Pennington *et al.*, 12218 (7); 12254 (1); 13715 (67); 13716 (66); 13717 (30); 13718 (66); 13719 (41); 13720 (66); 13721, 13724 (30); 13725 (66); 13728 (71); 13731 (66); 13732 (44); 13733 (67); 13797 (30); 14325 (24); 14643 (44); 14646 (66); 14707 (44); 14723, 14724 (55); 14731 (28); 14732 (33b); 14733 (44); 14734 (9); 14735 (57); 14736 (39); 14737, 14738 (28); 14739, 14740 (42); 14741 (73); 14743, 14744 (59); 14745 (71); 14746 (28); 14747 (33b); 14748 (26); 14749 (27); 14750 (42); 14751

(30); 14752 (39); 14754 (48b); 14755 (73); 14756 (34); 14757 (42); 14758 (44); 14759 (48b); 14760 (63); 14761 (67); 14762 (63); 14763 (72); 14764 (70); 14765 (68); 14766 (67); 14767 (69); 14768 (70); 14769 (63); 14770 (71); 14771, 14772 (70); 14773 (69); 14774 (62); 14775 (70); 14776 (67); 14777 (64b); 14778, 14779 (75); 14780 (33b); 14781 (67); 14782 (41); 14783, 14784 (39); 14785 (41); 14786 (44); 14938 (24); 14981 (33b); 14988, 14992, 14992, 15014 (24); 15028 (33a); 15031 (24); 15032 (40); 15033 (51); 15035 (67)
Pinkley, 207 (27)
Pipoly, 6381 (17)
Pitman, 3 (27); 121 (61); 458 (17); 489, 529 (31); 581 (45); 608 (29); 612 (43); 618 (49)
Pitman & Alvarado, 101 (27)
Pitman & Romero, 232 (57); 336 (51)
Pitman *et al.*, 359 (8); 413 (10)
Priest, 121 (22); 232 (64a)
Prieto, 6-CP (20)

Quelal & Tipaz, 215 (53)
Quelal *et al.*, 277 (67)

Rimbach, 233 (20)
Rubio, 4 (49); 301 (10)
Rubio & Gudiño, 186 (4); 194 (12)
Rubio & Quelal, 604 (67)
Rubio *et al.*, 953 (49); 969 (13); 990 (44); 1004 (30); 1633 (39); 1906, 2096 (35)
Ruiz & Pavon, sn (64a)

Schimpff, 851 (69); 1032 (44)
Shemlucke, 239b (57)
Skutch, 4549 (33b); 4550 (5)
Sodiro, 397 (69); 400 (53); 401 (20)
Spruce, sn (20); sn (31); sn (53); sn, sn (64a); sn (30)5096 (69); 5124 (5); 6162 (33b); 6164 (53)
Stein, 2633 (55)

Thompson & Rawlins, 968, 968 (34)
Tipaz, 2471 (44); 2483 (71); 2512 (44); 2527 (31); 2538 (44); 2601 (71); 2742 (57)
Tipaz *et al.*, 429 (31); 608 (5); 716, 772 (51); 1292 (53); 1332 (30)

Valencia *et al.*, 67519 (10); 68002 (49); 68046 (14); 68272 (9); 68472 (10); 68480 (19); 68506 (60); 68557 (43); 68563 (8); 68663, 68695 (10); 68701 (48a); 68784 (31); 68802 (51); 68812 (37)
Valverde, 305 (35)
Vickers, 194 (34)

Webster & Castro, 28352 (34)
Webster *et al.*, 22743 (1)
Werff & Gudiño, 11094 (31); 11134 (42); 11152 (26); 11191, 11355 (71)
Werff van der *et al.*, 13020 (39); 13123 (59); 13130 (5); 13145 (41); 13272 (5); 13285 (33a); 13309 (67)
Whitmore, 799 (31); 853 (5); 863 (31)

Zak, 3874 (14); 3877 (15); 4074 (34)
Zak & Espinoza, 4367 (14); 4379 (10); 4393 (44); 4423 (11); 4432 (1); 4453, 4477 (11); 4499 (27); 4506 (19); 4507, 4512 (11); 4516, 4527 (27); 4597 (5); 4632 (10); 4668 (29); 4687 (57); 5003 (16); 5090 (42); 5105 (5); 5225, 5229 (10)
Zak & Jaramillo, 2604, 2892, 2913 (20); 3559 (31); 3655 (69); 3763 (67)
Zak & Rubio, 4274 (8)
Zaruma, 635 (43); 710 (34)
Zaruma & Arguello, 452 (48b); 472, 472 (29); 490 (33b); 495 (5)
Zaruma *et al.*, 171 (21)

INDICE DE ESPECIES

NOMBRES COMUNES